数据科学与统计系列新形态教材

MYSQL
DATABASE COURSE

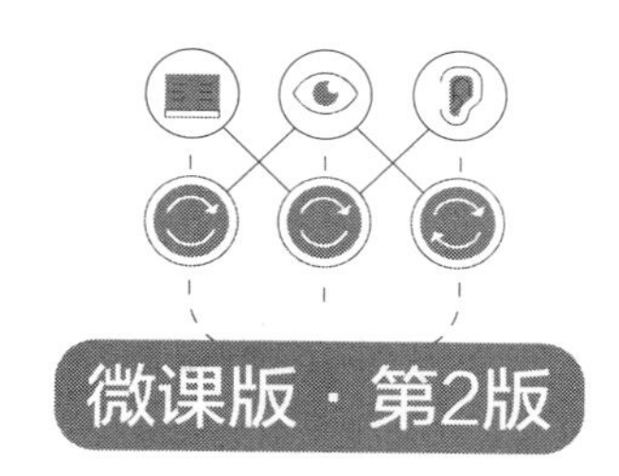

微课版·第2版

MySQL 数据库教程

郑阿奇◎主编

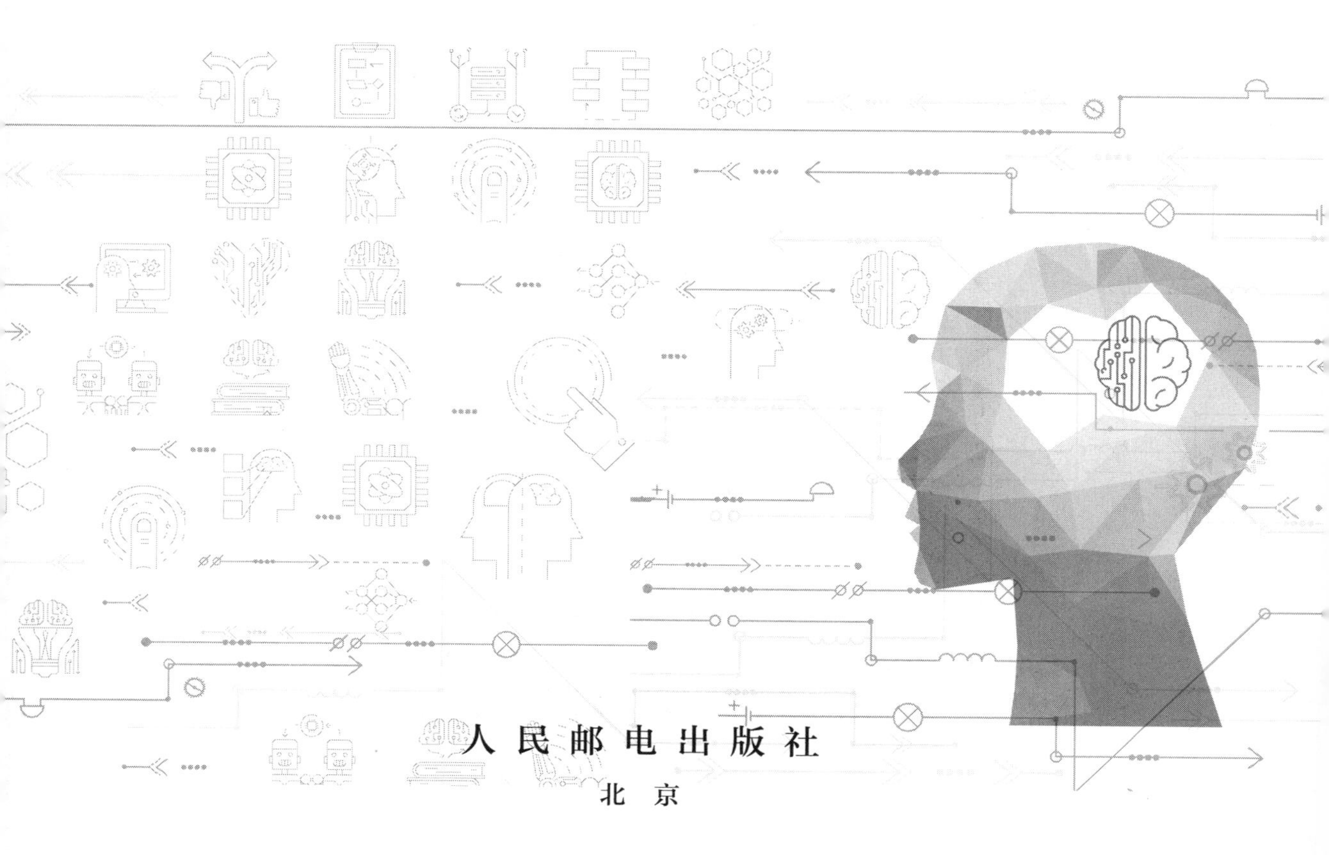

人民邮电出版社
北京

图书在版编目（C I P）数据

MySQL数据库教程 : 微课版 / 郑阿奇主编. -- 2版
. -- 北京 : 人民邮电出版社, 2024.1
数据科学与统计系列新形态教材
ISBN 978-7-115-62642-4

I. ①M… II. ①郑… III. ①SQL语言－高等学校－教材 IV. ①TP311.132.3

中国国家版本馆CIP数据核字(2023)第170105号

内 容 提 要

本书以当前流行的 MySQL 为平台，系统介绍 MySQL 数据库及其应用开发，全书内容分为 4 个部分。第一部分 MySQL 基础，首先介绍数据库基础知识和 MySQL 环境构建方法，然后分别介绍 MySQL 数据库和表、MySQL 查询和视图、MySQL 索引与完整性约束、MySQL 语言、MySQL 过程式数据库对象、MySQL 数据库备份与恢复、MySQL 用户权限与维护、MySQL 事务管理等，并配套习题、实训和微课视频。第二部分 MySQL 数据库综合实训，主要是综合应用 MySQL 数据库及其主要对象，并使用样本数据测试各对象相互配合及其功能的正确性。第三部分 MySQL 数据库综合应用开发，主要基于 PHP、Python 和 Android 等流行平台，使读者通过系统实践熟悉 MySQL 数据库的应用开发要领。3 个应用系统既是独立的，又可组成一个完整的应用系统。第四部分 MySQL 数据库综合应用开发扩展，主要基于 C#和 JavaEE 等平台进行 MySQL 的综合应用开发实践。

本书提供 PPT 教学课件、教学大纲、电子教案、习题参考答案、模拟试卷及参考答案等教学资源，用书教师可登录人邮教育社区免费下载。

本书可作为大学本科、高职高专相关课程的专业教材，也可作为广大数据库应用开发人员的参考用书。

◆ 主　　编　郑阿奇
责任编辑　孙燕燕
责任印制　李　东　胡　南

◆ 人民邮电出版社出版发行　　北京市丰台区成寿寺路 11 号
邮编　100164　　电子邮件　315@ptpress.com.cn
网址　https://www.ptpress.com.cn
固安县铭成印刷有限公司印刷

◆ 开本：787×1092　1/16
印张：13.5　　2024 年 1 月第 2 版
字数：379 千字　　2024 年 1 月河北第 1 次印刷

定价：56.00 元

读者服务热线：(010)81055256　印装质量热线：(010)81055316
反盗版热线：(010)81055315
广告经营许可证：京东市监广登字 20170147 号

前言

党的二十大报告指出：“教育、科技、人才是全面建设社会主义现代化国家的基础性、战略性支撑。必须坚持科技是第一生产力、人才是第一资源、创新是第一动力，深入实施科教兴国战略、人才强国战略、创新驱动发展战略，开辟发展新领域新赛道，不断塑造发展新动能新优势。”

MySQL由瑞典MySQL AB公司开发，属于Oracle旗下产品。MySQL采用双授权政策，分为社区版和商业版，由于其体积小、速度快、总体拥有成本低等特点，并且开放源代码，因此较适合作为中小型网站的网络数据库。

本书以当前流行的MySQL为平台，介绍MySQL数据库及其综合应用和开发实践，包含4个部分。

第一部分为MySQL基础，包含第1～第9章。第1章介绍数据库基础、MySQL安装运行和常用界面工具等。第2～9章介绍MySQL数据库及其对象使用方法，包括数据库和表、查询和视图、索引与完整性约束、MySQL语言、过程式数据库对象、数据库备份与恢复、用户权限与维护、事务管理等。每章配套习题、实训和微课视频。

第二部分为MySQL数据库综合实训，包含实训0。实训0通过简化实例介绍MySQL数据库及其常用对象综合应用，主要包括数据库及其对象的创建、数据库对象的操作、测试数据库对象关系的正确性，以及综合应用开发实训的功能和界面。

第三部分为MySQL数据库综合应用开发，包含实训1～实训3。实训1～实训3介绍使用当前流行平台操作MySQL数据库主要对象的基本方法。其中，实训1介绍开发PHP/MySQL学生成绩管理系统，包括PHP开发平台搭建、PHP开发入门、系统主页设计、学生管理和成绩管理、课程管理。实训2介绍Python/MySQL学生成绩管理系统，包括Python环境安装、Python程序开发。实训3介绍Android Studio/MySQL学生成绩管理系统，包括服务器端Servlet程序开发和移动端Android程序开发。

第四部分为MySQL数据库综合应用开发扩展，包含实训4和实训5。实训4介绍

C#/MySQL 学生成绩管理系统，实训 5 介绍 JavaEE/MySQL 学生成绩管理系统。

另外，附录为第 2～9 章使用的学生成绩（xscj）数据库中的表结构及样本数据记录，便于读者随时参考。

本书特点如下。

（1）内容通俗易懂，易学易会

本书通过简化 MySQL 基础教程的内容，使用通俗易懂的语言，深入浅出地阐释 MySQL 的基础知识及相关操作，帮助读者快速掌握 MySQL 数据库的相关知识和技能。例如，本书在介绍 SQL 命令时注重基础应用，简化烦琐的命令格式，达到易学易会的目的。

（2）理论联系实际，注重实战

本书在介绍 MySQL 理论的基础上，注重实战，结合编者多年的数据库应用开发经验，综合设计 MySQL 数据库及其主要对象的相关实训内容，帮助读者学以致用。

（3）多平台教学，满足不同教学需求

本书的综合应用开发实训主要基于 PHP、Python、Android、C#和 JavaEE 等主流平台，编者根据这些平台分别设计开发数据库应用系统。需要注意的是，这些数据库应用系统是相互独立的，读者可根据需要选择其中一个或者多个数据库应用系统进行实践。当这些应用系统连接起来时，它们又可构成一个完整的应用系统，以满足不同的应用需求。其中后两个平台为网络文档。

（4）配套资源丰富，支持教学

本书提供 PPT 教学课件、教学大纲、电子教案、习题参考答案、模拟试卷及参考答案，以及书中介绍的各种流行平台案例工程源代码、数据库和扩展参考内容网络文档等，用书教师可登录人邮教育社区（www.ryjiaoyu.com）免费下载。

本书由南京师范大学郑阿奇担任主编。由于编者水平有限，书中难免存在不足之处，敬请广大读者批评指正。

意见建议邮箱：easybooks@163.com。

编 者

2023 年 7 月

目录

第一部分 MySQL 基础

第一部分　MySQL 基础

第 1 章　MySQL 初步

【学习目标】

1. 掌握数据库系统构成内容。
2. 了解数据模型类型和关系模型的特点。
3. 掌握 E-R 图和对应逻辑模型的表达。
4. 了解数据库应用系统的架构和数据接口。
5. 熟悉 MySQL 命令行操作和 Navicat 界面工具操作方法。

为了更好地方便读者学习 MySQL，本章首先简单介绍数据库系统和数据模型、数据库设计和数据库应用系统，然后介绍 MySQL 数据库。

1.1　数据库系统和数据模型

用户使用数据库之前需要构建数据库系统，按照一定的数据模型组织数据库中的数据。

数据库系统

1.1.1　数据库系统

数据库系统一般由数据库、数据库管理系统（Database Management System，DBMS）、数据库应用系统、数据库管理员（Database Administrator，DBA）和用户构成。数据库管理系统是数据库系统的基础和核心，如图 1.1 所示。

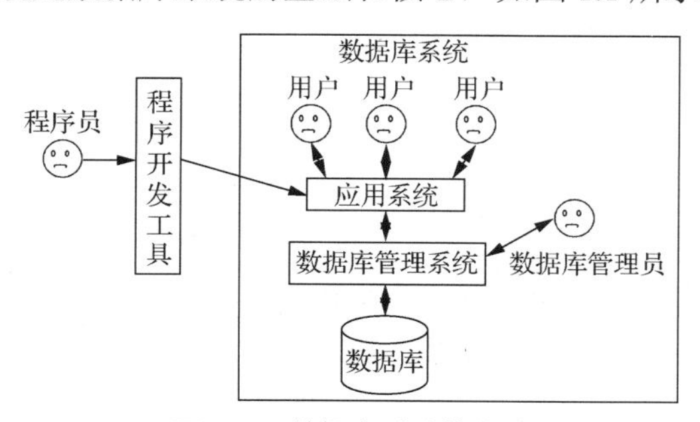

图 1.1　数据库系统的构成

1．数据库

数据库是按照数据结构来组织、存储和管理数据的仓库，是一个可长期存储在计算机内、有组织、可共享、统一管理的大量数据的集合。

互联网世界充斥着大量的数据。例如网上商城包含商品分类信息、商品信息、商品供货商信息、购买商品的用户信息、订单支付信息、订单项信息、商品快递信息等。这些信息表达包含各种类型的数据。例如，字符数据、数值数据、时间数据、逻辑数据、集合数据、枚举数据、JSON 数据、地理位置数据、二进制数据等。二进制数据可用于表达图像、音乐、声音、视频等。

2．数据库管理系统

数据库管理系统是数据库系统的核心组成部分，主要完成对数据库的操作与管理功能，实现数据库对象的创建和数据库存储数据的查询、添加、修改与删除操作，以及数据库的用户管理、权限管理等。简单地说，数据库管理系统是用于管理数据库的系统（软件）。数据库管理员通过数据库管理系统对数据库进行管理。

1.1.2 数据模型

要想使用计算机技术对客观事物进行管理，数据库管理员就需要对客观事物进行抽象、模拟，利用模型对事物进行描述是人们在认识和改造世界过程中广泛采用的一种方法。数据模型是在数据库设计中用来对现实世界进行抽象的工具，是数据库中用于提供信息表示和操作手段的形式构架。

数据库发展过程中产生了 3 种基本的数据模型，分别是层次模型、网状模型和关系模型。

1．层次模型

层次模型将数据组织成一对多关系的结构，用树形结构表示实体及实体间的联系。图 1.2 所示为按层次模型组织的数据示例。

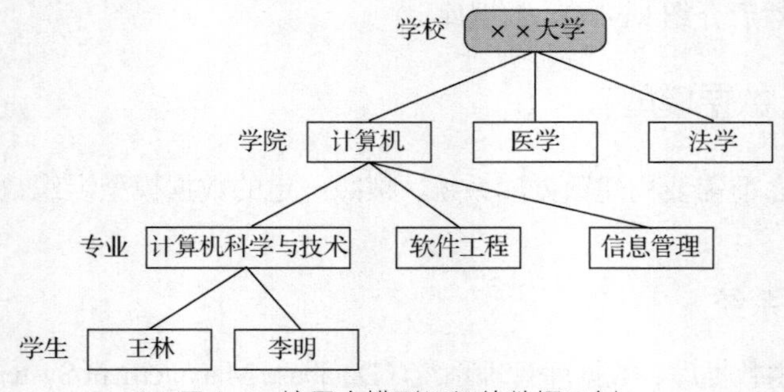

图 1.2 按层次模型组织的数据示例

层次模型存取方便且速度快；结构清晰，容易理解；数据修改和数据库扩展容易实现；检索关键属性十分方便。但其结构不够灵活；同一属性数据重复存储，数据冗余多；不适合用于拓扑空间数据的组织。

2．网状模型

网状模型用指针来指示数据间的网状连接关系，是具有多对多关系的数据的组织方式。图 1.3 所示为按网状模型组织的数据示例。

网状模型能够明确且方便地表示数据间的复杂关系，数据冗余少。但网状模型的结构复杂，增加了用户查询和定位的困难；需要存储指示数据间联系的指针，使得存储的数据量增大，数据的修改操作比较复杂。

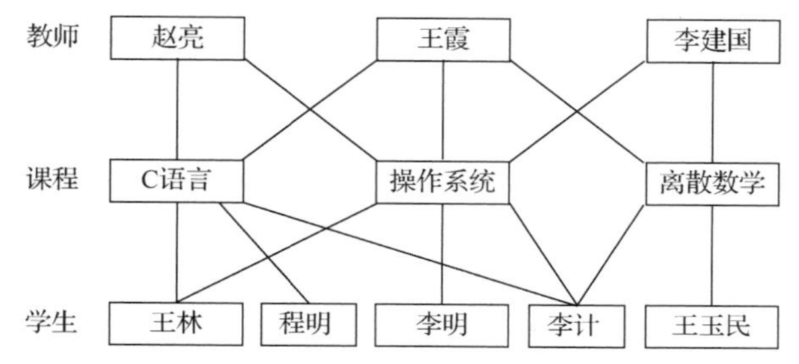

图 1.3 按网状模型组织的数据示例

3. 关系模型

关系模型以记录组或数据表的形式组织数据，以便利用各种实体与属性之间的关系进行存储和变换，不分层且无指针，是建立空间数据和属性数据关系的一种非常有效的数据模型。

关系模型

例如，网上商城管理系统所涉及的商品类别、商品、供货商、用户、订单、订单项等表中，商品表主要信息包括商品编号、商品名称、价格、库存量和商品图片等，部分数据如表 1.1 所示。

表 1.1 商品表的样本

商品编号	商品名称	价格/元	库存量/件
1A0101	洛川红富士苹果冰糖心 5kg 箱装	44.80	3601
1A0201	烟台红富士苹果 5kg 箱装	29.80	5698
1A0302	阿克苏苹果冰糖心 5kg 箱装	29.80	12680
1B0501	库尔勒香梨 5kg 箱装	69.80	8902
1B0601	砀山梨 5kg 箱装大果	19.90	14532
1B0602	砀山梨 2.5kg 箱装特大果	16.90	6834
1GA101	智利车厘子 1kg 大樱桃整箱顺丰包邮	59.80	5420
2A1602	[王明公]农家散养猪冷冻五花肉 1.5kg 装	118.00	375
2B1701	Tyson/泰森鸡胸肉 454g×5 去皮冷冻包邮	139.00	1682
2B1702	[周黑鸭]卤鸭脖 15g×50 袋	99.00	5963
3BA301	波士顿龙虾特大鲜活 0.5kg	149.00	2800
3C2205	[参王朝]大连 6～7 年深海野生干海参	1188.00	1203
4A1601	农家散养草鸡蛋 40 枚包邮	33.90	690
4C2402	青岛啤酒 500mL×24 听整箱	112.00	23427

关系模型是近年来整个数据模型领域的重要支撑，是目前数据库中常用的数据模型。

随着数据库应用领域的进一步拓展与深入，对象数据、空间数据、图像与图形数据、声音数据、关联文本数据及海量仓库数据等出现，为了满足应用需求，数据模型发展趋势如下。

（1）对传统关系模型的扩充，以实现关系模型嵌套，支持关系继承及关系函数等。

（2）用面向对象的思维方式与方法来描述客观实体，支持面向对象建模，支持对象存取与持久化，支持代码级面向对象的数据操作，称为面向对象数据模型。

（3）XML 从数据交换领域发展到了数据存储与业务描述领域，数据库系统已支持对 XML 的存储与处理。

（4）研究新的数据模型，在数据构造器与数据处理原语上都有了新的突破。例如，函数数据模型（FDM）、语义数据模型（SDM）等。

目前比较流行的关系模型数据库管理系统包括 Oracle、SQL Server、MySQL、PostgreSQL、Access 等。本书介绍 MySQL。

1.2 数据库设计

数据模型按不同的应用层次分成 3 种类型，分别是概念模型、逻辑模型、物理模型。

1.2.1 概念模型

概念模型是面向数据库用户现实世界的数据模型，主要用来描述世界的概念化结构，它使数据库的设计人员在设计的初始阶段，摆脱计算机系统及数据库管理系统的具体技术问题，集中精力分析数据以及数据之间的联系。概念模型用于信息世界的建模，常用的是 E-R 模型、扩充的 E-R 模型、面向对象模型及谓词模型等。

通常，E-R 模型把每一类数据对象的个体称为“实体”，而把每一类对象个体的集合称为“实体集”，例如，网上商城管理系统主要涉及“商品”“供货商”“用户”等多个实体集。每个实体集涉及的信息项称为属性。就“商品”实体集而言，其属性有商品编号、商品名称、价格、库存量和商品图片等。

实体集中的实体可明确区分。如果实体集中的属性或最小属性组合的值能唯一标识其对应实体，则将该属性或属性组合称为码。码可能有多个，对于每一个实体集，可指定一个码为主码。

如果用矩形框表示实体集，用椭圆形框表示属性，用线段连接实体集与属性，当一个属性或属性组合被指定为主码时，需要在实体集与属性的连接线段上标记一斜线段，则可以用图 1.4 所示的形式描述网上商城管理系统中的实体集及每个实体集涉及的属性。

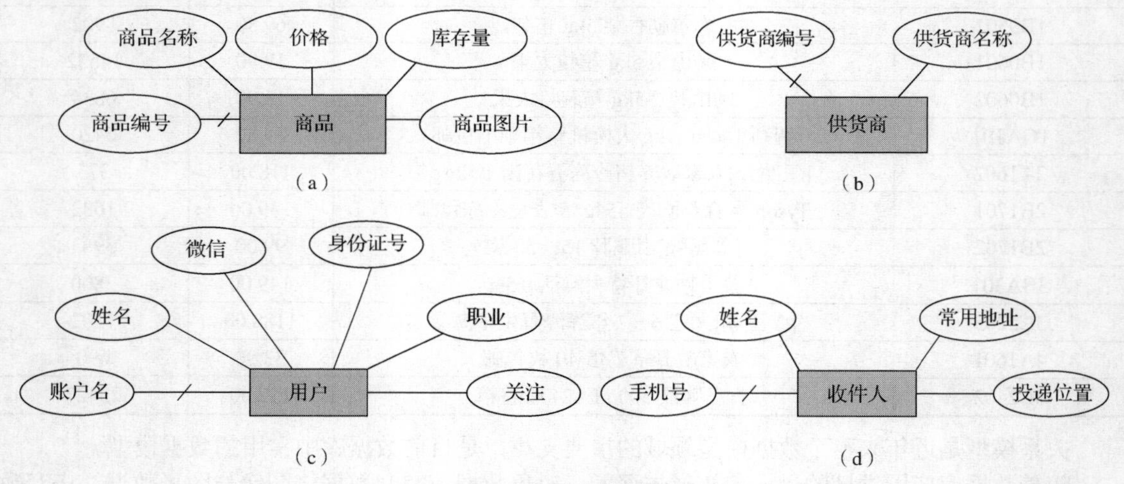

图 1.4 网上商城实体集及其属性

实体集和实体集之间存在各种关系，这些关系通常被称为“联系”，使用菱形表示。表示实体集及实体集联系的图称为实体（Entity）-联系（Relationship）图，简称 E-R 模型。

从分析用户项目涉及的数据对象及数据对象之间的联系出发，到获取 E-R 模型的这一过程称为概念结构设计。

两个实体集 A 和 B 之间的联系可能是以下 3 种情况之一。

1. 一对一的联系（1：1）

A 中的一个实体至多与 B 中的一个实体相联系，B 中的一个实体也至多与 A 中的一个实体相联系。例如，“用户”与“收件人”这两个实体集之间的联系是一对一的联系（1∶1），因为一个用户对应一个收件人，反过来，一个收件人对应一个用户，“用户”与“收件人”两个实体集及其联系如图 1.5（a）所示。

2．一对多的联系（1∶n）

A 中的一个实体可以与 B 中的多个实体相联系，而 B 中的一个实体至多与 A 中的一个实体相联系。例如，“供货商”与“商品”这两个实体集之间的联系是一对多的联系（1∶n），因为一个供货商可提供若干商品，反过来，一个特定商品只能属于一个供货商。“供货商”与“商品”两个实体集及其联系如图 1.5（b）所示。

3．多对多的联系（m∶n）

A 中的一个实体可以与 B 中的多个实体相联系，而 B 中的一个实体也可与 A 中的多个实体相联系。例如，“用户”与“商品”这两个实体集之间的联系是多对多的联系（m∶n），因为一个用户可购买多个商品，反过来，一个商品可被多个用户购买。“用户”与“商品”两个实体集及其联系如图 1.5（c）所示。

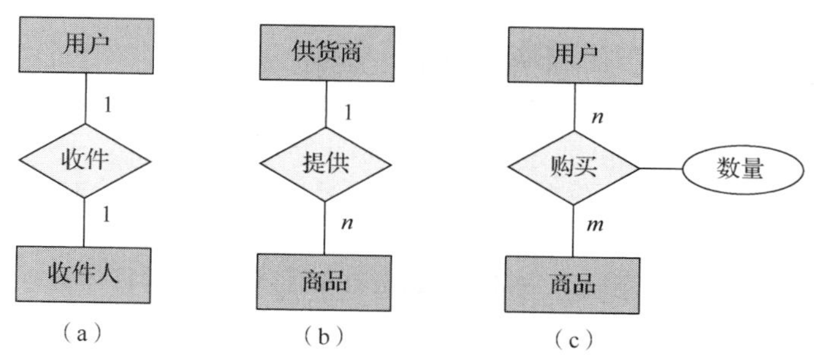

图 1.5　两个实体集及其联系

实际应用中，用户订货产生订单，再根据订单下单对应商品，并确定数量，如图 1.6 所示。

概念模型必须转换成逻辑模型，才能在数据库管理系统中实现。

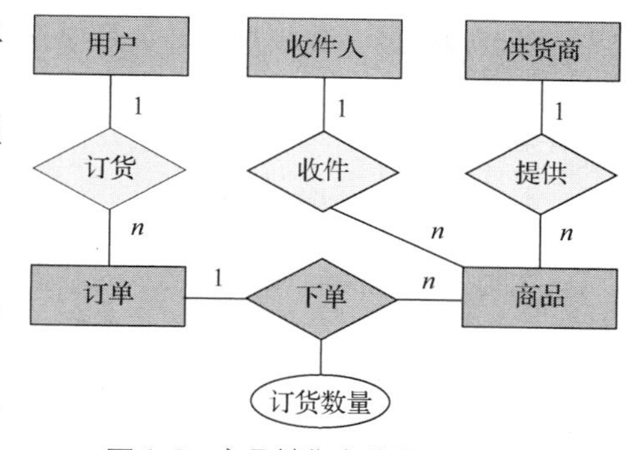

图 1.6　商品销售实体集及其联系

1.2.2　逻辑模型

逻辑模型是数据库采用的数据模型，它既要面向用户，又要面向系统，主要用于数据库管理系统的实现。目前比较流行的是关系数据库管理系统，这里以网上商城管理关系数据库为例介绍其对应的逻辑模型。

前面用 E-R 模型描述了网上商城管理系统中实体集与实体集之间的 3 种联系，下面分别将其转换为关系模式。

1．一对一联系的 E-R 模型到关系模式的转换

一对一联系既可以单独对应一个关系模式（即关系模型），也可以不单独对应一个关系模式。

一对一联系单独对应一个关系模式，则由联系属性、参与联系的各实体集的主码构成关系模式；一对一联系不单独对应一个关系模式，则联系的属性及一方实体集的主码加入另一方实体集对应的关系模式中。其主码可选参与联系的任一方实体集的主码。

例如，考虑图 1.5（a）描述的“用户”（user）和“收件人”（reci）关系模式如下：

user(<u>账户名</u>，姓名，微信，身份证号，职业，关注，手机号)；

reci(<u>手机号</u>，姓名，常用地址，投递位置，账户名)。

其中，下画线表示该字段（又称为列）为主码。

2．一对多联系的 E-R 模型到关系模式的转换

一对多联系既可单独对应一个关系模式，也可以不单独对应一个关系模式。

一对多联系单独对应一个关系模式，则由联系的属性、参与联系的各实体集的主码构成关系模式，*n* 端的主码作为该关系模式的主码。一对多联系不单独对应一个关系模式，则将联系的属性及 1 端的主码加入 *n* 端实体集对应的关系模式中，主码仍为 *n* 端的主码。

例如，图 1.5（b）描述的“供货商”（supplier）与“商品”（commodity）关系模式如下：

supplier(供货商编号，供货商名称)；

commodity(商品编号，商品名称，商品价格，商品库存量，商品图片，供货商编号)。

3．多对多联系的 E-R 模型到关系模式的转换

多对多联系单独对应一个关系模式，该关系模式包括联系的属性、参与联系的各实体集的主码，该关系模式的主码由各实体集的主码共同组成。

例如，图 1.5（c）描述的“用户”（user）与“商品”（commodity）的购买（buy）关系模式如下：

user(账户名，姓名，微信，身份证号，职业，关注)；

commodity(商品编号，商品名称，商品价格，商品库存量，商品图片，供货商编号)；

buy(账户名，商品编号，数量)。

关系模式 buy 的主码是由“账户名”和“商品编号”两个属性组合起来构成的，一个关系模式只能有一个主码。

实际应用中，用户（user）订货产生订单（orders），订单中包含订单项（orderitems），订单项对应商品（commodity），并确定数量。

orders(订单编号，账户名，支付金额，下单时间)；

orderitems(订单编号，商品编号，订货数量，是否发货)。

以上为根据 E-R 模型设计关系模式的方法。这一设计过程通常称为逻辑结构设计。

在设计好一个项目的关系模式后，即可在数据库管理系统环境下，创建数据库、关系表及其他数据库对象，输入相应数据，并根据需要对数据库中的数据进行各种操作。

1.2.3 物理模型

物理模型是面向计算机表示的数据模型，描述了数据在存储介质上的组织结构，它不但与具体的数据库管理系统有关，还与操作系统和硬件有关。每一种逻辑模型在实现时都有其对应的物理模型。为了保证数据库管理系统的独立性与可移植性，大部分物理模型的实现工作由系统自动完成，设计者只设计索引、聚集等特殊结构。

1.3 数据库应用系统

数据库应用系统是数据库系统的重要组成部分，由应用程序工具开发，为用户提供数据库操作界面，显示数据库返回结果。数据库应用系统不胜枚举，例如，财务管理系统、人事管理系统、图书管理系统、网上购物、网上聊天和支付、网上银行等。从实现技术角度而言，它们都是以数据库为基础的计算机应用系统。

1.3.1 数据库应用系统架构

数据库应用系统分为 B/S 架构的应用系统和 C/S 架构的应用系统，这两种架构又称 B/S 结构和 C/S 结构。

1. B/S 架构的应用系统

基于 Web 的数据库应用系统采用三层（浏览器/Web 服务器/数据库服务器）模式，也称 B/S 架构，如图 1.7 所示。其中，浏览器（Browser）是用户输入数据和显示结果的交互界面，用户首先在浏览器表单中输入数据，然后将表单中的数据提交并发送到 Web 服务器，Web 服务器接收并处理用户输入的数据，通过数据库服务器从数据库中查询需要的数据（或把数据输入数据库）并将其送回 Web 服务器，Web 服务器把返回的结果插入 HTML 页面，传送给客户端并在浏览器中显示出来。

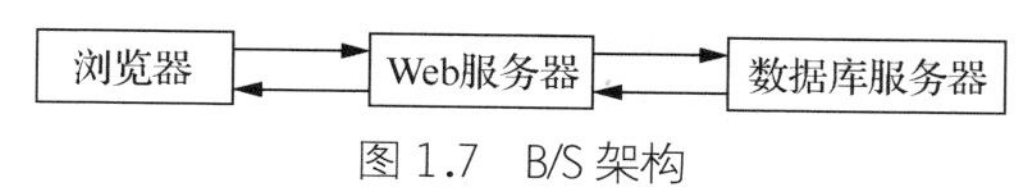

图 1.7 B/S 架构

目前，流行的开发数据库 Web 界面的工具主要有 PHP、Java EE（Spring Boot）、ASP.NET（C#）等。使用 PHP 工具进行开发比较简单；Java EE（Spring Boot）则更专业，客户端和服务器端分别开发，操作便捷，功能分层方便。后文将介绍使用 PHP 开发的 B/S 架构的 MySQL 数据库网上商城商家管理系统，用 Spring Boot+MyBatis 开发的 B/S 架构的 MySQL 数据库网上商城商品管理系统。

2. C/S 架构的应用系统

C/S 架构的应用系统要求在客户端上安装应用程序。应用程序与数据库、数据库管理系统的关系如图 1.8 所示。

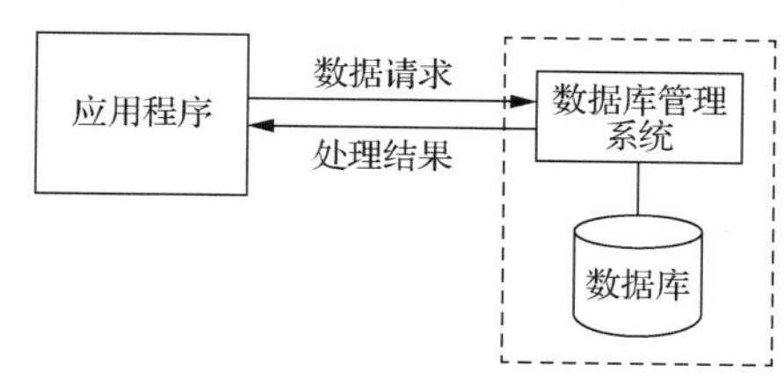

图 1.8 应用程序与数据库、数据库管理系统的关系

图 1.8 中表明，当应用程序需要处理数据库中的数据时，首先向数据库管理系统发送一个数据请求，数据库管理系统接收到这一请求后，对其进行分析，然后执行数据库操作，并把处理结果返回给应用程序。由于应用程序直接与用户交互，而数据库管理系统不直接与用户交互，因此应用程序被称为“前台”，而数据库管理系统被称为“后台”。由于应用程序向数据库管理系统提出服务请求，通常称为客户程序（Client），而数据库管理系统为应用程序提供服务，通常称为服务器程序（Server），因此又将这一操作数据库的模式称为（客户-服务器 C/S）架构。

应用程序和数据库管理系统可以运行在同一台计算机上（单机方式），也可以运行在网络环境中。在网络环境中，数据库管理系统在网络中的一台主机上运行，应用程序可以在网络上的多台主机上运行，即采用一对多方式。

目前，流行的开发客户端应用程序的工具主要有 Visual C++、Visual C#、Qt、Visual Basic 等。

移动客户端应用也非常流行，其本质仍然是 C/S 架构的应用系统。普通的 C/S 架构的数据库应用程序安装在 PC 上，而移动客户端 App 安装在移动端（手机）上。后续章节将以在 Android 平台开发网上商城 App 为例讲解 MySQL 数据库操作。

移动端也可通过浏览器运行 B/S 架构的应用程序。

1.3.2 应用系统的数据接口

客户端应用程序或应用服务器向数据库服务器请求服务时，必须先与数据库建立连接。虽然现有数据库管理系统几乎全部遵循 SQL 标准，但不同厂家开发的数据库管理系统有所差异，存在适应性和可移植性等方面的问题，因此，人们研究和开发了连接不同数据库管理系统的通用方法、技术和软件接口。

1. ODBC 数据库接口

开放式数据库互连（Open Data Base Connectivity，ODBC）是微软公司推出的一种实现应用程序和关系数据库之间通信的接口标准，可以通过 SQL 语句对数据库进行操作。目前，所有的关系数据库都符合该标准。ODBC 本质上是一组数据库访问（应用程序接口 API），由一组函数调用组成，核心是 SQL 语句。

在具体操作时，首先必须用 ODBC 管理器注册一个数据源，管理器根据数据源提供的数据库位置、数据库类型及 ODBC 驱动程序等信息，建立起 ODBC 与具体数据库的联系。因此，应用程序只需将数据源名提供给 ODBC，ODBC 即可建立与相应数据库的连接。

2．ADO.NET 数据库接口

ADO.NET 提供了面向对象的数据库视图，并且在其对象中封装了许多数据库属性和关系。重要的是，它通过多种方式封装和隐藏了数据库访问过程的许多细节。用户可以完全不了解对象在与 ADO.NET 对象交互，也不用担心数据库移动等细节问题。如图 1.9 所示，数据层是实现 ADO.NET 断开式连接的核心，从数据源读取的数据首先被缓存到数据集中，然后被程序或控件调用。数据源可以是数据库或 XML 数据。数据提供器用于建立数据源与数据集之间的联系，它能连接各种类型的数据源，并按要求将数据源中的数据提供给数据集，或者从数据集向数据源返回编辑后的数据。

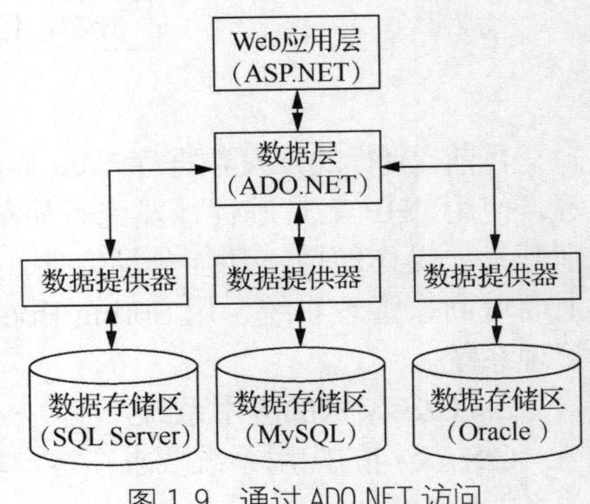

图 1.9　通过 ADO.NET 访问

3．JDBC 数据库接口

Java 数据库互连（Java Database Connectivity，JDBC）是以 Java 语言编写的用于数据库连接和操作的类和接口，可为多种关系数据库提供统一的访问方式。使用 JDBC 实现对数据库的访问主要通过 4 个组件：Java 应用程序、JDBC 驱动器管理器、驱动器和数据源。

在 JDBC API 中有两层接口：应用程序层接口和驱动程序层接口。前者使开发人员可以通过 SQL 调用数据库和取得结果，后者处理与具体数据库驱动程序的所有通信。

使用 JDBC 数据库接口操作数据库有如下优点。

（1）JDBC 与 ODBC 十分相似，有利于用户理解。

（2）使编程人员从复杂的驱动器调用命令和函数中解脱出来，致力于应用程序功能的实现。

（3）JDBC 支持不同的关系数据库，提高了程序的可移植性。

4．Web Service

Web Service 使运行在不同计算机上的不同应用无须借助附加的、专门的第三方软件或硬件，即可相互交换数据或集成。它是自描述、自包含的可用网络模块，可以执行具体的业务功能。Web Service 方便部署，为整个企业甚至多个组织之间的业务流程的集成提供了通用机制。

1.4　MySQL 数据库

MySQL 由瑞典 MySQL AB 公司开发，属于 Oracle 旗下产品。作为目前流行的关系数据库管理系统之一，在 Web 应用方面，MySQL 是主流的 RDBMS 应用软件之一。

MySQL 软件采用了双授权政策，分为社区版和商业版，由于其体积小、速度快、总体拥有成本低，尤其是开放源代码这一特点，一般中小型网站的开发都选择 MySQL 作为网站数据库。

1.4.1　MySQL 安装运行

1．MySQL 安装

目前常用的 MySQL 版本为 MySQL 5.6、MySQL 5.7 和 MySQL 8.0。本书介绍的 MySQL 基

本内容均适用于上述版本。

可通过 MySQL 官方网站上免费下载 MySQL 的安装包，在安装 MySQL 前，请确保系统中安装了相应版本的 Microsoft.NET Framework。初学者可按照默认选项进行安装，系统会根据设备配置情况自动安装。这里设置用户“root”的密码为“njnu123456”。

在 MySQL 安装完成后，即可运行 MySQL。

2．MySQL 运行

（1）启动 MySQL 服务。安装配置完成后，打开 Windows 任务管理器，可以看到 MySQL 服务进程 mysqld.exe 已经启动，如图 1.10 所示。

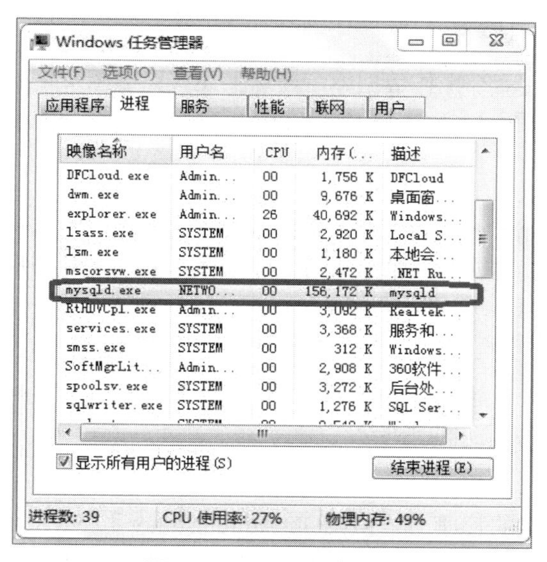

图 1.10　MySQL 服务进程

使用 MySQL 之前，用户必须确保进程 mysqld.exe 已经启动。但用户关机后重新开机进入系统时，若 MySQL 服务器没有配置为自动启动，则需要在 Windows 任务管理器中启动，或者进入 MySQL 安装目录中的 bin 子目录，双击 mysqld.exe 程序文件。

（2）登录 MySQL 数据库。进入 Windows 命令行，输入：

```
C:\...>cd MySQL 安装目录\bin
```

进入 MySQL 可执行程序目录，再输入：

```
MySQL 安装目录\bin> mysql -u root -p
```

按“Enter”键后，系统提示“Enter password:”，在其后输入 root 用户密码“njnu123456”：

```
Enter password: njnu123456
```

按“Enter”键，在显示欢迎信息后出现下列提示符：

```
mysql>
```

表示进入 MySQL 的命令行模式，在命令行提示符“mysql>”后输入“quit”，可退出 MySQL 命令行模式返回操作系统状态。

（3）设置 MySQL 中文字符集编码。查看当前连接系统的字符集参数：

```
show variables like 'char%';
```

将数据库和服务器的字符集均设置为 gbk（中文）：

```
set character_set_database= 'gbk';
set character_set_server= 'gbk';
```

查看字符集设置后的结果：

```
status;
```

MySQL 8.0 默认字符编码方式支持中文，所以可不跳过字符集设置。

（4）为了在操作 MySQL 时防止由于不同操作系统默认的权限差异而不能使用某些功能，建议初学者使用下列命令设置操作权限：

```
use mysql;
grant all privileges on *.* to 'root'@'%'  identified by 'njnu123456' with grant option;
flush privileges;
```

1.4.2 MySQL 常用界面工具

界面工具介绍

MySQL 除了可以通过命令操作数据库，市场上还有许多图形化的操作工具，使数据库操作更加便捷。MySQL 的界面工具可分为两大类：图形化客户端和基于 Web 的管理工具。

1．图形化客户端

图形化客户端工具采用 C/S 架构，用户通过安装在计算机上的客户端软件连接并操作后台的 MySQL 数据库，原理如图 1.11 所示，客户端是图形用户界面（GUI）。

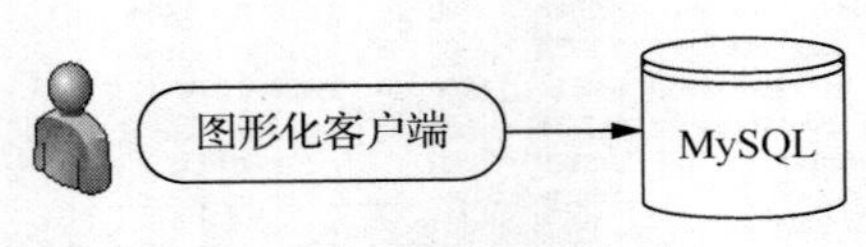

图 1.11　图形化客户端

除了 MySQL 官方提供的管理工具 MySQL Administrator 和 MySQL Workbench，还有许多第三方开发的优秀工具，其中 Navicat 比较常用，它包含专门针对 MySQL 的 Navicat for MySQL，以及 Navicat Premium，除了操作 MySQL，还可以操作 SQL Server、Oracle 等。

2．基于 Web 的管理工具

基于 Web 的管理工具采用 B/S 架构，用户计算机上无须安装客户端，管理工具运行于 Web 服务器上，如图 1.12 所示。用户设备只需安装浏览器，即可以访问 Web 页的方式操作 MySQL 数据库里的数据。

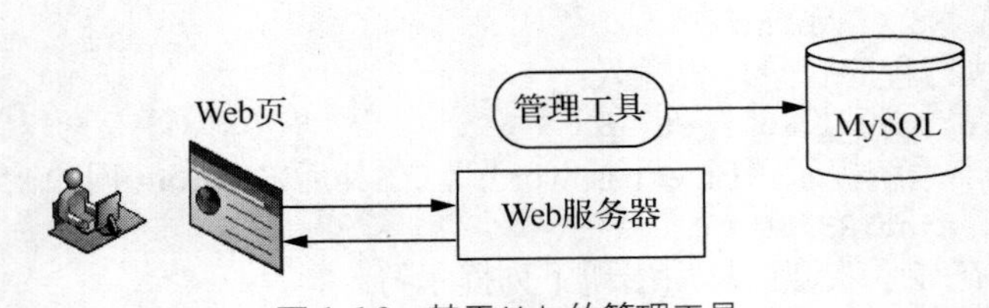

图 1.12　基于 Web 的管理工具

基于 Web 的管理工具有 phpMyAdmin、phpMyBackupPro 和 MySQL Sidu 等。

习题

一、选择题

1．MySQL 是（　　）。

A．数据库　　B．DBA　　C．DBMS　　D．数据库系统

2. MySQL 组织数据采用（　　）。
A. 层次模型　B. 网状模型　C. 关系模型　D. 数据模型

3.（　　）是实体属性。
A. 形状　B. 汽车　C. 盘子　D. 高铁

4. 在数据库管理系统中设计表属于（　　）。
A. 概念结构设计　B. 逻辑结构设计　C. 物理结构设计　D. 数据库设计

5. 图书与读者之间是（　　）。
A. 一对一关系　B. 多对一关系　C. 多对多关系　D. 一对多关系

6. MySQL 普通用户通过（　　）操作数据库对象。
A. DBMS　B. SQL　C. MySQL 的 SQL　D. 应用程序

7. 使用（　　）平台开发的程序是 C/S 程序。
A. Java EE　B. PHP　C. Visual C#　D. ASP.NET

8. 下列说法错误的是（　　）。
A. 数据库通过文件存放在计算机中　B. 数据库中的数据具有一定的关系
C. 使用浏览器中的脚本可操作数据库　D. 浏览器中运行的文件存放在服务器中

二、说明题

1. 什么是数据库，它的用途是什么？
2. 说明数据库、数据库管理系统、数据库系统、数据库应用系统、数据库管理员的关系。
3. 什么是数据模型？简述关系模型的特点。
4. 说明关系模型中的表、记录、码、主码的关系。
5. 解释概念模型中的以下术语：实体、属性、码、E-R 模型。
6. 某高校有若干个系部，每个系部有若干个年级和教研室，每个教研室有若干位教师，其中教授和副教授每人带若干学生，每个年级有许多学生，每个学生选修若干课程，每门课程可由若干学生选修，试用 E-R 模型描述此学校的概念模型。
7. 试列举一个身边的关系模型实例，并用 E-R 模型来描述。
8. 比较 C/S 架构应用系统和 B/S 架构应用系统的特点。

实训

1. 参考有关网络文档安装 MySQL，并且初步运行 MySQL。

2. 参考有关网络文档，下载和安装 Navicat for MySQL 或者 Navicat Premium，采用 root 用户连接 MySQL 服务器，进入主界面初步熟悉其使用方法。

第2章 MySQL数据库和表

【学习目标】

（1）掌握数据库的创建、修改和删除的操作方法。
（2）掌握表结构的创建、修改以及表的删除的操作方法。
（3）掌握表记录的插入、修改和删除的操作方法。

数据库可以看作存储数据对象的容器，这些对象包括表、视图、触发器、存储过程等。其中，表是基本的数据对象，是存放数据的实体。在实际应用中，用户必须首先创建数据库，然后才能建立表及其他数据对象。

2.1 MySQL数据库

用户首先要创建数据库，然后才能在该数据库中创建对象，数据库中的主要对象是表。在创建数据库中的表后，用户即可对表记录进行操作。

2.1.1 创建数据库

安装 MySQL 后，系统数据库会自动创建完成。用户可以查看已经存在的数据库。

查看数据库

1．查看数据库

输入以下命令查看 MySQL 系统已有的数据库：

```
SHOW DATABASES;
```

系统会列出已有的数据库。MySQL 系统使用的数据库有 3 个，即 information_schema、mysql 和 performance_schema，它们都是 MySQL 安装时系统自动创建的，MySQL 把数据库管理系统的有关管理信息都保存在这几个数据库中，如果不慎删除，MySQL 将无法正常工作，读者需谨慎操作！如果安装时选择安装实例数据库，则系统已有数据库还包括另外 2 个实例数据库 sakila 和 world。

2．创建数据库

使用 CREATE DATABASE 或 CREATE SCHEMA 命令可以创建数据库。

语法格式如下：

```
CREATE  [IF NOT EXISTS] 数据库名
     [DEFAULT] CHARACTER SET 字符集
     [DEFAULT] COLLATE 校对规则名
```

说明

- IF NOT EXISTS：在创建数据库前判断该数据库是否存在，存在则不创建，不存在则执行 CREATE DATABASE 创建数据库。使用此选项可以避免出现数据库已经存在再重复创建的错误。
- CHARACTER SET：指定数据库采用的默认字符集。
- COLLATE：指定字符集的校对规则。

另外，使用 CREATE TEMPORARY TABLE 命令可新建临时表。临时表的生命周期较短，而且只对创建它的用户可见，当断开与该数据库的连接时，MySQL 会自动将其删除。

【例 2.1】创建学生成绩数据库，数据库名称为 xscj。

```
mysql>CREATE DATABASE xscj;
```

如果已经创建了数据库（例如 mytest），重复创建时系统会提示数据库已经存在，系统显示错误信息，如图 2.1 所示。

```
mysql> CREATE DATABASE mytest;
ERROR 1007 (HY000): Can't create database 'mytest'; database exists
mysql> CREATE DATABASE IF NOT EXISTS mytest;
Query OK, 1 row affected, 1 warning (0.00 sec)
```

图 2.1　错误信息

使用 IF NOT EXISTS 选项可设置不显示错误信息。

3．设置当前数据库

语法格式如下：

```
USE 数据库名;
```

例如，指定当前数据库为学生成绩数据库（xscj）：

```
mysql>USE xscj
```

说明

在 MySQL 中，每一条 SQL 语句都以“;”作为结束标志。

2.1.2　修改数据库

创建数据库后，如果需要修改数据库的参数，用户可以使用 ALTER DATABASE 命令，其格式与 CREATE DATABASE 的命令格式基本相同。

【例 2.2】修改学生成绩数据库（xscj）默认字符集和校对规则。语句及结果如图 2.2 所示。

```
mysql> ALTER DATABASE xscj
    -> DEFAULT CHARACTER SET gb2312
    -> DEFAULT COLLATE gb2312_chinese_ci;
Query OK, 1 row affected (0.00 sec)
```

图 2.2　语句及结果

2.1.3　删除数据库

语法格式如下：

```
DROP DATABASE [IF EXISTS] 数据库名
```

这里还可以使用 IF EXISTS 子句，避免删除不存在的数据库时出现 MySQL 错误信息。

注意

必须小心使用 DROP DATABASE 命令，因为使用它将删除指定的整个数据库，该数据库的所有表（包括其中的数据）也将被永久删除。

2.2　MySQL 表

在创建数据库后，用户应该创建表，因为表是在数据库中存放数据的对象实体。

创建表

2.2.1　创建表

创建表包括全新创建和通过复制已有表创建。

1. 全新创建

语法格式如下：

```
CREATE TABLE [IF NOT EXISTS] 表名
(    [列定义]  ...
     | [表索引项定义]
)
[表选项] [SELECT 语句];
```

说明

- 列定义：包括列名、数据类型，可能还包括一个空值声明和一个完整性约束。
- 表索引项定义：主要用于定义表的索引、主键、外键等，具体定义将在第 4 章中讨论。
- SELECT 语句：用于在一个已有表的基础上创建一个全新的表。

【例 2.3】 在学生成绩数据库（xscj）中创建一个学生表，表名为 xs。

表结构实例

（1）输入以下命令：

```
USE xscj
CREATE TABLE xs
(
     学号       char(6)       NOT NULL  PRIMARY KEY,
     姓名       char(4)       NOT NULL,
     专业名     char(10)      NULL,
     性别       tinyint(1)    NOT NULL  DEFAULT 1,
     出生日期   date          NOT NULL,
     总学分     tinyint(1)    NULL,
     照片       blob          NULL,
     备注       text          NULL
);
```

说明

- “学号”列：字符型，长度为 6，不能为空，为本表主键（主码）。
- “姓名”列：字符型，长度为 4，不能为空。
- “专业名”列：字符型，长度为 10，可为空。
- “性别”列：短整型，1 字节，不能为空，默认值为 1。
- “出生日期”列：日期型，不能为空。
- “总学分”列：短整型，1 字节，可为空。
- “照片”列：大二进制型，可为空。
- “备注”列：文本型，可为空。

（2）使用 SHOW TABLES 命令显示 xscj 数据库中包含的表，使用 DESCRIBE xs 命令显示 xs 表的结构，如图 2.3 所示。

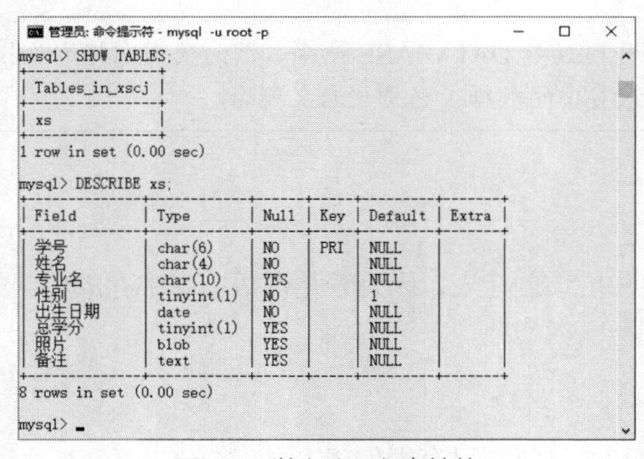

图 2.3　学生（xs）表结构

2. 复制已有表创建

如果创建的表与数据库中已有表相似，用户也可直接复制数据库中已有表的结构和数据，然后对表进行修改。

语法格式如下：

```
CREATE TABLE [IF NOT EXISTS] 表名
    [LIKE 已有表名]
    [AS (复制表记录) ];
```

- LIKE 关键字后面为已有表名。
- AS 关键字后面为可以复制表的内容。例如，用户可以使用 SELECT 语句表示查询表记录。注意，索引和完整性约束是不会被复制的。

【例 2.4】 在 mytest 数据库中，使用复制的方式创建一个名为 user_copy1 的表，表结构直接取自 user 表；另再创建一个名为 user_copy2 的表，其结构和内容（数据）都取自 user 表。

（1）用 user 表创建新表。

```
USE mytest
create table user_copy1 like user;
CREATE TABLE user_copy2 AS (SELECT * FROM user);
```

执行过程及结果如图 2.4 所示。

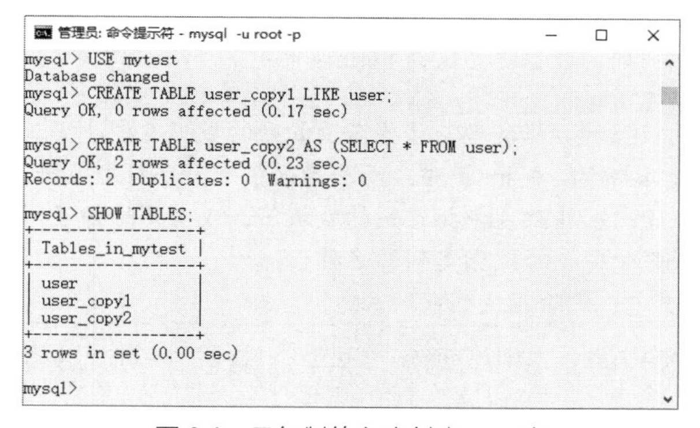

图 2.4 用复制的方式创建 user 表

MySQL 中 SQL 命令和语句对英文大小写不敏感，但本书为了区分系统关键字和用户参数，凡是系统关键字一律大写，用户参数则全部小写。

（2）查询发现 user_copy1 表中没有记录，而 user_copy2 表中包含 user 表中所有记录，如图 2.5 所示。

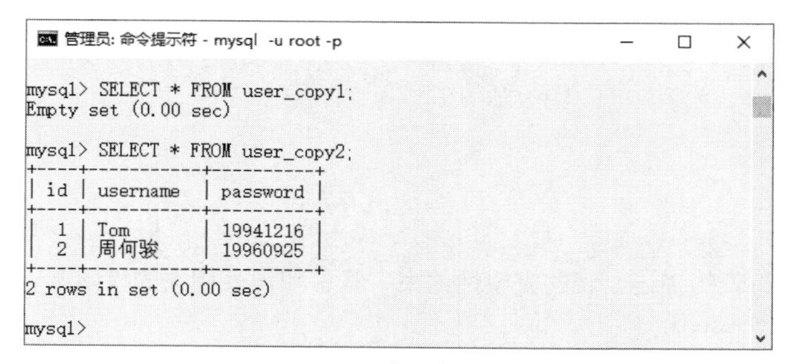

图 2.5 查询表记录

2.2.2 修改表

可以修改已经存在的表结构。例如，可以增加（删减）列、创建（取消）索引、更改原有列的类型、重新命名列或表，还可以更改表的评注和表的类型。

1. 修改表结构

语法格式如下：

```
ALTER  TABLE 表名
  ADD  列定义  [FIRST | AFTER 列名]
  MODIFY 列定义
  ALTER  列名{SET DEFAULT 值| DROP DEFAULT}
  CHANGE 列名原列名
  DROP  列名
  RENAME [TO] 新表名
```

说明

- ADD 子句：向表中增加新列。通过 FIRST | AFTER 列名指定增加新列的位置，否则默认在最后一列增加新列。

例如，在表 user 中增加新列“班级号”：

```
USE mytest
ALTER TABLE  user  ADD COLUMN  班级号  tinyint(1) NULL;
```

- MODIFY 子句：修改指定列的数据类型。

例如，要把一列的数据类型改为 bigint：

```
ALTER TABLE user  MODIFY  班级号  bigint  NOT NULL;
```

若表中该列数据的数据类型与将要修改的列的数据类型冲突，则发生错误。例如，原来 char 类型的列数据要修改成 int 类型，而原来列值中有字符型数据，则无法修改。

- ALTER 子句：修改表中指定列的默认值，或者删除指定列的默认值。
- CHANGE 子句：修改指定列的名称。
- DROP 子句：删除指定列或约束。

【例 2.5】在 xscj 数据库的 xs 表中，增加“奖学金等级”一列，并将表中的“姓名”列删除。

```
USE xscj
ALTER TABLE xs
   ADD 奖学金等级 tinyint NULL,
   DROP COLUMN 姓名;
```

2. 更改表名

除了上面的 ALTER TABLE 命令，用户还可以直接使用 RENAME TABLE 语句来更改表的名称。

语法格式如下：

```
RENAME  TABLE 旧表名 TO 新表名...
```

【例 2.6】将 mytest 数据库中的 user_copy1 表重命名为 user1，将 user_copy2 表重命名为 user2，再将 user2 表重命名为 userb。

```
RENAME  TABLE user_copy1 TO user1,user_copy2 TO user2;
ALTER TABLE  user2  RENAME TO  userb;
```

2.2.3 删除表

语法格式如下：

```
DROP TABLE [IF EXISTS]表名  ...
```

使用这个命令将表的描述、表的完整性约束、索引和与表相关的权限等一并删除。

【例 2.7】删除表 userb。

```
DROP  TABLE  IF  EXISTS  userb;
```

2.3　表记录的操作

创建数据库和表后，用户可以使用 MySQL 界面工具对表中的数据（记录）进行插入、修改和删除等操作，但 SQL 语句操作更灵活，功能更强大。

2.3.1　插入记录

数据库和表创建完成后，用户即可向表中插入数据记录。使用 INSERT 或 REPLACE 语句可以向表中插入一行或多行记录。

1. 插入新记录

语法格式如下：

```
INSERT [INTO] 表名
    [(列名,...)] VALUES ({expr | DEFAULT},...)
    SET 列名={EXPR | DEFAULT}, ...
```

- 列名：需要插入记录的列名称。如果要向全部列中插入数据，列名可以省略。
- VALUES 子句：包含各列需要插入的数据清单，数据的顺序与列的顺序对应。若没有给出列名，则需要在 VALUES 子句中给出每一列的值。如果列值为空，则必须置为 NULL，否则会出错。VALUES 子句中的值有如下两个。

（1）expr：可以是一个常量、变量或一个表达式，也可以是空值 NULL，其值的数据类型应与列的数据类型一致。当数据为字符型时要用单引号标示。

（2）DEFAULT：标示指定为该列的默认值。前提是该列已经指定了默认值。如果列清单和 VALUES 清单均为空，则使用 INSERT 命令会创建一行记录，并将该行中每列的值都设置为默认值。

- SET 子句：SET 子句用于为列指定值。要插入数据的列在 SET 子句中指定，等号后面为指定的数据。对于未指定的列，列值为默认值。

使用 INSERT 语句可以向表中插入一行记录，也可以插入多行记录，插入的行中可以给出每列的值，也可只给出部分列的值，还可以向表中插入其他表的数据。

【例 2.8】向学生成绩数据库（xscj）的表 xs（表中包括学号、姓名、专业名、性别、出生日期、总学分、照片、备注等列）中插入如下一行：

```
221101, 王林, 计算机, 1, 2004-02-10, 15, NULL, NULL
```

使用下列语句：

```
USE xscj
INSERT INTO xs
   VALUES('221101', '王林', '计算机', 1, '2004-02-10', 15, NULL,NULL);
```

若表 xs 中专业列的默认值为“计算机”，照片、备注列的默认值为 NULL，也可以使用如下命令：

```
INSERT INTO xs (学号, 姓名, 性别, 出生日期, 总学分)
   VALUES('221101', '王林', 1, '2004-02-10', 15);
```

与下列命令的效果相同：

```
INSERT INTO xs
   VALUES('221101', '王林', default, 1, '2004-02-10', 15, NULL,NULL);
```

还可以使用 SET 子句来实现：

```
INSERT INTO xs
   SET 学号='221101', 姓名='王林', 专业名=default, 性别=1,出生日期='2004-02-10', 总学分=15;
```

执行结果如图 2.6 所示。

```
mysql> USE xscj
Database changed
mysql> INSERT INTO xs
    ->     VALUES('221101', '王林', '计算机', 1, '2004-02-10', 15, NULL,NULL);
Query OK, 1 row affected (0.04 sec)

mysql> SELECT * FROM xs;
+--------+------+--------+------+------------+--------+------+------+
| 学号   | 姓名 | 专业名 | 性别 | 出生日期   | 总学分 | 照片 | 备注 |
+--------+------+--------+------+------------+--------+------+------+
| 221101 | 王林 | 计算机 |    1 | 2004-02-10 |     15 | NULL | NULL |
+--------+------+--------+------+------------+--------+------+------+
1 row in set (0.00 sec)
```

图 2.6　插入后的 xs 表记录

注意

若原有行中存在 PRIMARY KEY 或 UNIQUE KEY，而插入的数据行中含有与原有行中 PRIMARY KEY 或 UNIQUE KEY 相同的列值，则使用 INSERT 语句无法插入此行。

修改已有的数据记录需要使用 REPLACE 语句。

2. 从已有表中插入新记录

语法格式如下：

```
INSERT [INTO] 表名 [(列名,...)]
    SELECT 语句
```

说明

SELECT 语句中返回的是一个查询到的结果集，使用 INSERT 语句将这个结果集插入指定表中，但结果集中每行数据的列数、列的数据类型必须与被操作的表的数据类型完全一致。有关 SELECT 语句会在第 3 章详细介绍。

【例 2.9】将 mytest 数据库中的 user 表记录插入 user1 表中。

```
USE mytest
INSERT INTO user1 SELECT * FROM user;
```

命令执行的前后效果如图 2.7 所示。

```
mysql> SELECT * FROM user;
+----+----------+----------+
| id | username | password |
+----+----------+----------+
|  1 | Tom      | 19941216 |
|  2 | 周何骏   | 19960925 |
+----+----------+----------+
2 rows in set (0.00 sec)

mysql> SELECT * FROM user1;
Empty set (0.00 sec)
```

（a）插入前的 user1 表记录

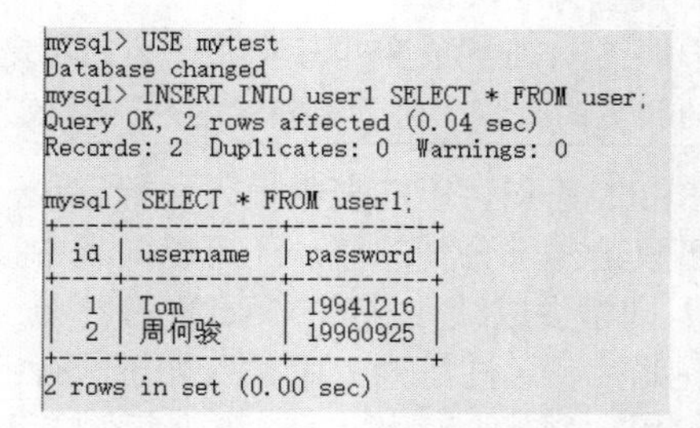

```
mysql> USE mytest
Database changed
mysql> INSERT INTO user1 SELECT * FROM user;
Query OK, 2 rows affected (0.04 sec)
Records: 2  Duplicates: 0  Warnings: 0

mysql> SELECT * FROM user1;
+----+----------+----------+
| id | username | password |
+----+----------+----------+
|  1 | Tom      | 19941216 |
|  2 | 周何骏   | 19960925 |
+----+----------+----------+
2 rows in set (0.00 sec)
```

（b）插入后的 user1 表记录

图 2.7　命令执行的前后效果

3. 插入图片

MySQL 支持插入图片，图片一般以路径的形式来存储，也可以使用 LOAD_FILE()函数直接插入图片本身。

【例 2.10】向 xs 表中插入如下一行记录：

```
221102，程明，计算机，1，2005-02-01，15，picture.jpg，NULL
```

其中，图片路径为 D:\IMAGE\picture.jpg，可使用如下语句：

```
INSERT INTO xs
    VALUES('221102', '程明', '计算机', 1, '2005-02-01', 15, 'D:\IMAGE\picture.jpg', NULL);
```

也可使用如下语句直接插入图片本身：

```
INSERT INTO xs
    VALUES('221102', '程明', '计算机', 1, '2005-02-01', 15, load_file('D:\IMAGE\
picture.jpg'),NULL);
```

插入图片结果如图 2.8 所示。

```
+--------+------+--------+------+------------+--------+------------------------+------+
| 学号   | 姓名 | 专业名 | 性别 | 出生日期   | 总学分 | 照片                   | 备注 |
+--------+------+--------+------+------------+--------+------------------------+------+
| 221101 | 王林 | 计算机 |    1 | 2004-02-10 |     15 | NULL                   | NULL |
| 221102 | 程明 | 计算机 |    1 | 2005-02-01 |     15 | D:IMAGEpicture.jpg     | NULL |
+--------+------+--------+------+------------+--------+------------------------+------+
2 rows in set (0.00 sec)
```

图 2.8 插入图片结果

2.3.2 修改记录

1. 替换旧记录

使用 REPLACE 语句除了可以插入表中不存在的记录，还可以替换已经存在的旧记录。REPLACE 语句格式与 INSERT 语句格式相同。

【例 2.11】若例 2.10 中的记录行已经被插入，其中学号为主键（PRIMARY KEY），现在需要再插入下列记录：

```
221101，刘华，通信工程，1，2004-06-10，13，NULL，NULL
```

若直接使用 INSERT 语句，会产生图 2.9 所示错误。

```
mysql> INSERT INTO xs
    ->     VALUES('221101', '刘华', '通信工程', 1, '2004-06-10', 13, NULL,NULL);
ERROR 1062 (23000): Duplicate entry '221101' for key 'PRIMARY'
```

图 2.9 错误信息

使用 REPLACE 语句，则可以成功插入记录，如图 2.10 所示。

```
mysql> REPLACE INTO xs
    ->     VALUES('221101', '刘华', '通信工程', 1, '2004-06-10', 13, NULL,NULL);
Query OK, 2 rows affected (0.04 sec)
```

图 2.10 成功插入记录

2. 修改单个表

修改表中的一行记录可使用 UPDATE 语句。UPDATE 可用来修改一个表，也可以用于修改多个表。

语法格式如下：

```
UPDATE [LOW_PRIORITY] [IGNORE] 表名
     SET 列名 1=expr1 [, 列名 2=expr2 ...]
     [WHERE 条件]
```

- 列名 1、列名 2……为要修改列的 expr 值。用户可以同时修改所在数据行的多个列值，中间用逗号隔开。
- WHERE 子句：指定的更新记录条件。如果省略 WHERE 子句，则更新该表的所有行。

【例 2.12】将学生成绩数据库（xscj）的学生（xs）表中的所有学生的总学分都增加 10。将姓名为“刘华”的学生的备注填写为“辅修计算机专业”，学号修改为“221201”。

```
UPDATE xs
   SET 总学分 = 总学分+10;
UPDATE xs
   SET 学号 = '221201', 备注 = '辅修计算机专业'
   WHERE 姓名 = '刘华';
SELECT 学号, 姓名, 总学分, 备注 FROM xs;
```

修改后的 xs 表如图 2.11 所示。

学号	姓名	总学分	备注
221102	程明	25	NULL
221201	刘华	23	辅修计算机专业

图 2.11　修改后的 xs 表

用户可以发现表中所有学生的总学分都已经增加了 10，姓名为“刘华”的学生的备注为“辅修计算机专业”，学号也被修改成了“221201”。

3．修改多个表

语法格式如下：

```
UPDATE 表名,表名...
    SET 列名1=expr1 [, 列名2=expr2 ...]
    [WHERE 条件]
```

【例 2.13】 mytest 数据库的表 user 和表 userb 中都有两列 id int(11)、password char(8)，其中 id 为主键。当表 user 中的 id 值与 userb 中的 id 值相同时，将表 user 中对应的 password 值修改为“11111111”，将表 userb 中对应的 password 值修改为“22222222”。

```
USE mytest
UPDATE  user, userb
SET user.password='11111111' , userb.password='22222222'
     WHERE user.id=userb.id;
```

修改后的结果如图 2.12 所示。

mysql> SELECT * FROM user;

id	username	password
1	Tom	11111111
2	周何骏	11111111

（a）修改后的 user 表

mysql> SELECT * FROM userb;

id	username	password
1	Tom	22222222
2	周何骏	22222222

（b）修改后的 userb 表

图 2.12　同时修改两个表

2.3.3　删除记录

DELETE 语句或 TRUNCATE TABLE 语句均可用于删除表记录。

1．从单个表中删除记录

语法格式如下：

```
DELETE FROM 表名 [WHERE 条件]
```

- FROM 子句：用于说明从何处删除数据，表名为要删除数据的表的名称。
- WHERE 子句：指定删除记录的条件。省略 WHERE 子句则删除该表的所有行。

【例 2.14】 删除 mytest 数据库 userb 表中“周何骏”的记录。

```
USE mytest
DELETE FROM userb
    WHERE username ='周何骏';
```

或者

```
DELETE FROM userb
    WHERE id=2;
```

2．从多个表中删除记录

语法格式如下：

```
DELETE [LOW_PRIORITY] [QUICK] [IGNORE] 表名[.*] [, 表名[.*] ...]
```

```
    FROM 参考表
    [WHERE 条件]
```

或：

```
DELETE [LOW_PRIORITY] [QUICK] [IGNORE]
    FROM 表名[.*] [, 表名[.*] ...]
    USING 参考表
    [WHERE 条件]
```

对于第一种语法格式，只删除列于 FROM 子句之前的表中对应的行；对于第二种语法格式，只删除列于 FROM 子句之中（在 USING 子句之前）的表中对应的行，但是可以同时删除多个表中的行，并使用指定的表进行搜索。

【例 2.15】使用如下语句删除 user1 表中 id 值等于 user 表中 id 值的所有行和 userb 表中 id 值等于 user 表中 id 值的所有行：

```
DELETE  user1, userb
    FROM  user1, userb, user
    WHERE  user1.id=user.id AND userb.id=user.id;
```

删除行命令执行结果如图 2.13 所示。

```
mysql> DELETE   user1, userb
    -> FROM  user1, userb, user
    -> WHERE  user1.id=user.id AND userb.id=user.id;
Query OK, 4 rows affected (0.04 sec)

mysql> SELECT * FROM user1;
Empty set (0.00 sec)

mysql> SELECT * FROM userb;
Empty set (0.00 sec)
```

图 2.13　删除行命令执行结果

3．清除表数据

语法格式如下：

```
TRUNCATE TABLE 表名
```

- 由于使用“TRUNCATE TABLE 表名”语句将删除表中的所有数据，且无法恢复，因此使用时必须十分小心！
- 使用“DELETE FROM 表名”也能删除指定表的所有记录，但 TRUNCATE 命令比 DELETE 命令执行速度快，且使用的系统和事务日志资源少。

习题

一、选择题

1．关于数据库，不正确的说法是（　　）。

A．系统数据库用于管理用户数据库

B．用户可以打开系统数据库

C．用户数据库文件的存放位置可以改变

D．用户可以修改系统数据库

2．关于数据库中的表，不正确的说法是（　　）。

A．表用于存放数据库中的基本数据　　B．可以以界面方式创建后以命令方式修改

C．表数据存放在文件中　　D．在修改列名时可保存列内容

3．性别列适合选择（　　）。

A．字符串类型　　B．整型　　C．枚举类型　　D．浮点型

4．出生日期列不宜选择（　　）类型。

A．date　　B．char　　C．int　　D．datetime

5．（　　）列可以采用默认值。

A．姓名　　B．专业　　C．备注　　D．出生日期

6．删除表的所有记录采用（　　）。

A．DELETE　　B．DROP TABLE

C．TRUNCATE TABLE　　D．A 和 C

7．修改记录内容不能采用（　　）。

A．UPDATE　　B．DELETE 和 INSERT

C．界面方式　　D．ALTER

8．删除列的内容不能采用（　　）。

A．先删除列后添加该列　　B．UPDATE

C．DETETE　　D．ALTER

9．插入记录时，（　　）的情况下不会出错。

A．非空列为空　　B．主键内容不唯一

C．字符内容超过长度　　D．没有默认值的列必须指定列名

二、说明题

1．区分下列数据类型的用法差别。

（1）char，varchar，tex。

（2）int，smallint，tiny，bigint。

（3）date，time，datetime，timestamp。

（4）decimal，double，real，float。

2．分析数据类型选择方法。

（1）数值型数据使用字符型列存放。

（2）字符型数据使用数值型列存放。

（3）日期型数据使用字符型列存放。

（4）逻辑数据使用字符型列存放。

（5）逻辑数据使用数值型列存放。

（6）固定字符型使用可变字符型列存放。

3．简单说明以下列选择不同类型的利弊。

（1）姓名列选择 char 和 varchar。

（2）备注列选择 char、text 和 varchar。

（3）性别列选择 int 和 char。

（4）出生日期列选择 char、date 和 datetime。

4．判断下列表结构设计问题的正确性。

（1）列定义 NOT NULL 是否表示列值不能为 NULL？

（2）数值型列值为 NULL 是否标示为 0？

（3）字符型列值为 NULL 是否标示为”？

（4）主键是否是关系模型中的主码？

（5）多列组成主键是否一定不存在单列值唯一的情况？

实训

一、创建实训数据库和表结构

1．实训数据库中的表结构

创建用于企业管理的员工管理数据库，数据库名为 YGGL，包含员工信息、部门信息及员工的收入支出信息。数据库 YGGL 包含下列 3 个表。

（1）Employees：员工信息表；

（2）Departments：部门信息表；

（3）Salary：员工收入支出情况表。

各表的结构如实训表 2.1、实训表 2.2、实训表 2.3 所示。

实训表 2.1　Employees 表结构

列名	数据类型	长度	是否允许为空值	说明
EmployeeID	定长字符型（char）	6	×	员工编号，主键
Name	定长字符型（char）	10	×	姓名
Education	定长字符型（char）	4	×	学历
Birthday	日期型（date）	16	×	出生日期
Sex	定长字符型（char）	2	×	性别
WorkYear	整数型（tinyint）	1	√	工作时间
Address	变长字符型（varchar）	20	√	地址
PhoneNumber	定长字符型（char）	12	√	电话号码
DepartmentID	定长字符型（char）	3	×	员工部门号，外键

实训表 2.2　Departments 表结构

列名	数据类型	长度	是否允许为空值	说明
DepartmentID	定长字符型（char）	3	×	部门编号，主键
DepartmentName	定长字符型（char）	20	×	部门名
Note	文本型（text）	16	√	备注

实训表 2.3　Salary 表结构

列名	数据类型	长度	是否允许为空值	说明
EmployeeID	定长字符型（char）	6	×	员工编号，主键
InCome	浮点型（float）	8	×	收入
OutCome	浮点型（float）	8	×	支出

2．以命令行方式创建数据库

以管理员身份登录 MySQL 客户端，使用 CREATE DATABASE 语句创建 YGGL 数据库：

```
CREATE DATABASE YGGL;
```

再创建 YGGL1 数据库。

3．使用 SQL 语句创建表

执行创建表 Employees 的 SQL 语句：

```
USE YGGL
CREATE TABLE Employees
(
    EmployeeID   char(6)      NOT NULL,
    Name         char(10)     NOT NULL,
    Education    char(4)      NOT NULL,
    Birthday     date         NOT NULL,
    Sex          char(2)      NOT NULL DEFAULT '1',
    WorkYear     tinyint(1),
    Address      varchar(20),
    PhoneNumber  char(12),
    DepartmentID char(3)      NOT NULL,
    PRIMARY KEY(EmployeeID)
)ENGINE=innodb;
```

创建一个与 Employees 表结构相同的空表 Employees0：

```
CREATE TABLE Employees0 LIKE Employees;
```

使用同样的方法在数据库 YGGL 中创建表 Department 和 Salary。

4．使用 SQL 语句删除表和数据库

删除表 Employees0：

```
DROP TABLE Employees0;
```

删除数据库 YGGL1：

```
DROP DATABASE YGGL;
```

【思考与练习】

a．在 YGGL 数据库存在的情况下，使用 CREATE DATABASE 语句新建数据库 YGGL，查看错误信息，再尝试增加 IF NOT EXISTS 关键词创建 YGGL，观察变化。

b．使用命令行方式创建数据库 YGGL1，要求数据库字符集为 utf8，校对规则为 utf8_general_ci。

c．使用界面方式在 YGGL1 数据库中新建表 Employees1，要求使用存储引擎 MyISAM，表结构与 Employees 的表结构相同。

d．分别使用命令行方式和界面方式将表 Employees1 中的 EmailAddress 列删除，并将 Sex 列的默认值修改为“男”。

5．MySQL 界面工具

使用 MySQL 界面工具完成上述第 4 点的功能。

二、创建实训数据库和表记录

YGGL 数据库中的 3 个表结构已经建立完成，各表的样本数据如实训表 2.4、实训表 2.5 和实训表 2.6 所示。

实训表 2.4　Employees 表数据样本

员工编号	姓名	学历	出生日期	性别	工作时间/年	住址	电话	员工部门号
000001	王林	大专	1966-01-23	1	8	中山路 32-1-508	83355668	2
010008	伍容华	本科	1976-03-28	1	3	北京东路 100-2	83321321	1
020010	王向容	硕士	1982-12-09	1	2	四牌楼 10-0-108	83792361	1
020018	李丽	大专	1960-07-30	0	6	中山东路 102-2	83413301	1
102201	刘明	本科	1972-10-18	1	3	虎距路 100-2	83606608	5
102208	朱俊	硕士	1965-09-28	1	2	牌楼巷 5-3-106	84708817	5

续表

员工编号	姓名	学历	出生日期	性别	工作时间/年	住址	电话	员工部门号
108991	钟敏	硕士	1979-08-10	0	4	中山路 10-3-105	83346722	3
111006	张石兵	本科	1974-10-01	1	1	解放路 34-1-203	84563418	5
210678	林涛	大专	1977-04-02	1	2	中山北路 24-35	83467336	3
302566	李玉珉	本科	1968-09-20	1	3	热和路 209-3	58765991	4
308759	叶凡	本科	1978-11-18	1	2	北京西路 3-7-52	83308901	4
504209	陈林琳	大专	1969-09-03	0	5	汉中路 120-4-12	84468158	4

实训表 2.5 Departments 表数据样本

部门编号	部门名称	备注	部门编号	部门名称	备注
1	财务部	NULL	4	研发部	NULL
2	人力资源部	NULL	5	市场部	NULL
3	经理办公室	NULL			

实训表 2.6 Salary 表数据样本

员工编号	收入/元	支出/元	员工编号	收入/元	支出/元
000001	2100.8	123.09	108991	3259.98	281.52
010008	1582.62	88.03	020010	2860.0	198.0
102201	2569.88	185.65	020018	2347.68	180.0
111006	1987.01	79.58	308759	2531.98	199.08
504209	2066.15	108.0	210678	2240.0	121.0
302566	2980.7	210.2	102208	1980.0	100.0

使用 SQL 语句，向实训数据库 YGGL 中的 3 个表 Employees、Departments 和 Salary 中插入多行数据记录，然后修改和删除一些记录。

1. 使用界面工具插入数据库中的表的数据记录

（1）打开 YGGL 数据库。

（2）向 Employees 表中插入实训表 2.4 中的记录。

（3）向 Departments 表和 Salary 表中分别插入实训表 2.5 和实训表 2.6 中的记录。

插入的数据类型要符合列的类型。尝试在 int 型的列中插入字符型数据（如字母），在界面工具中观察数据的变化，验证操作是否成功。不能插入两行有相同主键的数据，例如，如果编号为 000001 的员工信息已经在 Employees 中存在，则不能再向 Employees 表中插入编号为 000001 的数据行。

2. 使用界面工具修改数据库中的表的数据记录

（1）删除表 Employees 的第 1 行和表 Salary 的第 1 行。注意两表主键 EmployeeID 的值，以保持记录数据的完整性。

（2）将表 Employees 中编号为 020018 的记录的部门号（DepartmentID 列）改为 4。

3. 使用 SQL 语句插入表数据记录

（1）向表 Employees 中插入步骤 2 中删除的表 Employees 的第 1 行数据：

```
INSERT INTO Employees VALUES('000001', '王林', '大专', '1966-01-23', '1',8, '中山路32-1-508', '83355668', '2');
```

（2）向表 Salary 插入步骤 2 中删除的表 Salary 的第 1 行数据：

```
INSERT INTO Salary SET EmployeeID ='000001', InCome =2100.8, OutCome=123.09;
```

（3）使用 REPLACE 语句向 Departments 表插入一行数据：

```
REPLACE INTO Departments VALUES('1', '广告部', '负责推广产品');
```

执行该语句后使用 SELECT 语句查看执行结果，可以发现原有的 1 号部门所在行的数据已经被新插入的一行数据替换了，效果如实训图 2.1 所示。

DepartmentID	DepartmentName	Note
1	广告部	负责推广产品
2	人力资源部	NULL
3	经理办公室	NULL
4	研发部	NULL
5	市场部	NULL

5 rows in set (0.00 sec)

实训图 2.1　执行结果

【思考与练习】

a. 由于本实训中没有创建可以插入图片的数据类型列，读者可以自行验证如何使用命令行和界面方式插入图片数据。

b. 使用 INSERT INTO 语句还可以借助 SELECT 子句来添加其他表中的数据，但是 SELECT 子句中的列应与添加表的列数目和数据类型一一对应。用已有的 Employees 表创建一个空表 Employees2，其结构与 Employees 表的结构完全相同，使用 INSERT INTO 语句将 Employees 表中的数据添加到 Employees2 表中，语句如下：

```
INSERT INTO Employees2  SELECT * FROM Employees;
```

查看 Employees2 表中的变化，如实训图 2.2 所示。

mysql> SELECT * FROM Employees2;

EmployeeID	Name	Education	Birthday	Sex	WorkYear	Address	PhoneNumber	DepartmentID
000001	王林	大专	1966-01-23	1	8	中山路32-1-508	83355668	2
010008	伍容华	本科	1976-03-28	1	3	北京东路100-2	83321321	1
020010	王向容	硕士	1982-12-09	1	2	四牌楼10-0-108	83792361	1
020018	李丽	大专	1960-07-30	0	6	中山东路102-2	83413301	1
102201	刘明	本科	1972-10-18	1	3	虎距路100-2	83606608	5
102208	朱俊	硕士	1965-09-28	1	2	牌楼巷5-3-106	84708817	5
108991	钟敏	硕士	1979-08-10	0	4	中山路10-3-105	83346722	3
111006	张石兵	本科	1974-10-01	1	1	解放路34-1-203	84563418	5
210678	林涛	大专	1977-04-02	1	2	中山北路24-35	83467336	3
302566	李玉珉	本科	1968-09-20	1	3	热和路209-3	58765991	4
308759	叶凡	本科	1978-11-18	1	2	北京西路3-7-52	83308901	4
504209	陈林琳	大专	1969-09-03	0	5	汉中路120-4-12	84468158	4

12 rows in set (0.00 sec)

实训图 2.2　执行结果

可见，这时表 Employees2 中已经包含表 Employees 中的全部数据。

4. 使用 SQL 语句修改表数据记录

（1）使用 SQL 命令修改表 Salary 中某个记录的列值：

```
UPDATE Salary SET InCome = 2890
    WHERE EmployeeID = '102201';
```

执行上述语句，将编号为 102201 职工的收入修改为 2890。

【思考与练习】

用 UPDATE 语句将表 Employees 中编号为 020018 的记录部门号（DepartmentID 列）改为 1。

（2）将所有职工收入增加 100：

```
UPDATE Salary
    SET InCome = InCome + 100;
```

（3）使用 SQL 命令删除表 Employees 中编号为 102201 职工的信息：

```
DELETE FROM Employees WHERE EmployeeID = '102201';
```

（4）删除所有收入大于 2500 员工的信息：

```
DELETE FROM Employees
    WHERE EmployeeID=(SELECT EmployeeID FROM Salary WHERE InCome>2500);
```

（5）使用 TRUNCATE TABLE 语句删除 Employees 表中所有行：

```
TRUNCATE TABLE Employees;
```

实训时不要轻易执行该操作，因为后面的实训还要用到这些数据。如要查看该命令的效果，可创建一个临时表，输入少量数据后执行操作。

用户可以在界面工具中观察数据的变化，验证操作是否成功。

【思考与练习】

将所有表记录恢复到包含样本数据的状态，方便在以后的实训中使用。

a．将 Employees2 中的记录用 INSERT 语句直接加入到 Employees 表中或者用 DROP TABLE 语句将 Employees 表删除，然后再用 RENAME 命令将 Employees2 表改名为 Employees。

b．使用界面工具将 Departments 表和 Salary 表记录恢复到样本数据记录。

第3章 MySQL 查询和视图

【学习目标】

（1）掌握数据库查询中各子句的组成，并能够根据要求构建查询语句并实现查询功能。

（2）掌握视图的创建方法，能够通过视图对表进行查询和表记录操作。

应用数据库数据是建立数据库的出发点和立足点，查询数据库数据是应用数据库数据的基本操作。在 MySQL 中，使用 SELECT 语句可以实现对数据库的查询，其功能强大、使用灵活。

经常使用的SELECT语句可以被定义为视图，打开视图即表示执行视图定义的SELECT语句，用户可以像操作表一样操作视图。

本章介绍查询和视图。

3.1 MySQL 数据库查询

在第 2 章中，我们已经在学生成绩数据库（xscj）中创建了学生表（xs）并且输入了若干条记录，用户可以使用命令或者图形界面工具创建课程表（kc）和成绩表（cj），并且输入若干条记录。表结构如附录所示。

使用 SELECT 语句可以从一个或多个表中选取符合某种条件的特定的行和列，结果通常是生成一个临时表。下面介绍 SELECT 语句，它是 SQL 的核心。

SELECT 语句的语法格式如下：

```
SELECT
    [ALL | DISTINCT | DISTINCTROW ]
    列...
    [FROM 表...]
    [WHERE 条件]
    [GROUP BY {列名| 表达式 | position}[ASC | DESC], ...]
    [HAVING 条件]
    [ORDER BY {列名 |表达式 | position}[ASC | DESC] , ...]
```

下面具体介绍 SELECT 语句中包含的几个常用的子句。

3.1.1 选择输出列

SELECT 语句中需要指定查询的列。

1．选择指定的列

使用 SELECT 语句选择一个表中的某些列，各列名之间要以逗号分隔，所有列用“*”表示。

语法格式如下：

```
SELECT *| 列名, 列名,... FROM 表名
```

【例 3.1】查询 xscj 数据库的 xs 表中各个学生的姓名、专业名和总学分。

```
USE xscj
SELECT 姓名,专业名,总学分
   FROM xs;
```

执行结果显示 xs 表中全部学生的姓名、专业名和总学分列中的信息。

2. 定义列别名

当希望查询结果中的列标题显示为自己选择的列标题，可以在列名之后使用 AS 子句。

语法格式如下：

```
SELECT ... 列名 [AS 列别名]
```

【例 3.2】查询 xs 表中计算机专业学生的学号、姓名和总学分，将结果中各列的标题分别指定为 number、name 和 mark。

```
SELECT 学号 AS number, 姓名 AS name, 总学分 AS mark
   FROM xs
   WHERE 专业名 = '计算机';
```

查询 xs 表结果如图 3.1 所示。

number	name	mark
201101	赵日升	60
201103	严红	60
211101	李明	46
211102	林一帆	46
211103	张强民	42
211110	张蔚	46
221101	王林	15
221102	程明	15
221103	王燕	15
221104	韦严平	12
221106	李方方	15

11 rows in set (0.00 sec)

图 3.1　查询 xs 表结果

- 当自定义的列标题中含有空格时，必须使用引号标示标题。

例如：

```
SELECT 学号 AS 'student number', 姓名 AS 'student name', 总学分 AS mark
   FROM xs
   WHERE 专业名 = '计算机';
```

- 不允许在 WHERE 子句中使用列别名。

3. 替换查询结果中的数据

语法格式如下：

```
CASE
    WHEN 条件 1 THEN 表达式 1
    WHEN 条件 2 THEN 表达式 2
    ...
    ELSE 表达式 N
END
```

【例 3.3】查询 xs 表中计算机专业各学生的学号、姓名和总学分，对总学分按如下规则进行替换：

若总学分为空值，替换为“尚未选课”；

若总学分小于 15，替换为“不及格”；

若总学分为 15～50，替换为“合格”；

若总学分大于 50，替换为“优秀”；

将总学分列的标题更改为“等级”。

```
SELECT 学号, 姓名,
        CASE
            WHEN 总学分 IS NULL THEN '尚未选课'
            WHEN 总学分<15 THEN '不及格'
            WHEN 总学分>=15 AND 总学分<=50 THEN '合格'
            ELSE '优秀'
        END AS 等级
```

```
    FROM xs
    WHERE 专业名='计算机';
```

替换结果如图 3.2 所示。

```
+--------+--------+--------+
| 学号   | 姓名   | 等级   |
+--------+--------+--------+
| 201101 | 赵日升 | 优秀   |
| 201103 | 严红   | 优秀   |
| 211101 | 李明   | 合格   |
| 211102 | 林一帆 | 合格   |
| 211103 | 张强民 | 合格   |
| 211110 | 张蔚   | 合格   |
| 221101 | 王林   | 合格   |
| 221102 | 程明   | 合格   |
| 221103 | 王燕   | 合格   |
| 221104 | 韦严平 | 不及格 |
| 221106 | 李方方 | 合格   |
+--------+--------+--------+
11 rows in set (0.00 sec)
```

图 3.2 替换结果

4. 计算列值

输出列可使用表达式表示。

语法格式如下：

```
SELECT 表达式 ...
```

【例 3.4】按 120 分制重新计算成绩，显示 cj 表中学号为 221101 学生的成绩信息。

```
SELECT 学号，课程号，成绩*1.20 AS 成绩120
    FROM cj
    WHERE 学号 = '221101';
```

重新计算结果如图 3.3 所示。

5. 消除结果集中的重复行

只选择表中的某些列时，输出的结果可能会出现重复行。

语法格式如下：

```
SELECT DISTINCT | DISTINCTROW 列名...
```

【例 3.5】只选择 xs 表中的专业名列和总学分列，消除结果集中的重复行。

```
SELECT DISTINCT 专业名，总学分
    FROM xs;
```

消除重复行结果如图 3.4 所示。

```
+--------+--------+---------+
| 学号   | 课程号 | 成绩120 |
+--------+--------+---------+
| 221101 | 101    |   96.00 |
| 221101 | 102    |   93.60 |
| 221101 | 206    |   91.20 |
+--------+--------+---------+
3 rows in set (0.00 sec)
```

图 3.3 重新计算结果

```
+----------+--------+
| 专业名   | 总学分 |
+----------+--------+
| 计算机   |     60 |
| 通信工程 |     56 |
| 计算机   |     46 |
| 计算机   |     42 |
| 通信工程 |     43 |
| 计算机   |     15 |
| 计算机   |     12 |
| 通信工程 |     13 |
| 通信工程 |     15 |
| 通信工程 |     16 |
+----------+--------+
10 rows in set (0.00 sec)
```

图 3.4 消除重复行结果

6. 聚合函数

SELECT 的输出列还可以包含聚合函数。

聚合函数常用于对一组值进行计算，然后返回单个值。除 COUNT()函数外，聚合函数都会忽略空值。表 3.1 列出了一些常用的聚合函数。

表 3.1 常用的聚合函数

函数名	说明
COUNT()	统计记录数，返回 int 类型整数
MAX()	求最大值
MIN()	求最小值
SUM()	返回表达式中所有值的和
AVG()	计算表达式的平均值
STD()或 STDDEV()	返回给定表达式中所有值的标准差
VARIANCE()	返回给定表达式中所有值的方差

续表

函数名	说明
GROUP_CONCAT()	返回由属于一组的列值连接组合而成的结果
BIT_AND()	逻辑与
BIT_OR()	逻辑或
BIT_XOR()	逻辑异或

（1）COUNT()函数。COUNT()函数用于统计组中满足条件的行数或总行数，返回 SELECT 语句检索到的行中非 NULL 值的数目，若找不到匹配的行，则返回 0。

语法格式如下：

```
COUNT ( { [ ALL | DISTINCT ] 表达式 } | * )
```

其中，表达式的数据类型可以是除 BLOB 或 TEXT 之外的任何类型。ALL 表示对所有值进行运算，DISTINCT 表示去除重复值，默认值为 ALL。使用 COUNT(*)时将返回检索行的总数目，无论其是否包含 NULL 值。

【例 3.6】求学生的总数。

```
SELECT COUNT(*) AS '学生总数'
   FROM xs;
```

执行结果如图 3.5 所示。

【例 3.7】统计备注不为空的学生数目。

```
SELECT COUNT(备注) AS  '备注不为空的学生数目'
   FROM xs;
```

执行结果如图 3.6 所示。

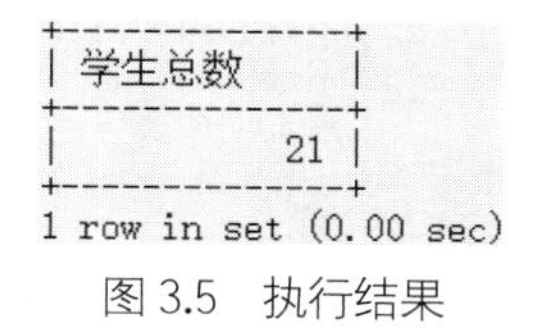

```
+---------------+
| 学生总数      |
+---------------+
|            21 |
+---------------+
1 row in set (0.00 sec)
```

图 3.5 执行结果

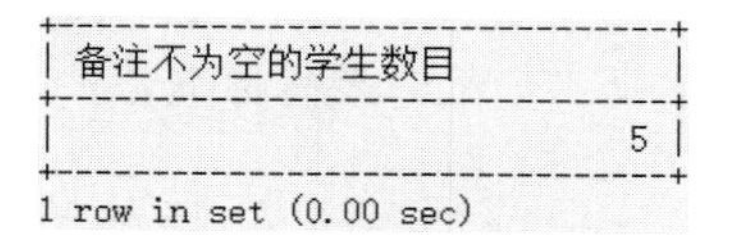

```
+----------------------------+
| 备注不为空的学生数目       |
+----------------------------+
|                          5 |
+----------------------------+
1 row in set (0.00 sec)
```

图 3.6 执行结果

注意

使用 COUNT(备注)计算时备注为 NULL 的行会被忽略，因此统计结果是 5 而不是 21。

【例 3.8】统计总学分为 50 分以上的人数。

```
SELECT COUNT(总学分) AS  '总学分为 50 分以上的人数'
   FROM xs
   WHERE 总学分>50;
```

执行结果如图 3.7 所示。

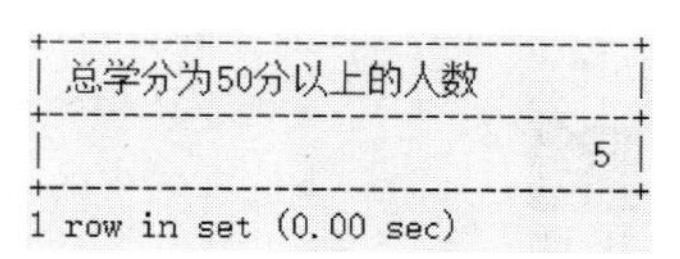

```
+----------------------------+
| 总学分为50分以上的人数     |
+----------------------------+
|                          5 |
+----------------------------+
1 row in set (0.00 sec)
```

图 3.7 执行结果

（2）MAX()函数和 MIN()函数。MAX()函数和 MIN()函数分别用于求表达式中所有值项的最大值与最小值。

语法格式如下：

```
MAX / MIN ( [ ALL | DISTINCT ] 表达式 )
```

【例 3.9】求选修 101 课程的学生的最高分和最低分。

```
SELECT MAX(成绩), MIN(成绩)
   FROM cj
   WHERE 课程号 = '101';
```

执行结果如图 3.8 所示。

```
+-----------+-----------+
| MAX(成绩) | MIN(成绩) |
+-----------+-----------+
|        95 |        55 |
+-----------+-----------+
1 row in set (0.00 sec)
```

图 3.8 执行结果

注意

当给定列中只有空值或检索出的中间结果为空时，MAX()和 MIN()函数的值也为空。

（3）SUM()函数和 AVG()函数。SUM()函数和 AVG()函数分别用于求表达式中所有值项的总和与平均值。

语法格式如下：

```
SUM / AVG ( [ ALL | DISTINCT ] 表达式 )
```

【例 3.10】求学号为 221101 的学生所学课程的总成绩。

```
SELECT SUM(成绩) AS '课程总成绩'
    FROM cj
    WHERE 学号 = '221101';
```

执行结果如图 3.9 所示。

【例 3.11】求选修 101 课程的学生的平均成绩。

```
SELECT AVG(成绩) AS '课程 101 平均成绩'
    FROM cj
    WHERE 课程号 = '101';
```

执行结果如图 3.10 所示。

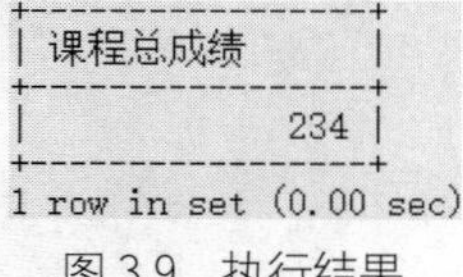

```
+------------+
| 课程总成绩 |
+------------+
|        234 |
+------------+
1 row in set (0.00 sec)
```

图 3.9　执行结果

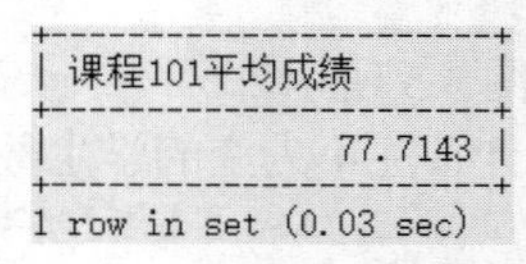

```
+-----------------+
| 课程101平均成绩 |
+-----------------+
|         77.7143 |
+-----------------+
1 row in set (0.03 sec)
```

图 3.10　执行结果

（4）VARIANCE()函数和 STDDEV()函数。VARIANCE()函数和 STDDEV()函数分别用于计算特定的表达式中的所有值的方差和标准差。

语法格式如下：

```
VARIANCE / STDDEV ( [ ALL | DISTINCT ] 表达式)
```

【例 3.12】求选修 101 课程学生的成绩的方差。

```
SELECT VARIANCE(成绩)
     FROM cj
     WHERE 课程号= '101';
```

执行结果如图 3.11 所示。

```
+-------------------+
| VARIANCE(成绩)    |
+-------------------+
| 159.3469387755102 |
+-------------------+
1 row in set (0.00 sec)
```

图 3.11　执行结果

说明

方差的计算按以下几个步骤进行：

- 计算相关列的平均值；
- 求列中的每一个值和平均值的差；
- 计算差值的平方的总和；
- 用总和除以（列中的）值的个数得到结果。

STDDEV()函数用于计算标准差。标准差是方差的算术平方根，因此 STDDEV(...)和 SQRT(VARIANCE(...))这两个表达式的结果是相等的。

【例 3.13】求选修 101 课程学生的成绩的标准差。

```
SELECT STDDEV(成绩)
     FROM cj
     WHERE 课程号 = '101';
```

执行结果如图 3.12 所示。

```
+--------------------+
| STDDEV(成绩)       |
+--------------------+
| 12.623269733928298 |
+--------------------+
1 row in set (0.00 sec)
```

图 3.12　执行结果

其中，STDDEV 可以缩写为 STD，对结果没有影响。

（5）GROUP_CONCAT()函数。MySQL 支持一个特殊的聚合函数 GROUP_CONCAT()。该函

数返回来自一个组中指定列的所有非 NULL 值，这些值逐个顺序排列，中间用逗号隔开，并表示为一个长长的字符串。这个字符串的长度是有限制的，标准值为 1024。

语法格式如下：

```
GROUP_CONCAT ( { [ ALL | DISTINCT ] 表达式} | * )
```

【例 3.14】 查询选修 206 课程的学生的学号。

```
SELECT GROUP_CONCAT(学号)
    FROM cj
    WHERE 课程号 = '206';
```

执行结果如图 3.13 所示。

```
+---------------------------------------------------------------------------------+
| GROUP_CONCAT(学号)                                                              |
+---------------------------------------------------------------------------------+
| 201101,201103,211101,211102,211103,211110,221101,221102,221103,221104,221106 |
+---------------------------------------------------------------------------------+
1 row in set (0.00 sec)
```

图 3.13　执行结果

（6）BIT_AND()函数、BIT_OR()函数和 BIT_XOR()函数。存在与二进制运算符&（与）、|（或）和^（异或）相对应的聚合函数，分别是 BIT_AND、BIT_OR、BIT_XOR。

语法格式如下：

```
BIT_AND | BIT_OR | BIT_XOR( { [ ALL | DISTINCT ] 表达式} | * )
```

【例 3.15】 有一个表 bits，其中 bin_value 列中有 3 个 integer 值，即 1、3、7，获取在该列上执行 BIT_OR 的结果。

```
SELECT BIN(BIT_OR(bin_value))
    FROM bits;
```

MySQL 在后台执行表达式（001|011）|111，结果为 111。其中，BIN()函数用于将结果转换为二进制位。

3.1.2　数据来源

使用 FROM 子句可以指定 SELECT 查询的对象。

1．引用一个表

用户可以通过如下两种方式引用表。

第一种方式是使用 USE 语句使一个数据库成为当前数据库，FROM 子句中指定表名应该属于当前数据库。

第二种方式是在指定表名前添加表所属数据库的名字。

例如，假设当前数据库是 db1，现在要显示数据库 db2 中表 tb 的内容，使用如下语句：

```
SELECT  *  FROM  db2.tb;
```

在 SELECT 命令中指定列名也可以在列名前添加所属数据库和表的名称，但是一般来说，如果选择的列在各表中是唯一的，则无须特别指定。

2．多表连接

如果要在不同表中查询数据，则用户必须在 FROM 子句中指定多个表，这时就要用到连接。将不同列的数据组合到一个表中叫作表的连接。

连接的方式有以下两种。

（1）全连接。将各个表用逗号分隔，即可指定一个全连接。使用 FROM 子句产生的中间结果是一个新表，新表是每个表的每行都与其他表中的每行交叉产生的所有可能组合。这种连接方式会产生数量非常多的行，因为可能得到的行数为每个表行数之积！

使用 WHERE 子句设定条件将结果集缩减至易于管理的大小，这样的连接即等值连接（连接条件中两表对应）。

【例 3.16】查找所有学生选过的课程名和课程号。使用如下语句：

```
SELECT DISTINCT kc.课程名, cj.课程号
    FROM kc, cj
    WHERE kc.课程号=cj.课程号;
```

执行结果如图 3.14 所示。

```
+--------------------+--------+
| 课程名              | 课程号  |
+--------------------+--------+
| 计算机导论          | 101    |
| 程序设计与语言      | 102    |
| 离散数学            | 206    |
| 计算机网络          | 301    |
+--------------------+--------+
4 rows in set (0.00 sec)
```

图 3.14　执行结果

（2）JOIN 连接。语法格式如下：

```
JOIN 表 ON 连接条件
```

使用 JOIN 关键字的连接主要分为如下 3 种。

① 内连接。指定了 INNER 关键字的连接是内连接。

【例 3.17】查找所有学生选过的课程名和课程号。

可以使用以下语句：

```
SELECT  DISTINCT 课程名, cj.课程号
    FROM kc INNER
    JOIN cj ON  (kc.课程号=cj.课程号);
```

上述语句的功能是合并两个表，返回满足条件的行。内连接是系统默认的连接，可以省略 INNER 关键字。使用内连接后，FROM 子句中的 ON 条件主要用来连接表，其他不属于连接表的条件可以使用 WHERE 子句来指定。

【例 3.18】查找选修 206 课程且成绩为 80 分及以上的学生的姓名及成绩。

```
SELECT 姓名,成绩
    FROM xs JOIN cj ON xs.学号 = cj.学号
    WHERE 课程号 = '206'  AND 成绩 >= 80;
```

执行结果如图 3.15 所示。

```
+--------+------+
| 姓名    | 成绩  |
+--------+------+
| 林一帆  |   87 |
| 张蔚    |   89 |
| 王燕    |   81 |
| 李方方  |   80 |
+--------+------+
4 rows in set (0.03 sec)
```

图 3.15　执行结果

内连接还可用于多个表的连接。

【例 3.19】查找选修“计算机导论”课程且成绩为 80 分及以上学生的学号、姓名、课程名及成绩。

```
SELECT xs.学号, 姓名, 课程名, 成绩
    FROM xs JOIN  cj  ON  xs.学号 = cj.学号
    JOIN kc  ON  cj.课程号 = kc.课程号
    WHERE 课程名 = '计算机导论' AND 成绩 >= 80;
```

执行结果如图 3.16 所示。

```
+--------+--------+------------+------+
| 学号    | 姓名    | 课程名      | 成绩  |
+--------+--------+------------+------+
| 201101 | 赵日升  | 计算机导论  |   91 |
| 211102 | 林一帆  | 计算机导论  |   85 |
| 211110 | 张蔚    | 计算机导论  |   95 |
| 221101 | 王林    | 计算机导论  |   80 |
| 221104 | 韦严平  | 计算机导论  |   90 |
| 221201 | 刘华    | 计算机导论  |   80 |
| 221204 | 马琳琳  | 计算机导论  |   87 |
| 221206 | 李计    | 计算机导论  |   91 |
+--------+--------+------------+------+
8 rows in set (0.00 sec)
```

图 3.16　执行结果

作为特例，可以将一个表与它自身进行连接，称为自连接。若要在一个表中查找具有相同列值的行，则可以使用自连接。使用自连接时需为表指定两个别名，且对所有列的引用均需要使用别名进行限定。

【例 3.20】查找课程不同、成绩相同的学生的学号、课程号和成绩。

```
SELECT a.学号,a.课程号,b.课程号,a.成绩
    FROM cj AS a
    JOIN cj AS b ON a.成绩=b.成绩 AND a.学号=b.学号 AND a.课程号!=b.课程号;
```

执行结果如图 3.17 所示。

```
+--------+--------+--------+------+
| 学号    | 课程号  | 课程号  | 成绩  |
+--------+--------+--------+------+
| 221102 | 102    | 206    |   78 |
| 221102 | 206    | 102    |   78 |
+--------+--------+--------+------+
2 rows in set (0.00 sec)
```

图 3.17　执行结果

如果用相同列名进行相等连接，那么如“a JOIN b ON a.列名=b.列名”可以替换为“a JOIN b USING（列名）”子句。

【例 3.21】查找 kc 表中学生选修的所有课程名。

```
SELECT  课程名
    FROM kc INNER JOIN cj USING (课程号);
```

查询的结果为 cj 表中所有出现的课程号对应的课程名。

② 外连接。指定 OUTER 关键字的连接为外连接，其中的 OUTER 关键字均可省略。

外连接包括以下选项。

- 左外连接（LEFT OUTER JOIN）：除了匹配行外，结果表中还包括左表匹配但右表中不匹配的行，对于这样的行，右表被选择的列输出为 NULL。
- 右外连接（RIGHT OUTER JOIN）：除了匹配行外，结果表中还包括右表匹配但左表中不匹配的行，对于这样的行，左表被选择的列输出为 NULL。
- 自然连接（NATURAL JOIN）：自然连接包括自然左外连接（NATURAL LEFT OUTER JOIN）和自然右外连接（NATURAL RIGHT OUTER JOIN）。自然连接的语义定义与使用了 ON 条件的内连接相同。

【例 3.22】查找所有学生的选修情况及他们选修的课程号，若学生未选修任何课，也要显示其选修情况。

```
SELECT xs.*, 课程号
    FROM xs LEFT OUTER JOIN cj ON xs.学号 = cj.学号;
```

本例结果中返回的行中有未选修任何课程学生的信息，相应行的课程号列值为 NULL。

【例 3.23】查找被选修课程的选修情况和所有开设的课程名。

```
SELECT cj.*, 课程名
    FROM cj RIGHT JOIN kc ON cj.课程号 = kc.课程号;
```

执行结果如图 3.18 所示。

```
+--------+--------+------+----------------+
| 学号   | 课程号 | 成绩 | 课程名         |
+--------+--------+------+----------------+
| 201101 | 101    |   91 | 计算机导论     |
| 201101 | 102    |   50 | 程序设计与语言 |
| 201101 | 206    |   76 | 离散数学       |

| NULL   | NULL   | NULL | 数据结构       |
| NULL   | NULL   | NULL | 操作系统       |
| NULL   | NULL   | NULL | 计算机原理     |
| NULL   | NULL   | NULL | 数据库原理     |
| NULL   | NULL   | NULL | 软件工程       |
+--------+--------+------+----------------+
47 rows in set (0.02 sec)
```

图 3.18　执行结果

【例 3.24】使用自然连接查询所有学生选修的课程名和课程号。

```
SELECT 课程名, 课程号 FROM kc
    WHERE 课程号 IN
        (SELECT DISTINCT 课程号 FROM kc NATURAL RIGHT OUTER JOIN cj);
```

SELECT 语句中只选取一个用来连接表的列时，可以使用自然连接代替内连接。使用这种方法，可以用自然左外连接来替换左外连接，用自然右外连接替换右外连接。

外连接只能用于对两个表进行连接。

③ 交叉连接。指定了 CROSS JOIN 关键字的连接是交叉连接。

在不包含连接条件时，交叉连接结果表是由第一个表的每一行与第二个表的每一行拼接后形成的，因此结果表的行数等于两个表行数之积。

在 MySQL 中，CROSS JOIN 的语法与 INNER JOIN 相同，两者可以互换。

【例 3.25】列出学生所有可能的选课情况。

```
SELECT 学号, 姓名, 课程号, 课程名
    FROM xs CROSS JOIN kc;
```

另外，STRAIGHT_JOIN 连接用法与 INNER JOIN 连接用法基本相同。不同的是，STRAIGHT_JOIN 后不可以使用 USING 子句替代 ON 条件。

【例 3.26】使用 STRAIGHT_JOIN 连接查找所有学生选修的课程名和课程号。

```
SELECT DISTINCT 课程名, cj.课程号
    FROM kc STRAIGHT_JOIN cj ON (kc.课程号=cj.课程号);
```

3.1.3 查询条件

基本格式如下：

```
WHERE 条件
```

条件格式如下：

```
表达式<比较运算符>表达式                                    /*比较运算*/
|逻辑表达式<逻辑运算符>逻辑表达式
|表达式[ NOT ] LIKE 表达式 [ ESCAPE 'ESC 字符' ]              /*LIKE 运算符*/
|表达式[ NOT ][REGEXP | RLIKE ]表达式                         /*REGEXP 运算符*/
|表达式[ NOT ] BETWEEN 表达式 AND 表达式                       /*指定范围*/
|表达式 IS [ NOT ] NULL                                     /*判断是否为空值*/
|表达式[ NOT ] IN (子查询|表达式[,…n] )                        /*IN 子句*/
|表达式<比较运算符>{ ALL | SOME | ANY } ( 子查询 )              /*比较子查询*/
| EXIST ( 子查询 )                                          /*EXIST 子查询*/
```

使用 WHERE 子句会根据条件对 FROM 子句进行逐行判断，当条件为 TRUE 时，这一行即被包含在 WHERE 子句的中间结果中。

使用 IN 关键字既可以指定范围，也可以表示子查询。在 SQL 中，返回逻辑值（TRUE 或 FALSE）的运算符或关键字都可称为谓词。

判定运算包括比较运算、模式匹配、范围比较、空值比较和子查询。

1. 比较运算

比较运算用于比较两个表达式值，当两个表达式值均不为空值（NULL）时，比较运算返回逻辑值 TRUE（真）或 FALSE（假）；当两个表达式值中有一个为空值或都为空值时，将返回 UNKNOWN。

MySQL 支持的比较运算符有=（等于）、<（小于）、<=（小于等于）、>（大于）、>=（大于等于）、<=>（相等或都等于空）、!=（不等于）等。

【例 3.27】查询 xs 表中学号为 221101 的学生的情况。

```
SELECT 姓名,学号,总学分
    FROM xs
    WHERE 学号='221101';
```

执行结果如图 3.19 所示。

```
+--------+--------+--------+
| 姓名   | 学号   | 总学分 |
+--------+--------+--------+
| 王林   | 221101 |     15 |
+--------+--------+--------+
1 row in set (0.00 sec)
```

图 3.19 执行结果

【例 3.28】查询 xs 表中总学分大于 50 分的学生的情况。

```
SELECT 姓名, 学号, 出生日期, 总学分
    FROM xs
    WHERE 总学分>50;
```

执行结果如图 3.20 所示。

MySQL 支持一个特殊的等于运算符“<=>”，当两个表达式值彼此相等或都等于空值时，返回值为 TRUE，其中有一个空值或都是非空值但不相等时，返回值为 FALSE。

【例 3.29】查询 xs 表中备注为空的学生的情况。

```
SELECT 姓名,学号,出生日期,总学分
    FROM xs
    WHERE 备注<=>NULL;
```

用户可以通过逻辑运算符（AND、OR、XOR 和 NOT）组成更为复杂的查询条件。

查询 xs 表中专业为计算机、性别为女（0）的学生的情况。

```
SELECT 姓名,学号,性别,总学分
    FROM xs
    WHERE 专业名='计算机' AND 性别=0;
```

执行结果如图 3.21 所示。

姓名	学号	出生日期	总学分
赵日升	201101	2002-03-18	60
严红	201103	2002-08-11	60
吴薇华	201202	2002-03-18	56
刘燕敏	201203	2002-11-12	56
罗林琳	201205	2003-01-30	56

5 rows in set (0.00 sec)

图 3.20　执行结果

姓名	学号	性别	总学分
严红	201103	0	60
张蔚	211110	0	46
王燕	221103	0	15

3 rows in set (0.00 sec)

图 3.21　执行结果

2. 模式匹配

（1）LIKE 运算符。LIKE 运算符用于指出一个字符串是否与指定的字符串相匹配，其运算对象可以是 char、varchar、text、datetime 等类型的数据，返回逻辑值 TRUE 或 FALSE。

语法格式如下：

```
表达式 [ NOT ] LIKE 表达式 [ ESCAPE 'esc 字符' ]
```

使用 LIKE 进行模式匹配时，常使用特殊符号_和%进行模糊查询。“%”代表 0 个或多个字符，“_”代表单个字符。

由于 MySQL 默认不区分大小写，为了区分大小写需要更改字符集的校对规则。

【例 3.30】查询 xs 表中姓“王”学生的学号、姓名及性别。

```
SELECT 学号,姓名,性别
    FROM xs
    WHERE 姓名 LIKE '王%';
```

执行结果如图 3.22 所示。

【例 3.31】查询 xs 表中学号倒数第二个数字为 0 的学生的学号、姓名及专业名。

```
SELECT 学号,姓名,专业名
    FROM xs
    WHERE 学号 LIKE '%0_';
```

执行结果如图 3.23 所示。

学号	姓名	性别
221101	王林	1
221103	王燕	0
221202	王林	1

3 rows in set (0.00 sec)

图 3.22　执行结果

学号	姓名	专业名
201101	赵日升	计算机
201103	严红	计算机
201202	吴薇华	通信工程
201203	刘燕敏	通信工程
201205	罗林琳	通信工程
211101	李明	计算机
211102	林一帆	计算机
211103	张强民	计算机
211201	李红庆	通信工程
211202	孙祥欣	通信工程
211203	孙研	通信工程
221101	王林	计算机
221102	程明	计算机
221103	王燕	计算机
221104	韦严平	计算机
221106	李方方	计算机
221201	刘华	通信工程
221202	王林	通信工程
221204	马琳琳	通信工程
221206	李计	通信工程

20 rows in set (0.00 sec)

图 3.23　执行结果

如果想要查找特殊符号中的一个或全部（_和%），用户必须使用转义字符。

【例 3.32】查询 xs 表中包含下画线的学生姓名及其学号。

```
SELECT 学号,姓名
    FROM xs
    WHERE 学号 LIKE '%#_%' ESCAPE '#';
```

说明

由于没有学生满足这个条件，因此这里没有返回结果。定义“#”为转义字符后，语句中“#”后面的“_”就失去了它原有的特殊意义。

（2）REGEXP 运算符。REGEXP 运算符用来执行更复杂的字符串比较运算。REGEXP 是正规表达式的缩写，但它不是 SQL 标准的一部分。REGEXP 运算符的一个同义词是 RLIKE。

语法格式如下：

```
表达式 [ NOT ][REGEXP | RLIKE ]表达式
```

属于 REGEXP 运算符的特殊字符如表 3.2 所示。

表 3.2　属于 REGEXP 运算符的特殊字符

特殊字符	含义	特殊字符	含义
^	匹配字符串的开始部分	[abc]	匹配方括号中出现的字符串 abc
$	匹配字符串的结束部分	[a-z]	匹配方括号中出现的 a~z 之间的 1 个字符
.	匹配任何一个字符（包括换行和新行）	[^a-z]	匹配方括号中出现的不在 a~z 之间的 1 个字符
*	匹配星号之前的 0 个或多个字符的任何序列	|	匹配符号左边或右边出现的字符串
+	匹配加号之前的 1 个或多个字符的任何序列	[[..]]	匹配方括号中出现的符号（如空格、换行、括号、句号、冒号、加号、连字符等）
?	匹配问号之前 0 个或多个字符	[[:<:]]和[[:>:]]	匹配一个单词的开始和结束
{n}	匹配括号前的内容出现 *n* 次的序列	[[: :]	匹配方括号中出现的字符中的任意一个字符
()	匹配括号中的内容		

【例 3.33】查询姓李的学生的学号、姓名和专业名。

```
SELECT 学号,姓名,专业名
    FROM xs
    WHERE 姓名 REGEXP '^李';
```

执行结果如图 3.24 所示。

```
+--------+--------+----------+
| 学号   | 姓名   | 专业名   |
+--------+--------+----------+
| 211101 | 李明   | 计算机   |
| 211201 | 李红庆 | 通信工程 |
| 221106 | 李方方 | 计算机   |
| 221206 | 李计   | 通信工程 |
+--------+--------+----------+
4 rows in set (0.02 sec)
```

图 3.24　执行结果

【例 3.34】查询学号中包含 4、5、6 的学生学号、姓名和专业名。

```
SELECT 学号,姓名,专业名
    FROM xs
    WHERE 学号 REGEXP '[4,5,6]';
```

执行结果如图 3.25 所示。

【例 3.35】查询学号以 21 开头、以 02 结尾的学生学号、姓名和专业名。

```
SELECT 学号,姓名,专业名
   FROM xs
   WHERE 学号 REGEXP '^21.*02$';
```

执行结果如图 3.26 所示。

```
+--------+--------+----------+
| 学号   | 姓名   | 专业名   |
+--------+--------+----------+
| 201205 | 罗林琳 | 通信工程 |
| 221104 | 韦严平 | 计算机   |
| 221106 | 李方方 | 计算机   |
| 221204 | 马琳琳 | 通信工程 |
| 221206 | 李计   | 通信工程 |
+--------+--------+----------+
5 rows in set (0.00 sec)
```

图 3.25　执行结果

```
+--------+--------+----------+
| 学号   | 姓名   | 专业名   |
+--------+--------+----------+
| 211102 | 林一帆 | 计算机   |
| 211202 | 孙祥欣 | 通信工程 |
+--------+--------+----------+
2 rows in set (0.00 sec)
```

图 3.26　执行结果

说明　星号表示匹配位于其前面的字符，这个例子中，星号前面是点，因为点可以表示任意一个字符，所以.*结构表示一组任意的字符。

3. 范围比较

用于范围比较的关键字有两个：BETWEEN 和 IN。

当要查询的条件是某个值的范围时，可以使用 BETWEEN 关键字指出查询范围。

语法格式如下：

```
表达式 [ NOT ] BETWEEN 表达式 1 AND 表达式 2
```

当不使用 NOT 时，若表达式的值在表达式 1 的值与表达式 2 的值之间（包括这两个值），则返回 TRUE，否则返回 FALSE；使用 NOT 时，返回值刚好相反。

表达式 1 的值不能大于表达式 2 的值。

使用 IN 关键字可以指定一个值表，值表中列出所有可能的值，当表达式的值与值表中的任一值匹配时，即返回 TRUE，否则返回 FALSE。使用 IN 关键字指定值表的格式为：

```
表达式 IN ( 表达式 [,…,n])
```

【例 3.36】 查询 xs 表中不在 2003 年出生的学生情况。

```
SELECT  学号, 姓名, 专业名, 出生日期
    FROM xs
    WHERE 出生日期 NOT BETWEEN '2003-1-1' AND '2003-12-31';
```

执行结果如图 3.27 所示。

学号	姓名	专业名	出生日期
201101	赵日升	计算机	2002-03-18
201103	严红	计算机	2002-08-11
201202	吴薇华	通信工程	2002-03-18
201203	刘燕敏	通信工程	2002-11-12
211110	张尉	计算机	2004-07-22
211201	李红庆	通信工程	2002-05-01
211203	孙研	通信工程	2004-10-09
221101	王林	计算机	2004-02-10
221102	程明	计算机	2005-02-01
221104	韦严平	计算机	2004-08-26
221106	李方方	计算机	2004-11-20
221201	刘华	通信工程	2004-06-10
221202	王林	通信工程	2004-01-29

13 rows in set (0.02 sec)

图 3.27　执行结果

【例 3.37】 查询 xs 表中专业名为“计算机”“通信工程”或“无线电”的学生的情况。

```
SELECT *
    FROM xs
    WHERE 专业名 IN  ('计算机', '通信工程', '无线电');
```

该语句与下面的语句等价：

```
SELECT *
    FROM xs
    WHERE 专业名 ='计算机'  OR 专业名 = '通信工程'  OR 专业名 = '无线电';
```

IN 关键字主要的作用是表达子查询。

4. 空值比较

当需要判定一个表达式的值是否为空值时，可以使用 IS NULL 关键字实现。

语法格式如下：

```
表达式 IS [ NOT ] NULL
```

当不使用 NOT 选项时，若表达式的值为空值，返回 TRUE，否则返回 FALSE；当使用 NOT

选项时，结果刚好相反。

【例 3.38】查询总学分尚不确定的学生情况。

```
SELECT *
    FROM xs
    WHERE 总学分 IS NULL;
```

本例即查找总学分为空的学生，结果为空。

5. 子查询

在查询条件中，可以使用另一个查询的结果作为条件的一部分，例如，判定列值是否与某个查询结果集中的值相等，作为查询条件一部分的查询称为子查询。SQL 标准允许 SELECT 多层嵌套使用，用来表示复杂的查询。子查询除了可以用在 SELECT 语句中，还可以用在 INSERT、UPDATE 及 DELETE 语句中。子查询通常与 IN、EXIST 谓词及比较运算符结合使用。

（1）IN 子查询。IN 子查询用于进行给定值是否在子查询结果集中的判断。

语法格式如下：

```
表达式 [ NOT ] IN  (子查询 )
```

当表达式的值与子查询结果表中的某个值相等时，IN 谓词返回 TRUE，否则返回 FALSE；若使用了 NOT 选项，则返回值刚好相反。

【例 3.39】查找在 xscj 数据库中选修课程号为 206 课程的学生的姓名、学号。

IN 子查询 1

```
SELECT 姓名,学号
    FROM xs
    WHERE 学号 IN
        ( SELECT 学号
            from cj
            WHERE 课程号 = '206'
        );
```

姓名	学号
赵日升	201101
严红	201103
李明	211101
林一帆	211102
张强民	211103
张蔚	211110
王林	221101
程明	221102
王燕	221103
韦严平	221104
李方方	221106

11 rows in set (0.00 sec)

图 3.28 执行结果

执行结果如图 3.28 所示。

在执行包含子查询的 SELECT 语句时，系统先执行子查询，产生一个结果表，再执行外查询。本例中，先执行子查询：

```
SELECT 学号
    FROM  cj
    WHERE 课程号 = '206';
```

得到一个只包含学号列的表，cj 表中的每个课程名列值为 206 的行在结果表中都有一行。再执行外查询，若 xs 表中某行的学号列值等于子查询结果表中的任一值，则该行被选择。

使用 IN 子查询只能返回一列数据。对于较复杂的查询，可使用嵌套的子查询。

【例 3.40】查找未选修离散数学的学生的姓名、学号、专业名。

IN 子查询 2

```
SELECT 姓名,学号,专业名
    FROM xs
    WHERE 学号 NOT IN
        (
            SELECT 学号
                FROM cj
                WHERE 课程号 IN
                    ( SELECT 课程号
                        FROM kc
                        WHERE  课程名 = '离散数学'
                    )
        );
```

执行结果如图 3.29 所示。

（2）比较子查询。这种子查询可以被看作 IN 子查询的扩展，对表达式的值与子查询的结果进行比较运算。

语法格式如下：

```
表达式 { < | <= | = | > | >= | != | <> } { ALL | SOME | ANY } (子查询 )
```

其中：

ALL 用于指定表达式的值要与子查询结果集中的每个值都进行比较，当表达式的值与查询结果集中的每个值都满足比较的关系时，才返回 TRUE，否则返回 FALSE；

SOME 或 ANY 是同义词，只要表示表达式的值与子查询结果集中的某个值满足比较的关系时，就返回 TRUE，否则返回 FALSE；

如果子查询的结果集只返回一行数据，可以通过比较运算符直接比较。

【例 3.41】查找选修离散数学的学生的学号。

```
SELECT 学号
     FROM cj
     WHERE  课程号 =
     (
          SELECT 课程号
               FROM kc
               WHERE 课程名 = '离散数学'
     );
```

执行结果如图 3.30 所示。

姓名	学号	专业名
吴薇华	201202	通信工程
刘燕敏	201203	通信工程
罗林琳	201205	通信工程
李红庆	211201	通信工程
孙祥欣	211202	通信工程
孙研	211203	通信工程
刘华	221201	通信工程
王林	221202	通信工程
马琳琳	221204	通信工程
李计	221206	通信工程

10 rows in set (0.00 sec)

图 3.29　执行结果

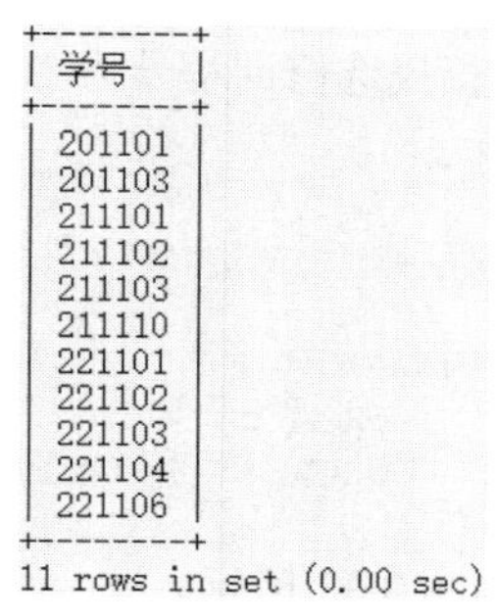

学号
201101
201103
211101
211102
211103
211110
221101
221102
221103
221104
221106

11 rows in set (0.00 sec)

图 3.30　执行结果

【例 3.42】查找 xs 表中比所有通信工程专业学生年龄都小的学生的学号、姓名、专业名、出生日期。

```
SELECT 学号, 姓名, 专业名, 出生日期
     FROM xs
     WHERE  出生日期>ALL
      (
          SELECT 出生日期
               FROM xs
               WHERE 专业名 = '通信工程'
     );
```

比较子查询

执行结果如图 3.31 所示。

【例 3.43】查找 cj 表中课程号为 206 课程的成绩不低于课程号为 101 课程的最低成绩的学生的学号。

```
SELECT 学号
     FROM cj
     WHERE 课程号 = '206'  AND 成绩 >= ANY
      (
```

```
        SELECT 成绩
            FROM cj
            WHERE 课程号 ='101'
    );
```

执行结果如图 3.32 所示。

学号	姓名	专业名	出生日期
221102	程明	计算机	2005-02-01
221106	李方方	计算机	2004-11-20

2 rows in set (0.00 sec)

图 3.31 执行结果

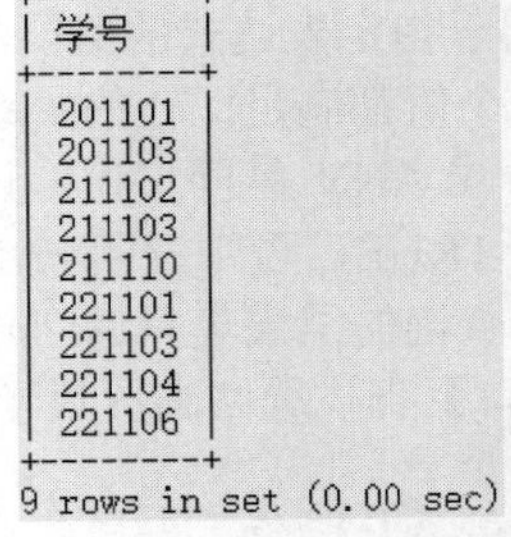

学号
201101
201103
211102
211103
211110
221101
221103
221104
221106

9 rows in set (0.00 sec)

图 3.32 执行结果

（3）EXISTS 子查询。EXISTS 谓词用于测试子查询的结果是否为空表，若子查询的结果集不为空，则 EXISTS 返回 TRUE，否则返回 FALSE。EXISTS 还可与 NOT 结合使用，即 NOT EXISTS，其返回值与 EXIST 的返回值刚好相反。

语法格式如下：

```
[ NOT ] EXISTS (子查询 )
```

【例 3.44】查找选修课程号为 206 的学生姓名。

```
SELECT 姓名
  FROM xs
  WHERE EXISTS
    (
          SELECT *
              FROM cj
              WHERE 学号 = xs.学号 AND 课程号 = '206'
    );
```

EXISTS 子查询

执行结果如图 3.33 所示。

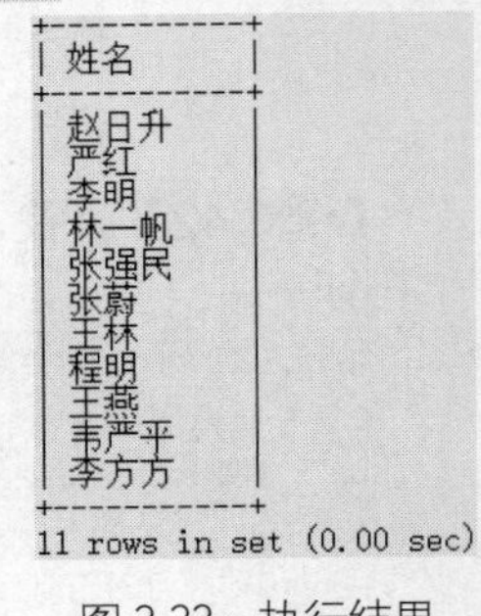

姓名
赵日升
严红
李明
林一帆
张强民
张蔚
王林
程明
王燕
韦严平
李方方

11 rows in set (0.00 sec)

图 3.33 执行结果

前面的例子中，只处理一次内层查询（对 cj 表），得到一个结果集，再依次处理外层查询（对 xs 表）；而本例中要处理多次内层查询，因为内层查询与 xs.学号有关，外层查询中 xs 表的不同行有不同的学号值。

这类子查询称为相关子查询，因为子查询的条件依赖于外层查询中的某些值。其处理过程：首先查找外层 SELECT 中 xs 表的第一行，根据该行的学号列值处理内层 SELECT，若结果不为空，则 WHERE 条件为真，该行的姓名值将被取出作为结果集中的一行；然后查找 xs 表的第 2、3 等行，重复上述处理过程直到查找完 xs 表的所有行。

【例 3.45】查找选修全部课程的学生姓名。

```
SELECT 姓名
    FROM xs
    WHERE NOT EXISTS
    (
      SELECT *
          FROM kc
          WHERE NOT EXISTS
          (   SELECT *
                FROM cj
```

```
                WHERE 学号=xs.学号 AND 课程号=kc.课程号
            )
      );
```

说明　由于没有学生选修全部课程，因此结果为空。

MySQL 区分了 4 种类型的子查询：

① 返回一个表的子查询是表子查询；

② 返回带有一个或多个值的一行的子查询是行子查询；

③ 返回一行或多行，但每行中只有一个值的子查询是列子查询；

④ 只返回一个值的是标量子查询，从定义上讲，每个标量子查询都是一个列子查询和行子查询。

上面介绍的子查询都属于列子查询。

另外，子查询还可以用在 SELECT 语句的其他子句中。子查询可以用在 FROM 子句中，但必须为子查询产生的中间表定义一个别名。

【例 3.46】从 xs 表中查找总学分大于 50 分的男学生的姓名和学号。

```
SELECT 姓名,学号,总学分
    FROM  ( SELECT  姓名,学号,性别,总学分
                FROM xs
                WHERE 总学分>50
          ) AS student
    WHERE 性别='1';
```

子查询 1

执行结果如图 3.34 所示。

```
+----------+--------+--------+
| 姓名     | 学号   | 总学分 |
+----------+--------+--------+
| 赵日升   | 201101 |     60 |
+----------+--------+--------+
1 row in set (0.00 sec)
```

图 3.34　执行结果

说明　在这个例子中，首先处理 FROM 子句中的子查询，将结果放到一个中间表中，并为表定义一个名称 student，然后根据外部查询条件从 student 表中查询出数据。另外，子查询还可以嵌套使用。

SELECT 关键字后面也可以定义子查询。

【例 3.47】从 xs 表中查找所有女学生的姓名、学号，以及与 221101 号学生的年龄差距。

```
SELECT 学号, 姓名, YEAR(出生日期)-
        YEAR( ( SELECT 出生日期
                FROM xs
                WHERE 学号='221101'
            ) )  AS 年龄差距
    FROM xs
    WHERE 性别='0';
```

子查询 2

执行结果如图 3.35 所示。

说明　本例中的子查询返回值中只有一个值，因此这是一个标量子查询。YEAR()函数用于取出 Date 类型数据中的年份。

在 WHERE 子句中，用户还可以通过比较运算符将一行数据与行子查询中的结果进行比较。

【例 3.48】查找与 221101 号学生性别相同、总学分相同的学生的学号和姓名。

```
SELECT 学号,姓名
    FROM xs
    WHERE  (性别,总学分)=( SELECT 性别,总学分
                             FROM xs
                             WHERE 学号='221101'
                        );
```

子查询 3

执行结果如图 3.36 所示。

学号	姓名	年龄差距
201103	严红	-2
201202	吴薇华	-2
201203	刘燕敏	-2
201205	罗林琳	-1
211110	张蔚	0
221103	王燕	-1
221204	马琳琳	-1

7 rows in set (0.03 sec)

图 3.35　执行结果

学号	姓名
221101	王林
221102	程明
221106	李方方

3 rows in set (0.00 sec)

图 3.36　执行结果

本例子查询返回的是一行值，因此这是一个行子查询。

3.1.4　分组

语法格式如下：

```
GROUP BY {列名 | 表达式 | 顺序号}[ASC | DESC], ... [WITH ROLLUP]
```

- 使用 GROUP BY 子句可以根据一列或多列进行分组，也可以根据表达式进行分组，该子句经常与聚合函数一起使用。使用 GROUP BY 子句可以在列的后面指定 ASC（升序）或 DESC（降序）。
- 如果选择“顺序号”，则分组的列是 SELECT 顺序号对应输出的相同列。
- ROLLUP 操作符用于指定结果集中不仅包含正常行，还包含汇总行。

【例 3.49】查询各专业名及对应的学生数。

```
SELECT 专业名,COUNT(*) AS '学生数'
     FROM xs
     GROUP BY 专业名;
```

执行结果如图 3.37 所示。

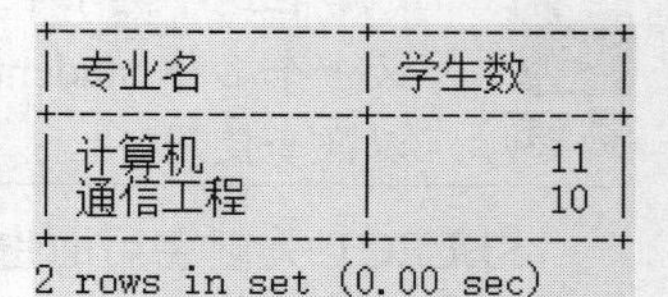

专业名	学生数
计算机	11
通信工程	10

2 rows in set (0.00 sec)

图 3.37　执行结果

【例 3.50】求被选修的各门课程的平均成绩和选修该课程学生的人数。

```
SELECT 课程号, AVG(成绩) AS '平均成绩', COUNT(学号) AS '选修人数'
     FROM cj
     GROUP BY 课程号;
```

执行结果如图 3.38 所示。

GROUP 子句

【例 3.51】查询每个专业的男生人数、女生人数、总人数，以及学生总人数。

```
SELECT 专业名, 性别, COUNT(*) AS '人数'
     FROM xs
     GROUP BY 专业名,性别
     WITH  ROLLUP;
```

执行结果如图 3.39 所示。

课程号	平均成绩	选修人数
101	77.7143	14
102	72.9333	15
206	71.2727	11
301	83.0000	2

4 rows in set (0.00 sec)

图 3.38 执行结果

专业名	性别	人数
计算机	0	3
计算机	1	8
计算机	NULL	11
通信工程	0	4
通信工程	1	6
通信工程	NULL	10
NULL	NULL	21

7 rows in set (0.00 sec)

图 3.39 执行结果

本例根据专业名和性别将 xs 表分为 4 组，使用 ROLLUP 操作符将分别对专业名相同的行按照性别进行统计，然后对专业名与性别均不同的统计结果进行汇总，最后将各专业的汇总结果进行累加，所产生的汇总行中的对应专业名设置为 NULL。

将上述语句与不包含 ROLLUP 操作符的 GROUP BY 子句的执行情况进行比较：

```
SELECT 专业名, 性别, COUNT(*) AS '人数'
    FROM xs
    GROUP BY 专业名,性别;
```

执行结果如图 3.40 所示。

专业名	性别	人数
计算机	0	3
计算机	1	8
通信工程	0	4
通信工程	1	6

4 rows in set (0.00 sec)

图 3.40 执行结果

【例 3.52】 在 xscj 数据库中生成一个结果集，包括每门课程各专业的平均成绩、每门课程的总平均成绩和所有课程的总平均成绩。

```
SELECT 课程名, 专业名, AVG(成绩) AS '平均成绩'
    FROM cj,kc,xs
    WHERE cj.课程号 = kc.课程号 AND cj.学号 = xs.学号
    GROUP BY 课程名, 专业名
    WITH ROLLUP;
```

执行结果如图 3.41 所示。

课程名	专业名	平均成绩
程序设计与语言	计算机	73.3636
程序设计与语言	通信工程	71.7500
程序设计与语言	NULL	72.9333
计算机导论	计算机	77.5000
计算机导论	通信工程	78.2500
计算机导论	NULL	77.7143
计算机网络	通信工程	83.0000
计算机网络	NULL	83.0000
离散数学	计算机	71.2727
离散数学	NULL	71.2727
NULL	NULL	74.5714

11 rows in set (0.00 sec)

图 3.41 执行结果

3.1.5 分组条件

使用 HAVING 子句的目的与使用 WHERE 子句的目的类似，不同的是 WHERE 子句用来在 FROM 子句之后选择行，而 HAVING 子句用来在 GROUP BY 子句之后选择行。

语法格式如下：

```
HAVING 条件
```

其中，条件的定义与 WHERE 子句中条件的定义相似，区别在于 HAVING 子句中的条件可以包含聚合函数，而 WHERE 子句中的条件则不可以。SQL 标准要求 HAVING 子句必须引用 GROUP BY 子句中的列或用于聚合函数中的列。MySQL 允许 HAVING 子句引用 SELECT 清单中的列和外部子查询中的列。

【例 3.53】 查找平均成绩为 85 分及以上的学生的学号和平均成绩。

```
SELECT 学号, AVG(成绩) AS '平均成绩'
    FROM cj
```

```
    GROUP BY 学号
    HAVING AVG(成绩) >= 85;
```

执行结果如图 3.42 所示。

【例 3.54】查找选修课程超过 2 门且成绩都为 80 分及以上的学生的学号。

```
SELECT 学号
    FROM cj
    WHERE 成绩 >= 80
    GROUP BY 学号
    HAVING COUNT(*) > 2;
```

执行结果如图 3.43 所示。

```
+--------+----------+
| 学号   | 平均成绩 |
+--------+----------+
| 201205 |  90.0000 |
| 211110 |  91.3333 |
| 221204 |  87.0000 |
| 221206 |  91.0000 |
+--------+----------+
4 rows in set (0.00 sec)
```

图 3.42　执行结果

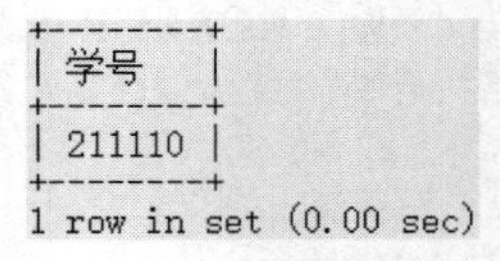

```
+--------+
| 学号   |
+--------+
| 211110 |
+--------+
1 row in set (0.00 sec)
```

图 3.43　执行结果

使用本查询将 cj 表中成绩大于 80 分的记录按学号分组，对每组记录计数，选出记录数大于 2 的各组的学号值形成结果表。

【例 3.55】查找通信工程专业平均成绩为 85 分及以上的学生的学号和平均成绩。

```
SELECT 学号,AVG(成绩) AS '平均成绩'
    FROM cj
    WHERE 学号 IN
        (  SELECT 学号
              FROM xs
              WHERE 专业名 = '通信工程'
        )
    GROUP BY 学号
    HAVING AVG(成绩) >= 85;
```

执行结果如图 3.44 所示。

```
+--------+----------+
| 学号   | 平均成绩 |
+--------+----------+
| 201205 |  90.0000 |
| 221204 |  87.0000 |
| 221206 |  91.0000 |
+--------+----------+
3 rows in set (0.00 sec)
```

图 3.44　执行结果

HAVING 子句

先执行 WHERE 查询条件中的子查询，得到通信工程专业所有学生的学号集；然后对应 cj 表中的每条记录，判断其学号列值是否在前面得到的学号集中。若否，则跳过该记录，继续处理下一条记录；若是，则加入 WHERE 的结果集。对 cj 表执行筛选后，按学号进行分组，再在各分组记录中选出平均成绩值大于等于 85 分的记录，形成最后的结果集。

3.1.6　排序

在一条 SELECT 语句中，如果不使用 ORDER BY 子句，结果中行的顺序是不可预料的。使用 ORDER BY 子句后可以保证结果中的行按一定顺序排列。

语法格式如下：

```
ORDER BY {列名 | 表达式 | 顺序号}[ASC | DESC] , ...
```

ORDER BY 子句的意义与 GROUP BY 子句的相同。

【例 3.56】将通信工程专业的学生按出生日期先后排序。

```
SELECT 学号,姓名,专业名,出生日期
```

```
    FROM xs
    WHERE 专业名 = '通信工程'
    ORDER BY 出生日期;
```

执行结果如图 3.45 所示。

学号	姓名	专业名	出生日期
201202	吴薇华	通信工程	2002-03-18
211201	李红庆	通信工程	2002-05-01
201203	刘燕敏	通信工程	2002-11-12
201205	罗林琳	通信工程	2003-01-30
221204	马琳琳	通信工程	2003-02-10
211202	孙祥欣	通信工程	2003-03-09
221206	李计	通信工程	2003-09-20
221202	王林	通信工程	2004-01-29
221201	刘华	通信工程	2004-06-10
211203	孙研	通信工程	2004-10-09

10 rows in set (0.01 sec)

图 3.45 执行结果

如果写成 ORDER BY 4，结果相同。因为 SELECT 命令后面的第 4 列是“出生日期”。

【例 3.57】将计算机专业学生的“计算机导论”课程成绩按降序排列。

```
SELECT 姓名,课程名,成绩
    FROM xs,kc,cj
    WHERE  xs.学号 = cj.学号
        AND  cj.课程号 = kc.课程号
        AND  课程名 = '计算机导论'
        AND  专业名 = '计算机'
  ORDER BY 成绩 DESC;
```

执行结果如图 3.46 所示。

ORDER BY 子句中还可以包含子查询。

【例 3.58】将计算机专业学生按其平均成绩排列。

```
SELECT  学号, 姓名, 专业名
    FROM xs
    WHERE  专业名 = '计算机'
    ORDER BY  ( SELECT AVG(成绩)
                FROM cj
                GROUP BY cj.学号
                HAVING xs.学号=cj.学号
            );
```

Sort 子句

执行结果如图 3.47 所示。

姓名	课程名	成绩
张蔚	计算机导论	95
赵日升	计算机导论	91
韦严平	计算机导论	90
林一帆	计算机导论	85
王林	计算机导论	80
李明	计算机导论	78
张强民	计算机导论	66
李方方	计算机导论	65
严红	计算机导论	63
王燕	计算机导论	62

10 rows in set (0.03 sec)

图 3.46 执行结果

学号	姓名	专业名
221103	王燕	计算机
221102	程明	计算机
201103	严红	计算机
211101	李明	计算机
221106	李方方	计算机
201101	赵日升	计算机
211103	张强民	计算机
221101	王林	计算机
211102	林一帆	计算机
221104	韦严平	计算机
211110	张蔚	计算机

11 rows in set (0.00 sec)

图 3.47 执行结果

说明

当对空值排序时，ORDER BY 子句将空值作为最小值对待，故按升序排列将空值放在最上方，按降序排列将其放在最下方。

3.1.7 输出行限制

LIMIT 子句主要用于限制被 SELECT 语句返回的行数。

语法格式如下：

```
LIMIT {[偏移量,] 行数}
```

【例 3.59】 查找 xs 表中学号靠前的 5 位学生的信息。

```
SELECT 学号, 姓名, 专业名, 性别, 出生日期, 总学分
    FROM xs
    ORDER BY 学号
    LIMIT 5;
```

执行结果如图 3.48 所示。

学号	姓名	专业名	性别	出生日期	总学分
201101	赵日升	计算机	1	2002-03-18	60
201103	严红	计算机	0	2002-08-11	60
201202	吴薇华	通信工程	0	2002-03-18	56
201203	刘燕敏	通信工程	0	2002-11-12	56
201205	罗林琳	通信工程	0	2003-01-30	56

5 rows in set (0.00 sec)

图 3.48 执行结果

【例 3.60】 查找 xs 表中从第 2 位学生开始的 3 位学生的信息。

```
SELECT 学号, 姓名, 专业名, 性别, 出生日期, 总学分
    FROM xs
    ORDER BY 学号
    LIMIT 1, 3;
```

执行结果如图 3.49 所示。

学号	姓名	专业名	性别	出生日期	总学分
221102	程明	计算机	1	2005-02-01	15
221103	王燕	计算机	0	2003-10-06	15
221104	韦严平	计算机	1	2004-08-26	12

3 rows in set (0.00 sec)

图 3.49 执行结果

为了与 PostgreSQL 兼容，MySQL 也支持“LIMIT 行数 OFFSET 偏移量”语法。如果将上面例子中的 LIMIT 子句换成“LIMIT 5 OFFSET 3”，将得到相同的结果。

3.1.8 联合查询

用户使用 UNION 语句，可以把来自许多 SELECT 语句的结果组合到一个结果集合中。

语法格式如下：

```
SELECT ...
UNION [ALL | DISTINCT]SELECT ...
[UNION [ALL | DISTINCT]SELECT ...]
```

SELECT语句为常规的选择语句，使用时必须遵守以下规则。

- 列于每条SELECT语句的对应位置的被选择的列，应具有相同的数目和类型。例如，被第一条语句选择的第一列，应当与被其他语句选择的第一列具有相同的类型。
- 只有最后一条SELECT语句可以使用INTO OUTFILE。
- HIGH_PRIORITY不能与作为UNION一部分的SELECT语句同时使用。
- ORDER BY和LIMIT子句只能在整条语句末尾指定，同时还应对单条的SELECT语句添加圆括号。排序和限制行数对最终结果起作用。

使用UNION运算符时，在第一条SELECT语句中被使用的列名称将被用作结果的列名称。MySQL会自动从最终结果中去除重复行，所以附加的DISTINCT关键字是多余的，但根据SQL标准，在语法上允许采用。要得到所有匹配的行，则可以指定关键字ALL。

【例3.61】 查找学号为221101和学号为211201的两位学生的信息。

```
SELECT 学号, 姓名, 专业名, 性别, 出生日期, 总学分
    FROM xs
    WHERE 学号= '221101'
    UNION
        SELECT 学号, 姓名, 专业名, 性别, 出生日期, 总学分
            FROM xs
            WHERE 学号= '211201';
```

执行结果如图3.50所示。

学号	姓名	专业名	性别	出生日期	总学分
221101	王林	计算机	1	2004-02-10	15
211201	李红庆	通信工程	1	2002-05-01	43

2 rows in set (0.00 sec)

图3.50 执行结果

3.1.9 行浏览查询

前面讨论了用来查询表数据的SELECT语句，它通常用来返回行的一个集合。MySQL还支持另外一种查询数据库的语句——HANDLER语句，它能够逐行浏览表中的数据，但它并不属于SQL标准，而是MySQL的专用语句。HANDLER语句只适用于MyISAM和InnoDB表。

使用HANDLER语句时，需要先使用HANDLER OPEN语句打开一个表，再使用HANDLER READ语句浏览打开表的行，浏览完后必须使用HANDLER CLOSE语句关闭已经打开的表。

1. 打开一个表

用户可以使用HANDLER OPEN语句打开一个表。

语法格式如下：

```
HANDLER 表名 OPEN [ [ AS] alias ]
```

用户可以使用AS子句为表定义一个别名。若打开表时使用别名，则在其他进一步访问表的语句中也需要使用这个别名。

2. 浏览表中的行

HANDLER READ语句用于浏览一个已打开的表的数据行。

语法格式如下：

```
HANDLER 表名 READ { FIRST | NEXT }
    [ WHERE 条件 ] [LIMIT ... ]
```

- FIRST | NEXT：这两个关键字是 HANDLER 语句的读取声明，FIRST 表示读取第一行，NEXT 表示读取下一行。
- WHERE 子句：如果想返回符合特定条件的行，可以增加一条 WHERE 子句，这里的 WHERE 子句和 SELECT 语句中的 WHERE 子句具有相同的功能，但是这里的 WHERE 子句中不能包含子查询、系统内置函数、BETWEEN、LIKE 和 IN 运算符等。
- LIMIT 子句：若不使用 LIMIT 子句，使用 HANDLER 语句只能读取表中的一行数据。若要读取多行数据，则要添加 LIMIT 子句。这里的 LIMIT 子句和 SELECT 语句中的 LIMIT 子句不同。SELECT 语句中的 LIMIT 子句用来限制结果中的行的总数，而这里的 LIMIT 子句用来指定 HANDLER 语句所能获得的行数。

由于没有其他的声明，在读取一行数据的时候，行的顺序是由 MySQL 决定的。如果要按照特定顺序来显示行，可以通过在 HANDLER READ 语句中指定索引来实现。

语法格式如下：

```
HANDLER 表名 READ 索引名 { = | <= | >= | <| >} (值...)
    [ WHERE 条件 ] [LIMIT ... ]
HANDLER 表名 READ 索引名{ FIRST | NEXT | PREV | LAST }
    [ WHERE 条件 ] [LIMIT ... ]
```

第一种方式是使用比较运算符为索引指定一个值，并从符合该条件的一行数据开始读取表。如果是多列索引，则值为多个值的组合，中间用逗号隔开。

第二种方式是使用关键字读取行，FIRST 表示第一行，NEXT 表示下一行，PREV 表示上一行，LAST 表示最后一行。

有关索引的内容将在第 4 章中介绍。

3．关闭打开的表

读取完行后必须使用 HANDLER CLOSE 语句来关闭表。

语法格式如下：

```
HANDLER 表名 CLOSE
```

【例 3.62】逐行浏览 kc 表中满足条件的内容，要求读取学分大于 4 的第一行数据。

首先打开表：

```
USE xscj
HANDLER kc OPEN;
```

读取满足条件的第一行：

```
HANDLER kc READ FIRST
    WHERE 学分>4;
```

执行结果如图 3.51 所示。

课程号	课程名	开课学期	学时	学分
101	计算机导论	1	80	5

图 3.51　执行结果

读取下一行：

```
HANDLER kc READ NEXT;
```

执行结果如图 3.52 所示。

课程号	课程名	开课学期	学时	学分
102	程序设计与语言	2	68	4

图 3.52　执行结果

关闭该表：

```
HANDLER kc CLOSE;
```

3.2 MySQL 视图

3.2.1 视图概念

视图（View）是从一个或多个表导出的表，但视图是一个虚表，并不实际存储它所对应的数据，数据库中只存储视图的定义，对视图的数据进行操作时，系统将根据视图的定义去操作与视图相关联的基本表。

视图概念

视图一经定义后，即可像表一样被查询、修改、删除和更新。

使用视图有下列优点。

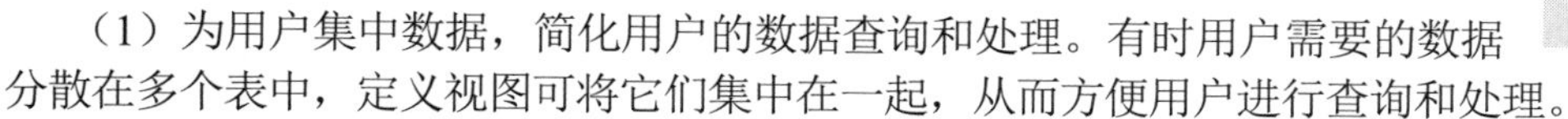

（1）为用户集中数据，简化用户的数据查询和处理。有时用户需要的数据分散在多个表中，定义视图可将它们集中在一起，从而方便用户进行查询和处理。

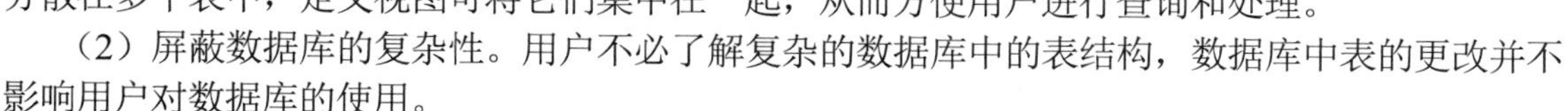

（2）屏蔽数据库的复杂性。用户不必了解复杂的数据库中的表结构，数据库中表的更改并不影响用户对数据库的使用。

（3）简化用户权限的管理。只需授予用户使用视图的权限，而不必指定用户只能使用表的特定列，也提高了安全性。

（4）便于数据共享。各用户无须定义和存储自己所需的数据，可共享数据库的数据，同样的数据只需存储一次。

（5）可以重新组织数据以便将其输出到其他应用程序中。

3.2.2 创建视图

视图在数据库中是作为一个对象来存储的。用户在创建视图前，要确保自己已被数据库所有者授权可以使用 CREATE VIEW 语句，并且有权操作视图所涉及的表或其他视图。

语法格式如下：

```
CREATE [OR REPLACE] VIEW 视图名 [(列名 ... )]
AS SELECT 语句
```

说明

- OR REPLACE：表示能够替换已有的同名视图。
- 列名...：为视图的列定义明确的名称，列名由逗号隔开。列名数目必须等于 SELECT 语句检索的列数。若使用与源表或视图中相同的列名则可以省略列名。
- SELECT 语句：用来创建视图的 SELECT 语句，可在 SELECT 语句中查询多个表或视图。

SELECT 语句有以下用法限制。

（1）定义视图的用户必须对所参照的表或视图有查询（即可执行 SELECT 语句）权限。

（2）不能包含 FROM 子句中的子查询。

（3）在定义中引用的表或视图必须存在。

（4）在引用当前数据库中的不是表或视图时，需要在表或视图前加上数据库的名称。

（5）在视图定义中允许使用 ORDER BY，但是，如果数据源是视图，而该视图使用了自己的 ORDER BY 语句，则视图定义中的 ORDER BY 将被忽略。

（6）对于 SELECT 语句中的其他选项或子句，若视图中也包含这些选项，则效果未定义。例如，如果在视图定义中包含 LIMIT 子句，而 SELECT 语句使用了自己的 LIMIT 子句，MySQL 对使用哪个 LIMIT 未明确定义。

【例 3.63】假设当前数据库是 mytest，创建 xscj 数据库中的 cs_kc 视图，包括计算机专业各学生的学号、选修的课程号及成绩。对该视图的修改都应该符合专业名为“计算机”的条件。

```
CREATE OR REPLACE VIEW  xscj.cs_kc
    AS
    SELECT xs.学号,课程号,成绩
        FROM xscj.xs,  xscj.cj
        WHERE  xs.学号 = cj.学号 AND xs.专业名 = '计算机'
        WITH CHECK OPTION;
```

【例 3.64】创建 xscj 数据库中的计算机专业学生的平均成绩视图 cs_kc_avg，包括学号（在视图中列名为 num）和平均成绩（在视图中列名为 score_avg）。

```
USE xscj
CREATE VIEW cs_kc_avg(num, score_avg)
    AS
    SELECT 学号,AVG(成绩)
        FROM cs_kc
        GROUP BY 学号;
```

这里使用 SELECT 语句直接从 cs_kc 视图中查询到结果。

3.2.3 查询视图

定义视图后，就可以如同查询基本表那样对视图进行查询。

查询视图

【例 3.65】在视图 cs_kc 中查找计算机专业学生的学号和选修的课程号。

```
SELECT 学号, 课程号
    FROM cs_kc;
```

【例 3.66】查找平均成绩为 80 分及以上的学生的学号和平均成绩。

本例首先创建学生平均成绩视图 xs_kc_avg，包括学号（在视图中列名为 num）和平均成绩（在视图中列名为 score_avg）。

创建学生平均成绩视图 xs_kc_avg：

```
CREATE VIEW xs_kc_avg (num, score_avg)
    AS
    SELECT 学号, AVG(成绩)
        FROM cj
        GROUP BY 学号;
```

再对 xs_kc_avg 视图进行查询。

```
SELECT *
    FROM xs_kc_avg
    WHERE score_avg>=80;
```

执行结果如图 3.53 所示。

num	score_avg
201202	82.0000
201205	90.0000
211110	91.3333
211202	81.0000
221201	80.0000
221204	87.0000
221206	91.0000

7 rows in set (0.00 sec)

图 3.53 执行结果

从以上两例可以看出，创建视图可以向最终用户隐藏复杂的表连接，简化用户的 SQL 程序设计。

使用视图查询时，若其关联的基本表中添加了新列，则该视图将不包含新列。例如，视图 cs_xs 中的列关联了 xs 表中所有列，若 xs 表新增了“籍贯”列，那么 cs_xs 视图中将查询不到“籍贯”列的数据。

如果与视图相关联的表或视图被删除，则该视图将无法再使用。

查询视图也可以在 MySQL Query Browser 工具中进行，方法与查询表的方法类似。

3.2.4 更新视图

由于视图是虚拟表，因此更新视图（包括插入、修改和删除）数据就相当于在更新与其关联的基本表的数据。但并不是所有的视图都可以更新，只有满足可更新条件的视图才能进行更新。更新视图的时候要特别小心，这可能导致不可预计的结果。

1. 可更新视图

如果用户要通过视图更新基本表数据，则必须保证视图是可更新视图，即可以在 INSERT、UPDATE 或 DELETE 等语句当中使用。对于可更新的视图，视图中的行和基表中的行之间必须具有一对一的关系。还有一些特定的其他结构，这类结构会使得视图不可更新。

如果视图包含下述结构中的任何一种，那么它就是不可更新的。

（1）聚合函数；

（2）DISTINCT 关键字；

（3）GROUP BY 子句；

（4）ORDER BY 子句；

（5）HAVING 子句；

（6）UNION 运算符；

（7）位于选择列表中的子查询；

（8）FROM 子句中包含多个表；

（9）SELECT 语句中引用了不可更新视图；

（10）WHERE 子句中的子查询，引用 FROM 子句中的表；

（11）ALGORITHM 选项被指定为 TEMPTABLE（使用临时表总会使视图成为不可更新的）。

更新视图

2. 插入数据

用户使用 INSERT 语句通过视图向基本表中插入数据。

【例 3.67】 创建视图 cs_xs，视图中包含计算机专业的学生信息，并向 cs_xs 视图中插入一条记录：

```
('221255', '李牧', '计算机', 1, '2004-10-21', 50, NULL, NULL)。
```

首先创建视图 cs_xs：

```
CREATE OR REPLACE VIEW cs_xs
    AS
    SELECT *
        FROM xs
        WHERE 专业名 = '计算机'
    WITH CHECK OPTION;
```

注意

在创建视图时增加 WITH CHECK OPTION 子句，是因为 WITH CHECK OPTION 子句会在更新数据时检查新数据是否符合视图定义 WHERE 子句中的条件。WITH CHECK OPTION 子句只能与可更新视图一起使用。

接下来插入记录：

```
INSERT INTO cs_xs
    VALUES('221255', '李牧', '计算机', 1, '2004-10-14', 50, NULL, NULL);
```

注意

这里插入记录时专业名只能为“计算机”。

这时，使用 SELECT 语句查询 cs_xs 视图和基本表 xs，可以发现 xs 表中该记录已经被添加进去，如图 3.54 所示。

mysql> SELECT * FROM xs;

学号	姓名	专业名	性别	出生日期	总学分	照片	备注
201101	赵日升	计算机	1	2002-03-18	60	NULL	与澳洲联合培养
201103	严红	计算机	0	2002-08-11	60	NULL	NULL
201202	吴薇华	通信工程	0	2002-03-18	56	NULL	NULL
201203	刘燕敏	通信工程	0	2002-11-12	56	NULL	NULL
201205	罗林琳	通信工程	0	2003-01-30	56	NULL	NULL
211101	李明	计算机	1	2003-05-01	46	NULL	学生会负责人
211102	林一帆	计算机	1	2003-08-05	46	NULL	NULL
211103	张强民	计算机	1	2003-08-11	42	NULL	NULL
211110	张蔚	计算机	0	2004-07-22	46	NULL	NULL
211201	李红庆	通信工程	1	2002-05-01	43	NULL	NULL
211202	孙祥欣	通信工程	1	2003-03-09	43	NULL	创新小组组长
211203	孙研	通信工程	1	2004-10-09	43	NULL	NULL
221101	王林	计算机	1	2004-02-10	15	NULL	NULL
221102	程明	计算机	1	2005-02-01	15	NULL	NULL
221103	王燕	计算机	0	2003-10-06	15	NULL	参加校女子足球队
221104	韦严平	计算机	1	2004-08-26	12	NULL	NULL
221106	李方方	计算机	1	2004-11-20	15	NULL	NULL
221201	刘华	通信工程	1	2004-06-10	13	NULL	辅修计算机专业
221202	王林	通信工程	1	2004-01-29	13	NULL	NULL
221204	马琳琳	通信工程	0	2003-02-10	15	NULL	NULL
221206	李计	通信工程	1	2003-09-20	16	NULL	NULL
221255	李牧	计算机	1	2004-10-14	50	NULL	NULL

添加的记录

22 rows in set (0.00 sec)

图 3.54　更新视图

当视图所依赖的基本表有多个时，不能向该视图插入数据，因为这会影响多个基本表。例如，不能向视图 cs_kc 插入数据，因为 cs_kc 视图依赖两个基本表：xs 表和 cj 表。

对 INSERT 语句还有一个限制：SELECT 语句中必须包含 FROM 子句中指定表的所有不能为空的列。例如，若定义 cs_xs 视图时未增加“姓名”列，则插入数据的时候会出错。

3．修改数据

用户使用 UPDATE 语句可以通过视图修改基本表的数据。

【例 3.68】将 cs_xs 视图中所有学生的总学分增加 8 分。

```
UPDATE cs_xs
    SET 总学分 = 总学分 + 8;
```

该语句的作用实际上是将 cs_xs 视图所依赖的基本表 xs 中，所有记录的总学分列值在原来基础上增加 8。

若一个视图依赖多个基本表，则每次修改该视图只能变动一个基本表的数据。

【例 3.69】将 cs_kc 视图中学号为 221101 的学生的 101 课程成绩修改为 90 分。

```
UPDATE cs_kc
    SET 成绩=90
    WHERE 学号='221101' AND 课程号='101';
```

本例中，视图 cs_kc 依赖两个基本表，即 xs 表和 cj 表，对 cs_kc 视图的一次修改只能改变学号（源于 xs 表）或者课程号和成绩（源于 cj 表）。

比如，以下的修改就是错误的：

```
UPDATE cs_kc
    SET 学号='221102',课程号='206'
    WHERE 成绩=90;
```

4．删除数据

用户使用 DELETE 语句可以通过视图删除基本表的数据。

【例 3.70】删除 cs_xs 视图中李牧同学（学号为 221255）的记录。

```
DELETE FROM cs_xs
   WHERE 学号 = '221255';
```

注意

对依赖多个基本表的视图，不能使用 DELETE 语句。例如，不能通过对 cs_kc 视图执行 DELETE 语句删除与之相关的基本表 xs 及 cj 表的数据。

3.2.5 修改视图

用户使用 ALTER 语句可以对已有视图的定义进行修改，其语法格式如下：

```
ALTER
    [Algorithm = {Undefined | Merge | Temptable}]
    [Definer = { 用户| Current_User }]
    [Sql Security { Definer | Invoker }]
    VIEW 视图名 [(列 ... )]
    AS SELECT 语句
    [WITH [CASCADED | LOCAL] CHECK OPTION]
```

ALTER VIEW 语句的语法与 CREATE VIEW 类似，这里不做介绍。

【例 3.71】将 cs_xs 视图修改为只包含计算机专业学生的学号、姓名和总学分 3 列。

```
ALTER VIEW cs_xs
    AS
    SELECT 学号,姓名,总学分
        FROM xs
        WHERE 专业名 = '计算机';
SELECT * FROM cs_xs;
```

执行结果如图 3.55 所示。

学号	姓名	总学分
201101	赵日升	60
201103	严红	60
211101	李明	46
211102	林一帆	46
211103	张强民	42
211110	张蔚	46
221101	王林	15
221102	程明	15
221103	王燕	15
221104	韦严平	12
221106	李方方	15

11 rows in set (0.00 sec)

图 3.55 执行结果

3.2.6 删除视图

语法格式如下：

```
DROP VIEW [IF EXISTS]
    view_name [, view_name] ...
    [RESTRICT | CASCADE]
```

其中，view_name 是视图名，声明了 IF EXISTS，即使视图不存在，也不会出现错误信息；也可以声明 RESTRICT 和 CASCADE。

使用 DROP VIEW 一次可删除多个视图。例如：

```
DROP VIEW cs_xs;
```

将删除视图 cs_xs。

习题

一、选择题

1. SELECT 不能实现（　　）。
   A. 获得多个关联表中符合条件的记录　　B. 统计汇总表中符合条件的记录
   C. 输出列包含表达式　　D. 将符合条件的记录构建成新表
2. SELECT 不能实现（　　）。
   A. 排除部分列　　B. 输出符合条件的部分行
   C. 对查询结果进行分类　　D. 不出现重复行
3. SELECT 查询结果顺序不可以是（　　）。
   A. 主键值顺序　　B. ORDER BY 控制顺序
   C. 物理记录顺序　　D. 随机顺序
4. SELECT 查询条件可以通过（　　）控制。
   A. WHERE　　B. HAVING　　C. 无条件　　D. A、B 和 C
5. 多表查询可通过（　　）实现。
   A. FROM 包含多表　　B. 子查询　　C. UNION　　D. A、B 和 C

6．下列说法错误的是（　　）。

A．界面创建的视图不能通过命令修改　　B．能够完全像操作表一样操作视图

C．视图中有定义而无数据　　D．删除视图不会影响原表数据

7．视图不能实现（　　）的功能。

A．控制、操作表的列和记录　　B．把常用多表查询变成对视图的简单操作

C．更新原表内容　　D．修改原表结构

二、说明题

1．查询命令包含几个部分。

2．举例说明为什么需要视图。

3．分别说明 SELECT 语句列和表别名的作用。

4．说明 SELECT 语句的 FROM、WHERE、GROUP 及 ORDER BY 子句的作用。

5．写出 SQL 语句，对产品销售数据库进行如下操作。

（1）查找价格为 2000～2900 产品的名称。

（2）计算所有产品总价格。

（3）在产品销售数据库上创建冰箱产品表的视图 bxcp。

（4）在 bxcp 视图上查询库存量为 100 台以下产品的编号。

实训

一、数据库查询

1．基本查询

（1）对于实训数据库中的表结构，查询每个员工的所有数据。

```
USE YGGL
SELECT * FROM Employees;
```

【思考与练习】

用 SELECT 语句查询 Departments 表和 Salary 表的所有记录。

（2）查询每个员工的姓名、住址和电话。

```
SELECT Name, Address, PhoneNumber
    FROM Employees;
```

执行结果如实训图 3.1 所示。

Name	Address	PhoneNumber
王林	中山路32-1-508	83355668
伍容华	北京东路100-2	83321321
王向容	四牌楼10-0-108	83792361
李丽	中山东路102-2	83413301
刘明	虎距路100-2	83606608
朱俊	牌楼巷5-3-106	84708817
钟敏	中山路10-3-105	83346722
张石兵	解放路34-1-203	84563418
林涛	中山北路24-35	83467336
李玉珉	热和路209-3	58765991
叶凡	北京西路3-7-52	83308901
陈林琳	汉中路120-4-12	84468158

12 rows in set (0.00 sec)

实训图 3.1　执行结果

【思考与练习】

a．用 SELECT 语句查询 Departments 表和 Salary 表的一列或若干列。

b．查询 Employees 表中的部门号和性别，要求使用 DISTINCT 消除重复行。

（3）查询员工编号为 000001 的员工的地址和电话。

```
SELECT Address,PhoneNumber
   FROM Employees
   WHERE EmployeeID = '000001';
```

执行结果如实训图 3.2 所示。

```
+-----------------+-------------+
| Address         | PhoneNumber |
+-----------------+-------------+
| 中山路32-1-508  | 83355668    |
+-----------------+-------------+
1 row in set (0.00 sec)
```

实训图 3.2 执行结果

【思考与练习】

a．查询月收入高于 2000 元的员工的编号。

b．查询 1970 年以后出生的员工的姓名和住址。

c．查询所有财务部的员工的编号和姓名。

（4）查询 Employees 表中女员工的地址和电话，使用 AS 子句将结果中各列的标题分别指定为地址、电话。

```
SELECT Address AS 地址, PhoneNumber AS 电话
    FROM Employees
    WHERE sex = '0';
```

执行结果如实训图 3.3 所示。

```
+------------------+----------+
| 地址             | 电话     |
+------------------+----------+
| 中山东路102-2    | 83413301 |
| 中山路10-3-105   | 83346722 |
| 汉中路120-4-12   | 84468158 |
+------------------+----------+
3 rows in set (0.00 sec)
```

实训图 3.3 执行结果

【思考与练习】

查询 Employees 表中男员工的姓名和出生日期，要求将各列标题用中文表示。

（5）查询 Employees 表中员工的姓名和性别，要求性别为 1 时显示为“男”，为 0 时显示为“女”。

```
SELECT Name AS 姓名,
    CASE
        WHEN Sex = '1' THEN '男'
        WHEN Sex = '0' THEN '女'
    END AS 性别
    FROM Employees;
```

执行结果如实训图 3.4 所示。

【思考与练习】

查询 Employees 表中员工的姓名、住址和收入水平，2000 元以下显示为低收入，2000～3000 元显示为中等收入，3000 元以上显示为高收入。

（6）计算每个员工的实际收入。

```
SELECT EmployeeID, ROUND(InCome-OutCome,2) AS 实际收入
   FROM Salary;
```

执行结果如实训图 3.5 所示。

```
+--------+------+
| 姓名   | 性别 |
+--------+------+
| 王林   | 男   |
| 伍容华 | 男   |
| 王向容 | 男   |
| 李丽   | 女   |
| 刘明   | 男   |
| 朱俊   | 男   |
| 钟敏   | 女   |
| 张石兵 | 男   |
| 林涛   | 男   |
| 李玉珉 | 男   |
| 叶凡   | 男   |
| 陈林琳 | 女   |
+--------+------+
12 rows in set (0.00 sec)
```

实训图 3.4 执行结果

```
+------------+----------+
| EmployeeID | 实际收入 |
+------------+----------+
| 000001     |  1977.71 |
| 010008     |  1494.59 |
| 020010     |  2662.00 |
| 020018     |  2167.68 |
| 102201     |  2384.23 |
| 102208     |  1880.00 |
| 108991     |  2978.46 |
| 111006     |  1907.43 |
| 210678     |  2119.00 |
| 302566     |  2770.50 |
| 308759     |  2332.90 |
| 504209     |  1958.15 |
+------------+----------+
12 rows in set (0.03 sec)
```

实训图 3.5 执行结果

【思考与练习】

使用 SELECT 语句进行简单的计算。

（7）计算员工总数。

```
SELECT COUNT(*)
    FROM Employees;
```

执行结果如实训图 3.6 所示。

```
+----------+
| COUNT(*) |
+----------+
|       12 |
+----------+
1 row in set (0.00 sec)
```

实训图 3.6 执行结果

【思考与练习】

a．计算 Salary 表中员工月收入的平均数。

b．查询 Employees 表中最大的员工编号。

c．计算 Salary 表中所有员工的总支出。

d．查询财务部员工的最高和最低实际收入。

（8）查找所有姓王的员工的部门号。

```
SELECT DepartmentID
    FROM Employees
    WHERE name LIKE '王%';
```

执行结果如实训图 3.7 所示。

```
+--------------+
| DepartmentID |
+--------------+
| 2            |
| 1            |
+--------------+
2 rows in set (0.00 sec)
```

实训图 3.7 执行结果

【思考与练习】

a．查找所有地址中含有“中山”的员工的编号及部门号。

b．查找员工编号中倒数第二个数字为 0 的员工的姓名、地址和学历。

（9）查找所有收入为 2000～3000 元员工的编号。

```
SELECT EmployeeID
   FROM Salary
   WHERE InCome BETWEEN 2000 AND 3000;
```

执行结果如实训图 3.8 所示。

```
+------------+
| EmployeeID |
+------------+
| 000001     |
| 020010     |
| 020018     |
| 102201     |
| 210678     |
| 302566     |
| 308759     |
| 504209     |
+------------+
8 rows in set (0.00 sec)
```

实训图 3.8 执行结果

【思考与练习】

查找所有在部门“1”或“2”工作的员工的编号。

2．子查询

（1）查找在广告部工作的员工的情况。

```
SELECT * FROM Employees
   WHERE DepartmentID =
       ( SELECT DepartmentID
           FROM Departments
           WHERE DepartmentName = '广告部' );
```

执行结果如实训图 3.9 所示。

EmployeeID	Name	Education	Birthday	Sex	WorkYear	Address	PhoneNumber	DepartmentID
010008	伍容华	本科	1976-03-28	1	3	北京东路100-2	83321321	1
020010	王向容	硕士	1982-12-09	1	2	四牌楼10-0-108	83792361	1
020018	李丽	大专	1960-07-30	0	6	中山东路102-2	83413301	1

3 rows in set (0.00 sec)

实训图 3.9 执行结果

【思考与练习】

用子查询的方法查找所有收入为 2500 元以下的员工的情况。

（2）查找广告部中年龄不低于市场部所有员工年龄的员工的姓名。

```
SELECT Name
  FROM Employees
  WHERE DepartmentID IN
     (   SELECT DepartmentID
```

```
                FROM Departments
                WHERE DepartmentName = '广告部' )
    AND
    Birthday <= ALL
            ( SELECT Birthday
                FROM Employees
                WHERE DepartmentID IN
                    ( SELECT DepartmentID
                        FROM Departments
                        WHERE DepartmentName = '市场部')
            );
```

执行结果如实训图 3.10 所示。

```
+---------+
| Name    |
+---------+
| 李丽    |
+---------+
1 row in set (0.00 sec)
```

实训图 3.10　执行结果

【思考与练习】

用子查询的方法查找研发部中比市场部所有员工收入都高的员工的姓名。

（3）查找比广告部所有员工收入都高的员工的姓名。

```
SELECT Name
    FROM Employees
    WHERE  EmployeeID IN
        ( SELECT EmployeeID
            FROM Salary
            WHERE InCome >
            ALL ( SELECT InCome
                    FROM Salary
                    WHERE EmployeeID IN
                        ( SELECT EmployeeID
                            FROM Employees
                            WHERE DepartmentID =
                                ( SELECT DepartmentID
                                    FROM Departments
                                    WHERE DepartmentName = '广告部'
                                )
                        )
                )
        );
```

执行结果如实训图 3.11 所示。

```
+-----------+
| Name      |
+-----------+
| 钟敏      |
| 李玉珉    |
+-----------+
2 rows in set (0.00 sec)
```

实训图 3.11　执行结果

【思考与练习】

用子查询的方法查找年龄比市场部所有员工年龄都大的员工的姓名。

3．连接查询

（1）查询每个员工及其薪水情况。

```
SELECT Employees.* , Salary.*
    FROM Employees, Salary
    WHERE Employees.EmployeeID = Salary.EmployeeID;
```

【思考与练习】

查询每个员工及其工作部门的情况。

（2）使用内连接的方法查询名字为“王林”的员工所在的部门。

```
SELECT DepartmentName
    FROM Departments JOIN Employees
    ON Departments.DepartmentID = Employees.DepartmentID
    WHERE Employees.Name = '王林';
```

执行结果如实训图 3.12 所示。

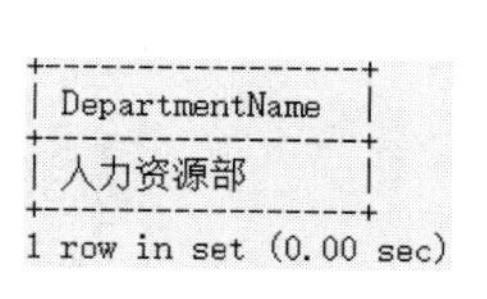

```
+-----------------+
| DepartmentName  |
+-----------------+
| 人力资源部      |
+-----------------+
1 row in set (0.00 sec)
```

实训图 3.12　执行结果

【思考与练习】

a．使用内连接方法查找不在广告部工作的所有员工的信息。

b．使用外连接方法查找所有员工的月收入。

（3）查找广告部中收入为 2000 元以上的员工的姓名及收入详情。

```
SELECT Name,InCome,OutCome
    FROM Employees, Salary , Departments
    WHERE Employees.EmployeeID = Salary.EmployeeID
        AND Employees.DepartmentID = Departments.DepartmentID
        AND DepartmentName = '广告部'
        AND InCome>2000;
```

执行结果如实训图 3.13 所示。

```
+--------+---------+---------+
| Name   | InCome  | OutCome |
+--------+---------+---------+
| 王向容 |    2860 |     198 |
| 李丽   | 2347.68 |     180 |
+--------+---------+---------+
2 rows in set (0.02 sec)
```

实训图 3.13 执行结果

【思考与练习】

查询研发部在 1966 年以前出生的员工的姓名及其薪水的详情。

4．分组、排序和输出行

（1）查找 Employees 表中男性和女性的人数。

```
SELECT Sex, COUNT(Sex)
    FROM Employees
    GROUP BY Sex;
```

执行结果如实训图 3.14 所示。

```
+-----+------------+
| Sex | COUNT(Sex) |
+-----+------------+
| 0   |          3 |
| 1   |          9 |
+-----+------------+
2 rows in set (0.00 sec)
```

实训图 3.14 执行结果

【思考与练习】

a．按部门列出在该部门工作的员工的人数。

b．按员工的学历分组，分别列出学历为本科、大专和硕士的人数。

（2）查找员工数超过 2 的部门的名称和员工数量。

```
SELECT DepartmentName, COUNT(*) AS 人数
    FROM Employees, Departments
    WHERE Employees.DepartmentID=Departments.DepartmentID
    GROUP BY Employees.DepartmentID
    HAVING COUNT(*)>2;
```

执行结果如实训图 3.15 所示。

【思考与练习】

按员工的工作年份分组，统计各个工作年份的人数，如工作 1 年的人数，工作 2 年的人数。

（3）将 Employees 表中的员工编号由大到小进行排列。

```
SELECT EmployeeID
    FROM Employees
    ORDER BY EmployeeID DESC;
```

执行结果如实训图 3.16 所示。

```
+----------------+------+
| DepartmentName | 人数 |
+----------------+------+
| 广告部         |    3 |
| 研发部         |    3 |
| 市场部         |    3 |
+----------------+------+
3 rows in set (0.00 sec)
```

实训图 3.15 执行结果

```
+------------+
| EmployeeID |
+------------+
| 504209     |
| 308759     |
| 302566     |
| 210678     |
| 111006     |
| 108991     |
| 102208     |
| 102201     |
| 020018     |
| 020010     |
| 010008     |
| 000001     |
+------------+
12 rows in set (0.00 sec)
```

实训图 3.16 执行结果

【思考与练习】

a. 将员工信息按出生日期从小到大排列。

b. 在 ORDER BY 子句中使用子查询，查询员工姓名、性别和工作时间信息，要求按实际收入从大到小排列。

（4）返回 Employees 表中的前 5 位员工的信息。

```
SELECT *
    FROM Employees
    LIMIT 5;
```

执行结果如实训图 3.17 所示。

EmployeeID	Name	Education	Birthday	Sex	WorkYear	Address	PhoneNumber	DepartmentID
000001	王林	大专	1966-01-23	1	8	中山路32-1-508	83355668	2
010008	伍容华	本科	1976-03-28	1	3	北京东路100-2	83321321	1
020010	王向容	硕士	1982-12-09	1	2	四牌楼10-0-108	83792361	1
020018	李丽	大专	1960-07-30	0	6	中山东路102-2	83413301	1
102201	刘明	本科	1972-10-18	1	3	虎距路100-2	83606608	5

5 rows in set (0.00 sec)

实训图 3.17 执行结果

【思考与练习】

返回 Employees 表中从第 3 位员工开始计算的 5 位员工的信息。

二、数据库视图

1. 创建视图

（1）创建 YGGL 数据库中的视图 DS_VIEW，视图包含 Departments 表的全部列。

```
CREATE OR REPLACE
    VIEW DS_VIEW
    AS SELECT *FROM Departments;
```

（2）创建 YGGL 数据库中的视图 Employees_view，视图包含员工编号、姓名和实际收入。

```
CREATE OR REPLACE
    VIEW Employees_view(EmployeeID, Name, RealIncome)
    AS
        SELECT Employees.EmployeeID, Name, InCome-OutCome
            FROM Employees, Salary
            WHERE Employees.EmployeeID = Salary.EmployeeID;
```

【思考与练习】

a. 在创建视图时使用 SELECT 语句有哪些限制？

b. 在创建视图时有哪些注意事项？

c. 创建视图，包含员工编号、姓名、所在部门名称和实际收入等列。

2. 查询视图

（1）从视图 DS_VIEW 中查询部门号为 3 的部门名称。

```
SELECT DepartmentName
    FROM DS_VIEW
    WHERE DepartmentID='3';
```

执行结果如实训图 3.18 所示。

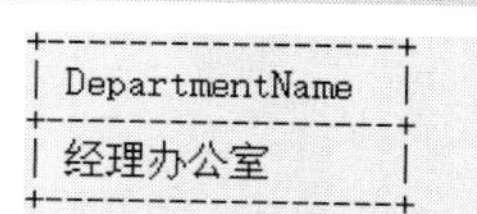

DepartmentName
经理办公室

1 row in set (0.00 sec)

实训图 3.18 执行结果

（2）从视图 Employees_view 中查询姓名为“王林”的员工的实际收入。

```
SELECT RealIncome
    FROM Employees_view
    WHERE Name='王林';
```

执行结果如实训图 3.19 所示。

```
+--------------------+
| RealIncome         |
+--------------------+
| 1977.7100524902344 |
+--------------------+
1 row in set (0.00 sec)
```

实训图 3.19 执行结果

【思考与练习】

a．若视图关联了某表中的所有列，此时该表中添加了新列，视图中能否查询到该列？

b．尝试创建一个视图，并查询视图中的列。

3．更新视图

在更新视图前需要了解可更新视图的概念，了解什么视图是不可以被修改的。更新视图时实际更新的是与视图关联的表。

（1）向视图 DS_VIEW 中插入一行数据：

```
INSERT INTO DS_VIEW VALUES('6', '财务部', '财务管理');
```

执行该命令后，用户可使用 SELECT 语句分别查看视图 DS_VIEW 和基本表 Departments 中发生的变化。

尝试向视图 Employees_view 中插入一行数据，查看视图会发生哪些变化。

（2）修改视图 DS_VIEW，将部门号为 5 的部门的名称修改为“生产车间”。

```
UPDATE DS_VIEW
    SET DepartmentName='生产车间'
    WHERE DepartmentID='5';
```

执行该命令后，用户可以使用 SELECT 语句分别查看视图 DS_VIEW 和基本表 Departments 中发生的变化。

（3）修改视图 Employees_view 中编号为 000001 的员工的姓名为“王浩”。

```
UPDATE Employees_view
    SET Name='王浩'
    WHERE EmployeeID='000001';
```

（4）删除视图 DS_VIEW 中部门号为 1 的数据。

```
DELETE FROM DS_VIEW
    WHERE DepartmentID='1';
```

【思考与练习】

用户无法在视图 Employees_view 中插入和删除数据，其中的 RealIncome 列也无法修改，为什么？

4．删除视图

删除视图 DS_VIEW。

```
DROP VIEW DS_VIEW;
```

5．使用界面工具操作视图

【思考与练习】

总结视图与基本表的差别。

第4章 MySQL索引与完整性约束

【学习目标】

（1）掌握索引的定义、创建和应用索引的方法。

（2）掌握数据完整性的类型，能够根据要求实现数据完整性功能。

4.1 MySQL索引

为什么每一本书的正文前面都有目录？因为当我们查阅书中某些内容时，可以首先查看书的目录，找到需要的内容在目录中所列的页码，然后根据这一页码直接找到需要的内容。设置目录是为了提高查阅内容的速度。

为了更加高效地访问表中的记录内容，MySQL 中引入了索引。数据库的表按照索引排序，用户在查找表中的内容时可以先查找索引，即可按照索引定位数据库中表的内容。

1．索引

索引是根据表中一列或若干列按照一定顺序建立的列值与记录行之间的对应关系表。在列上创建索引后，查找数据时可以直接根据该列上的索引找到对应行的位置，从而快速地找到数据。

例如，如果用户创建了 xs 表中学号列的索引，MySQL 将在索引中排序学号列，对于索引中的每一项，MySQL 在内部为它保存一个数据文件中实际记录所在位置的“指针”。因此，如果要查找学号为“201205”学生的信息，MySQL 能在学号列的索引中找到“201205”，然后直接定位至数据文件中相应的行，准确地返回该行的数据。在这个过程中，MySQL 只需处理一行记录即可返回结果。如果没有学号列的索引，MySQL 则需要扫描数据文件中的所有记录。

2．索引的分类

索引是存储在文件中的，因此会占用物理空间，MySQL 将一个表的索引都保存在同一个索引文件中。如果更新表中的一个值或者向表中添加或删除一行，MySQL 会自动地更新索引，因此索引树的内容总是与表中的内容保持一致。

索引分成下列几种。

（1）普通索引（INDEX）。普通索引是基本的索引，它没有唯一性索引的限制。创建普通索引的关键字是 INDEX。

（2）唯一性索引（UNIQUE）。唯一性索引与普通索引基本相同，区别在于：索引列的所有值都只能出现一次，即必须是唯一的。

（3）主键（PRIMARY KEY）。主键是一种唯一性索引。主键一般在创建表的时候指定，也可以通过修改表的方式加入主键，但是每个表只能有一个主键。

（4）全文索引（FULLTEXT）。MySQL 支持全文检索和全文索引。全文索引只能在 varchar 或 text 类型的列上创建。

3．说明

（1）只有当表为 MyISAM、InnoDB 或 BDB 存储引擎时，才可以向有 NULL、BLOB 或 TEXT 标识的列中添加索引。

（2）一个表最多可有 16 个索引。最大索引长度为 256 个字节。

（3）对于 char 和 varchar 类型的列，可以按列的前缀进行索引。这样索引的速度更快并且比索引整列需要的磁盘空间更少。

（4）MySQL 能在多列上创建索引。索引最多可以由 15 列组成。

4.2 MySQL 索引创建

1．使用 CREATE INDEX 语句创建

用户可以在一个已有表上创建索引，一个表可以创建多个索引。

语法格式如下：

```
CREATE [UNIQUE|FULLTEXT|SPATIAL]
    INDEX 索引名[索引类型] ON 表名 (索引列名...)
    [索引选项] ...
```

索引列名：

```
列名 [(长度)] [ASC | DESC]
```

- UNIQUE 表示创建的是唯一性索引；FULLTEXT 表示创建全文索引；SPATIAL 表示创建空间索引，可以用来索引几何数据类型的列。
- 索引名：索引在一个表中的名称必须是唯一的。
- 索引类型：BTREE 和 HASH。BTREE 表示采用二叉树方式，HASH 表示采用哈希方式。
- 索引列名：创建索引列名后的长度表示该列前面创建索引字符的个数。这可使索引文件大大减小，从而节省磁盘空间。另外，用户还可以规定索引按升序（ASC）或降序（DESC）排列，默认为 ASC 排列。

如果一个索引列可包含多个列，中间用逗号隔开，但它们属于同一个表，这样的索引叫作复合索引。

但是，使用 CREATE INDEX 语句并不能创建主键。

【例 4.1】根据 xs 表的学号列中的前 5 个字符创建一个升序索引 xh_xs。

```
USE xscj
CREATE INDEX xh_xs
    ON xs(学号(5) ASC);
```

【例 4.2】在 cj 表的学号列和课程号列上创建一个复合索引 xskc_in。

```
CREATE INDEX xskc_in
    ON cj(学号,课程号);
```

2．在建立表时创建索引

用户也可以在创建表时创建索引，其语法格式如下：

```
CREATE TABLE [IF NOT EXISTS] 表名
    ( [ 列定义 ] ,... )
| [CONSTRAINT [名称]] 索引定义
```

索引定义如下：

```
PRIMARY KEY [索引类型] (索引列名...)                    /*主键*/
```

```
  | {INDEX | KEY} [索引名] [索引类型](索引列名...)                /*索引*/
  | UNIQUE [索引名] [索引类型] (索引列名...)                     /*唯一性索引*/
  | FULLTEXT|SPATIAL[索引名] (索引列名...)                       /*全文索引*/
  | FOREIGN KEY[索引名] (索引列名...)[参照性定义]                /*外键*/
```

- KEY 通常是 INDEX 的同义词。在定义列时，也可以将某列定义为 PRIMARY KEY，但是当主键是由多个列组成的多列索引时，定义列时无法定义此主键，必须在语句最后添加一个 PRIMARY KEY(列名...)子句。
- CONSTRAINT [名称]：为主键、UNIQUE 键、外键定义名称。

【例 4.3】在 mytest 数据库中创建成绩（cj）表，将学号和课程号作为联合主键，并在成绩列上创建索引。

```
USE mytest
CREATE TABLE cj
(
     学号      char(6) NOT NULL,
     课程号    char(3) NOT NULL,
     成绩      tinyint(1),
     学分      tinyint(1),
     PRIMARY KEY(学号,课程号),
     INDEX score(成绩)
);
```

使用“SHOW INDEX FROM 表名”命令查看执行结果。

3. 在修改表结构时创建索引

用户使用 ALTER TABLE 语句修改表，其中也包括向表中添加索引。

语法格式如下：

```
ALTER TABLE 表名
        ......
  | ADD {INDEX|KEY}[索引名][索引类型] (索引列名...)              /*添加索引*/
  | ADDPRIMARY KEY[索引类型] (索引列名...)                       /*添加主键*/
  | ADDUNIQUE [索引名][索引类型](索引列名...)                    /*添加唯一性索引*/
  | ADDFOREIGN KEY [索引名] (索引列名...)[参照性定义]            /*添加外键*/
```

【例 4.4】在 xs 表的姓名列上创建一个非唯一性索引。

```
USE xscj
ALTER TABLE xs
    ADD INDEX xs_xm USING BTREE(姓名);
```

【例 4.5】以 xs 表为例（假设表中主键未定），创建索引，以加快表的检索速度。

```
ALTER TABLE xs
    ADD INDEX mark(出生日期,性别);
```

这个例子创建了一个复合索引。

如果要查看表中创建的索引的情况，可以使用“SHOW INDEX FROM 表名”语句，例如：

```
SHOW INDEX FROM xs;
```

系统显示已创建的索引信息如图 4.1 所示。

Table	Non_unique	Key_name	Seq_in_index	Column_name	Collation	Cardinality	Sub_part	Packed	Null	Index_type	Comment	Index_comment
xs	0	PRIMARY	1	学号	A	21	NULL	NULL		BTREE		
xs	1	xh_xs	1	学号	A	7	5	NULL		BTREE		
xs	1	xs_xm	1	姓名	A	20	NULL	NULL		BTREE		
xs	1	mark	1	出生日期	A	20	NULL	NULL		BTREE		
xs	1	mark	2	性别	A	21	NULL	NULL		BTREE		

5 rows in set (0.00 sec)

图 4.1　索引信息

4．删除索引

当不再需要一个索引时，可以用 DROP INDEX 语句或 ALTER TABLE 语句删除它。

（1）使用 DROP INDEX 删除。

语法格式如下：

```
DROP INDEX 索引名 ON 表名
```

（2）使用 ALTER TABLE 删除。

语法格式如下：

```
ALTER [IGNORE] TABLE 表名
...
  | DROP PRIMARY KEY                                          /*删除主键*/
  | DROP  索引名                                              /*删除索引*/
  | DROP FOREIGN KEY FK_SYMBOL                                /*删除外键*/
```

其中，使用 DROP 子句可以删除各种类型的索引。用户使用 DROP PRIMARY KEY 子句时不需要提供索引名称，因为一个表中只有一个主键。

【例 4.6】 删除 xs 表中的 mark 索引。

```
ALTER TABLE xs
    DROP INDEX mark;
```

如果在表中删除了列，索引可能会受到影响。如果所删除的列为索引的组成部分，则该列也会从索引中被删除。如果组成索引的所有列都被删除，则整个索引将被删除。

4.3 MySQL 数据完整性约束

在 MySQL 中，为防止不符合要求的数据进入数据库，MySQL 系统自动按一定的完整性约束对用户输入的数据进行监测，以确保数据库中存储的数据符合要求。一旦定义了完整性约束，MySQL 就会负责在每次更新时测试新的数据内容是否符合相关的约束。

用户可以通过 CREATE TABLE 或 ALTER TABLE 语句定义多个完整性约束。

4.3.1 主键约束

主键就是表中的一列或多列，其值能唯一地标识表中的每一行。

（1）通过定义 PRIMARY KEY 来创建主键约束，而且主键约束中的列不能取空值。

（2）当为表定义 PRIMARY KEY 约束时，MySQL 将为主键列创建唯一性索引，实现数据的唯一性。

（3）在查询中使用主键时，该索引可用来对数据进行快速访问。

（4）如果 PRIMARY KEY 约束是由多列组合定义的，则某一列的值可以重复，但 PRIMARY KEY 约束定义中所有列的组合值必须唯一。

MySQL 可以通过两种方式定义主键，作为列或表的完整性约束。

（1）作为列的完整性约束时，只需在定义列的时候添加关键字 PRIMARY KEY。

（2）作为表的完整性约束时，需要在语句末尾添加一条 PRIMARY KEY(列...)子句。

【例 4.7】 创建表 xs1，将姓名列定义为主键。

```
CREATE TABLE xs1
(
    学号 varchar(6)   NULL,
    姓名 varchar(8)   NOT NULL PRIMARY KEY,
    出生日期  datetime
);
```

例 4.7 中将主键定义于空指定之后，空指定也可以在主键之后指定。

当表中的主键为复合主键时，只能被定义为表的完整性约束。

【例 4.8】 创建 course 表来记录每门课程学生的学号、姓名、毕业日期、课程号、学分。其中学号、毕业日期和课程号构成复合主键。

```
CREATE TABLE course
(
    学号      varchar(6)   NOT NULL,
    姓名      varchar(8)   NOT NULL,
    毕业日期  date         NOT NULL,
    课程号    varchar(3),
    学分      tinyint,
    PRIMARY  KEY(学号, 课程号, 毕业日期)
);
```

MySQL 会自动地为主键创建一个索引。通常，这个索引名为 primary。用户可以重新为这个索引命名。

例如，创建 course 表，把主键创建的索引命名为 index_course。

```
CREATE TABLE course
(
    ...
    PRIMARY  KEY  index_course(学号, 课程号, 毕业日期)
);
```

4.3.2　替代键约束

替代键像主键一样，是表的一列或多列，其值在任何时候都是唯一的，又称为唯一性索引。替代键是没有被选作主键的候选键。定义替代键的关键字是 UNIQUE。

【例 4.9】 在表 xs1 中将姓名列定义为一个替代键。

```
DROP TABLE xs1;
CREATE TABLE xs1
(
    学号      varchar(6)   NOT NULL,
    姓名      varchar(8)   NOT NULL UNIQUE,
    出生日期  datetime     NULL,
    PRIMARY KEY(学号)
);
```

替代键

替代键还可以被定义为表的完整性约束，因此也可以采用下面的方式进行定义：

```
DROP TABLE xs1;
CREATE TABLE xs1
(
    学号      varchar(6)   NOT NULL,
    姓名      varchar(8)   NOT NULL,
    出生日期  datetime     NULL,
    PRIMARY KEY(学号),
    UNIQUE(姓名)
);
```

在 MySQL 中，替代键和主键的区别主要有以下几点。

（1）一个数据表只能创建一个主键，但一个表可以有若干个替代键，并且它们可以重合。例如，在 C1 和 C2 列上定义了一个替代键，并且在 C2 和 C3 上定义了另一个替代键，这两个替代键在 C2 列上重合，MySQL 允许这种操作。

（2）主键列的值不允许为 NULL，而替代键列的值可取 NULL，但是必须使用 NULL 或 NOT NULL 声明。

（3）一般创建 PRIMARY KEY 约束时，系统会自动产生 PRIMARY KEY 索引。创建替代键约束时，系统自动产生 UNIQUE 索引。

4.3.3 参照完整性约束

在本书所列举的 xscj 数据库中，有很多规则与表之间的关系有关。例如，存储在 cj 表中的所有学号必须同时存在于 xs 表的学号列中。cj 表中的所有课程号也必须出现在 kc 表的课程号列中。这种类型的关系就是“参照完整性约束”。参照完整性约束是一种特殊的完整性约束，表现为外键。因此 cj 表中的学号列和课程号列都可以被定义为外键。用户可以在创建表或修改表时定义外键声明。

语法格式如下：

```
CREATE TABLE [IF NOT EXISTS] 表名
    [( [ 列定义 ] ,... | [索引定义)])]
    PRIMARY KEY [索引类型] (索引列名...)                    /*主键*/
    ...
| FOREIGN KEY[索引名] (索引列名...)[参照性定义]              /*外键*/
    REFERENCES 表名 [(索引列名...)]
        [ON DELETE {RESTRICT | CASCADE | SET NULL | NO ACTION}| SET DEFAULT ]
        [ON UPDATE  {RESTRICT | CASCADE | SET NULL | NO ACTION}| SET DEFAULT]
```

- FOREIGN KEY：称为外键，被定义为表的完整性约束。
- REFERENCES：称为参照性，定义中包含外键所参照的表和列。这里表名叫作被参照表，而外键所在的表叫作参照表。其中，列名是外键可以引用的一列或多列，外键中的列值在引用的列中必须全部存在。外键可以只引用主键列和替代键列。
- ON DELETE | ON UPDATE：可以为每个外键定义参照动作。

定义参照动作包含两部分：

在第一部分中，指定这个参照动作应用哪一条语句，这里有两条相关的语句，即 UPDATE 和 DELETE 语句；

在第二部分中，指定采取哪个动作，这些不同动作的含义如下。

（1）RESTRICT：当要删除或更新父表中被参照列上在外键中出现的值时，拒绝对父表进行删除或更新操作。

（2）CASCADE：在父表中删除或更新行时自动删除或更新子表中匹配的行。

（3）SET NULL：当在父表中删除或更新行时，设置子表中与之对应的外键列为 NULL。如果外键列没有指定 NOT NULL 限定词，该操作是合法。

（4）NO ACTION：意味着不采取动作，就是如果有一个相关的外键值在被参照表中，不允许删除或更新父表中的主要键值。

（5）SET DEFAULT：作用与 SET NULL 相同，区别在于 SET DEFAULT 可指定子表中的外键列为默认值。

如果没有指定动作，参照动作就会默认地使用 RESTRICT。

外键目前只可以用在那些使用 InnoDB 存储引擎创建的表中，对于其他类型的表，MySQL 服务器能够解析 CREATE TABLE 语句中的 FOREIGN KEY 语法，但不能使用或保存它。

参照完整性

【例 4.10】创建 xs1 表，xs 表中所有学生的学号都必须出现在 xs1 表中，假设已经使用学号列作为主键创建了 xs 表。

```
DROP TABLE xs1;
```

```
CREATE TABLE xs1
(
    学号      varchar(6)       NULL,
    姓名      varchar(8)       NOT NULL,
    出生日期  datetime         NULL,
    PRIMARY KEY(姓名),
    FOREIGN KEY(学号)
      REFERENCES xs (学号)
          ON DELETE RESTRICT
          ON UPDATE RESTRICT
);
```

在执行上述语句后，确保 MySQL 插入外键中的每一个非空值都已经在被参照表中作为主键出现。

这意味着，对于 xs1 表中的每一个学号，都执行一次检查，查看该学号是否已经出现在 xs 表的学号列（主键）中。如果学号未出现在主键中，用户或应用程序会接收到一条出错消息，并且更新被拒绝。该规则同样适用于使用 UPDATE 语句更新 xs1 表中的学号列。即 MySQL 确保了 xs1 表中学号列的内容总是 xs 表中学号列的内容的一个子集。这意味着使用下面的 SELECT 语句不会返回任何行：

```
SELECT *
   FROM  xs1
   WHERE 学号 NOT IN
         (SELECT 学号
              FROM xs
         );
```

当指定一个外键的时候，需要注意以下几点。

（1）被参照表必须已经用一条 CREATE TABLE 语句创建完成，或者必须是当前正在创建的表。在后一种情况下，被参照表与参照表是同一个表。

（2）必须为被参照表定义主键。

（3）必须在被参照表的表名后面指定列名（或列名的组合）。这个列（或列组合）必须是这个被参照表的主键或替代键。

（4）尽管主键是不能够包含空值的，但外键中允许出现一个空值。这意味着，只要外键的每个非空值出现在指定的主键中，这个外键的内容就是正确的。

（5）外键中的列的数目必须与被参照表主键中的列的数目相同。

（6）外键中的列的数据类型必须与被参照表主键中的列的数据类型对应。

如果外键相关的被参照表和参照表是同一个表，称为自参照表，这种结构称为自参照完整性。例如，可以创建下面的 xs2 表：

```
CREATE TABLE xs2
(
    学号      varchar(6)    NOT NULL,
    姓名      varchar(8)    NOT NULL,
    出生日期  datetime      NULL,
    PRIMARY KEY(学号),
    FOREIGN KEY(学号)
        REFERENCES xs1(学号)
);
```

【例 4.11】 创建带有参照动作 CASCADE 的 xs1 表。

```
CREATE TABLE xs1
(
```

```
        学号      varchar(6)   NOT NULL,
        姓名      varchar(8)   NOT NULL,
        出生日期  datetime     NULL,
        PRIMARY KEY(学号),
        FOREIGN KEY(学号)
            REFERENCES xs(学号)
            ON UPDATE CASCADE
);
```

这个参照动作的作用是在主表更新时，使子表产生连锁更新动作，称为“级联”操作。比如，xs 表中有一个学号为“221101”的值被修改为“231101”，则 xs1 表中的学号列上为“221101”的值也相应地被改为“231101”。

同样地，如果例 4.11 中的参照动作为 ON DELETE SET NULL，则表示如果删除了 xs 表中的学号为“221101”的一行，则同时将 xs1 表中所有学号为“221101”的列值修改为 NULL。

4.3.4 CHECK 完整性约束

主键、替代键、外键都是常见的完整性约束的例子。另外，每个数据库都有一些专用的完整性约束。例如，kc 表中学期应为 1～8 之间的数字，xs 表中出生日期必须晚于 2000 年 1 月 1 日。这些规则可以使用 CHECK 完整性约束来指定。

CHECK 完整性约束

在创建表的时候定义 CHECK 完整性约束，可以定义为列完整性约束，也可定义为表完整性约束。

语法格式如下：

```
CHECK(expr)
```

expr 是一个表达式，指定需要检查的条件，在更新表数据时，MySQL 会检查更新后的数据行是否满足 CHECK 中的条件。

【例 4.12】创建表 student，只包括学号和性别两列，性别只能是男或女。

```
CREATE  TABLE  student
(
        学号 char(6)  NOT NULL,
        性别 char(1)  NOT NULL
            CHECK(性别 IN('男', '女'))
);
```

这里 CHECK 完整性约束指定了性别允许值，由于 CHECK 包含在列自身的定义中，因此 CHECK 完整性约束被定义为列完整性约束。

【例 4.13】创建表 student1，只包括学号和出生日期两列，出生日期必须晚于 2000 年 1 月 1 日。

```
CREATE  TABLE  student1
(
        学号      char(6)  NOT NULL,
        出生日期  date     NOT NULL
            CHECK(出生日期>'2000-01-01')
);
```

前面的 CHECK 完整性约束中使用的表达式都比较简单，MySQL 还允许使用更为复杂的表达式。例如，可以在条件中加入子查询，示例如下。

【例 4.14】创建表 student2，只包括学号和性别两列，并且确认性别列中的所有值都来源于 student 表的性别列。

```
CREATE  TABLE  student2
```

```
(
    学号 char(6)  NOT NULL,
    性别 char(1)  NOT NULL
       CHECK( 性别 IN
             ( SELECT 性别 FROM student )
             )
);
```

如果指定的完整性约束中要相互比较一个表的两列或多列，则必须定义表完整性约束。

【例 4.15】 创建表 student3，有学号、最好成绩和平均成绩 3 列，要求最好成绩必须大于平均成绩。

```
CREATE  TABLE  student3
(
    学号       char(6)  NOT NULL,
    最好成绩   int(1)   NOT NULL,
    平均成绩   int(1)   NOT NULL,
      CHECK(最好成绩>平均成绩)
);
```

也可以同时定义多个 CHECK 完整性约束，中间用逗号隔开。

然而，在目前的 MySQL 版本中，CHECK 完整性约束尚未被强化。例 4.15 中定义的 CHECK 完整性约束虽然会被 MySQL 引擎分析，但最终会被忽略，也就是说，这里的 CHECK 完整性约束暂时只是一个注释，不会起任何作用。相信在未来的版本中它的功能会得到扩展。

4.3.5　命名完整性约束

如果一条 INSERT、UPDATE 或 DELETE 语句违反了完整性约束，则 MySQL 返回一条出错消息并且拒绝更新，一个更新可能会导致违反多个完整性约束。在这种情况下，应用程序获取出错消息。为了确切地表示出是违反了哪一个完整性约束，可以为每个完整性约束分配一个名称，即可在出错消息中包含这个名称，从而使消息对于应用程序更有意义。

CONSTRAINT 关键字用来指定完整性约束的名称。

语法格式如下：

```
CONSTRAINT [完整性约束名称]
```

完整性约束名称在完整性约束的前面被定义，在数据库里这个名称必须是唯一的。如果它没有被给出，则 MySQL 会自动创建这个名称。只能为表完整性约束指定名称，而无法为列完整性约束指定名称。在定义完整性约束的时候应当尽可能地为其分配名称，以便在删除完整性约束时直接引用。

【例 4.16】 创建 xs1 表，并为主键命名。

```
CREATE TABLE xs1
(
    学号      varchar(6)   NOT NULL,
    姓名      varchar(8)   NOT NULL,
    出生日期  datetime     NULL,
    CONSTRAINT primary_key_xs1 PRIMARY KEY(姓名)
);
```

本例中给主键姓名分配了名称 primary_key_xs1。

4.3.6　删除完整性约束

如果使用一条 DROP TABLE 语句删除一个表，所有的完整性约束会自动被删除，被参照表的所有外键也全部被删除。使用 ALTER TABLE 语句，完整性约束可以独立地被删除，而不必删除表本身。删除完整性约束的语法与删除索引的语法相同。

【例 4.17】删除创建的表 xs1 的主键。

```
ALTER TABLE xs1 DROP PRIMARY KEY;
```

删除前后的效果如图 4.2 所示。

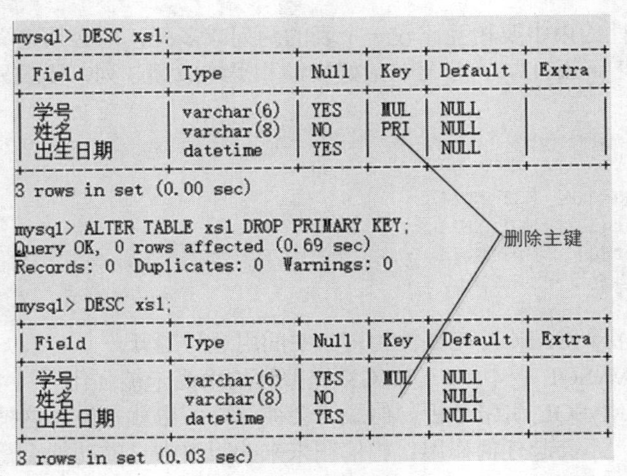

图 4.2 执行结果对比

习题

一、选择题

1. 下列关于索引的说法中错误的是（ ）。
   A. 一个表可以创建多个唯一索引
   B. 一个表可以创建多个不唯一索引
   C. 创建索引并不改变表记录的排列顺序
   D. 可以按照表达式创建索引
2. 下列选项中（ ）不能用来创建索引。
   A. CREATE TABLE　　B. CREATE INDEX
   C. ALTER TABLE　　D. ALTER INDEX
3. 两表中没有创建任何索引时，不能创建（ ）。
   A. 实体完整性约束　B. 域完整性约束　C. 参照完整性约束　D. A 和 C
4. 列值的唯一性不能通过（ ）实现。
   A. 主键　B. UNIQUE　C. IDENTITY 属性　D. CHECK 约束
5. 列值的非空不能通过（ ）实现。
   A. NOT NULL　B. DEFAULT　C. CHECK 约束　D. 数据类型
6. 下列关于成绩表、学生表、课程表和教师表的描述中不正确的是（ ）。
   A. 成绩表与教师表之间具有参照完整性约束
   B. 课程表与教师表之间具有参照完整性约束
   C. 学生表和教师表之间具有参照完整性约束
   D. 成绩表与学生表和课程表之间具有参照完整性约束

7．下列关于完整性约束与索引的关系说法中错误的是（　　）。

A．没有索引不能实现完整性约束

B．没有实现完整性约束的表必须人为设置来实现完整性约束

C．已经实现完整性约束的表可以解除完整性约束

D．创建索引就是为了实现完整性约束

二、说明题

1．简述索引的概念与作用。

2．简述索引的好处以及可能带来的弊端。

3．索引有哪几类？简述各类索引的特点。

4．主键和替代键有什么不同？

5．创建索引有几种方法，它们有什么不同？

6．简述完整性约束的概念与作用。

7．简述数据完整性约束分类。

8．简述外键和参照表的概念及它们之间的关系。

9．可采用哪些方法实现数据完整性约束？

实训

一、索引

1．使用CREATE INDEX语句创建索引

（1）为YGGL数据库的Employees表中的DepartmentID列建立索引。在MySQL客户端输入如下命令并执行：

```
CREATE INDEX depart_ind
    ON Employees(DepartmentID);
```

（2）在Employees表的Name列和Address列上建立复合索引。

```
CREATE INDEX ad_ind
    ON Employees(Name, Address);
```

（3）对Departments表上的DepartmentName列建立唯一性索引。

```
CREATE UNIQUE INDEX dep_ind
    ON Departments(DepartmentName);
```

【思考与练习】

a．创建完索引后可以使用“SHOW INDEX FROM 表名”语句查看表中的索引。

b．对Employees表的Address列建立前缀索引。

c．CREATE INDEX语句可以用来创建主键吗？

2．使用ALTER TABLE语句向表中添加索引

（1）为Employees表中的出生日期列添加一个唯一性索引，为姓名列和性别列添加一个复合索引。

```
ALTER TABLE employees
    ADD UNIQUE INDEX date_ind(birthday),
    ADD INDEX na_ind(name,sex);
```

（2）假设Departments表中没有主键，使用ALTER TABLE语句将DepartmentID列设为主键。

```
ALTER TABLE employees
    ADD PRIMARY KEY(DepartmentID);
```

【思考与练习】

添加主键与添加普通索引有什么区别?

3. 在创建表时创建索引

创建与 Departments 表相同结构的表 DEPARTMENTS1，将 DepartmentName 列设为主键，在 departmentid 上创建一个索引。

```
CREATE TABLE DEPARTMENTS1
(
     DepartmentID     char(3),
     DepartmentName   char(20),
     Note             text,
     PRIMARY KEY(DepartmentName),
     INDEX DID_ind(departmentid)
);
```

【思考与练习】

创建一个数据量较大的新表，观察使用索引和不使用索引的区别。

4. 界面方式创建索引

【思考与练习】

a. 使用界面方式创建一个复合索引。

b. 掌握索引的分类，体会索引对查询的影响。

5. 删除索引

（1）使用 DROP INDEX 语句删除表 Employees 上的索引 depart_ind。

```
DROP INDEX depart_ind ON Employees;
```

（2）使用 ALTER TABLE 语句删除 Departments 上的主键和索引 Dep_Ind。

```
ALTER TABLE departments
    DROP PRIMARY KEY,
    DROP INDEX dep_ind;
```

【思考与练习】

如果删除表中的一个或多个列，该列上的索引也会受到影响。如果组成索引的所有列都被删除，则该索引也被删除。

二、数据完整性

（1）创建一个表 Employees3，只包含 EmployeeID、Name、Sex 和 Education 列。将 Name 设为主键，作为列 Name 的完整性约束。EmployeeID 为替代键，作为表的完整性约束。

```
CREATE TABLE Employees3
(
    EmployeeID   char(6)      NOT NULL,
    Name         char(10)     NOT NULL PRIMARY KEY,
    Sex          tinyint(1),
    Education    char(4),
    UNIQUE(EmployeeID)
);
```

【思考与练习】

创建一个新表，使用一个复合列作为主键，作为表的完整性约束。

（2）创建一个表 Salary1，要求所有 Salary 表中出现的 EmployeeID 都要出现在 Salary1 表中，利用完整性约束实现，要求当删除或修改 Salary 表中的 EmployeeID 列时，Salary1 表中的 EmployeeID 值也会随之变化。

```
CREATE TABLE Salary1
(
```

```
        EmployeeID    char(6)       NOT NULL PRIMARY KEY,
        InCome        float(8)      NOT NULL,
        OutCome       float(8)      NOT NULL,
        FOREIGN KEY(EmployeeID)
            REFERENCES salary(EmployeeID)
                ON  UPDATE  CASCADE
                ON  DELETE  CASCADE
);
```

【思考与练习】

a．创建完 Salary1 表后，该表的初始化数据与 Salary 表相同。删除 Salary 表中一行数据，再查看 Salary1 表的内容是否会发生变化。

b．使用 ALTER TABLE 语句向 Salary 表中的 EmployeeID 列添加一个外键，要求当 Empolyees 表中要删除或修改与 EmployeeID 值有关的行时，检查 Salary 表中是否包含该 EmployeeID 值，如果存在则拒绝更新 Employees 表。

（3）创建表 student，只考虑学号和性别两列，性别只能是男或女。

```
CREATE TABLE student
(
    学号 char(6) NOT NULL,
    性别 char(1) NOT NULL
        CHECK(性别 IN('男', '女'))
);
```

【思考与练习】

创建表 student2，只考虑学号和出生日期两列，出生日期必须晚于 2000 年 1 月 1 日。

CHECK 完整性约束在 MySQL 低版本中只能被解析，而不能实现该功能。

第5章 MySQL 语言

【学习目标】

（1）熟悉 MySQL 语言的特点。

（2）掌握常量、变量、函数及其表达式的用法，能够根据要求构建表达式。

作为目前应用极为广泛的 DBMS 服务器，MySQL 支持众所周知的 SQL（结构化查询语言，Structured Query Language），同时对 SQL 进行了相应的扩展。本章进一步具体介绍 MySQL 支持的 SQL。

5.1 MySQL 语言简介

在 MySQL 数据库中，SQL 由以下几部分组成。

（1）数据定义语言（DDL）。用于执行数据库的任务，对数据库及数据库中的各种对象执行创建、删除、修改等操作。如前所述，数据库对象主要包括表、默认约束、规则、视图、触发器和存储过程等。DDL 主要语句及功能如表 5.1 所示。

表 5.1　DDL 主要语句及功能

语句	功能	说明
CREATE	创建数据库或数据库对象	不同数据库对象，其 CREATE 语句的语法形式不同
ALTER	对数据库或数据库对象进行修改	不同数据库对象，其 ALTER 语句的语法形式不同
DROP	删除数据库或数据库对象	不同数据库对象，其 DROP 语句的语法形式不同

（2）数据操纵语言（DML）。用于操纵数据库中各种对象，检索和修改数据。DML 主要语句及功能如表 5.2 所示。

表 5.2　DML 主要语句及功能

语句	功能	说明
SELECT	在表或视图中检索数据	是使用最频繁的 SQL 语句之一
INSERT	将数据插入表或视图中	
UPDATE	修改表或视图中的数据	既可修改表或视图的一行数据，也可修改一组或全部数据
DELETE	从表或视图中删除数据	可根据条件删除指定的数据

（3）数据控制语言（DCL）。用于安全管理，确定哪些用户可以查看或修改数据库中的数据，

DCL 主要语句及功能如表 5.3 所示。

表 5.3　DCL 主要语句及功能

语句	功能	说明
GRANT	授予权限	可把语句许可或对象许可的权限授予其他用户和角色
REVOKE	收回权限	与 GRANT 的功能相反，但不影响该用户或角色从其他角色中作为成员继承许可权限

为了便于用户编程，MySQL 增加了语言元素。这些语言元素包括常量、变量、运算符、系统内置函数等。本章将具体讨论如何使用 MySQL 的语言元素。

注意

每条 SQL 语句都以分号结束，并且 SQL 处理器会忽略空格、制表符和换行符等。

5.2　常量和变量

5.2.1　常量

常量指在程序运行过程中值不变的量，又称为字面值或标量值。常量的使用格式取决于值的数据类型，可分为字符串常量、数值常量、十六进制常量、时间日期常量、位列值、布尔值和 NULL 值等。

1．字符串常量

字符串常量是指用单引号或双引号标示的字符序列，分为 ASCII 字符串常量和 Unicode 字符串常量。

ASCII 字符串常量是用单引号标示的，由 ASCII 字符构成的符号串，例如：

```
'hello'
'How are you!'
```

Unicode 字符串常量与 ASCII 字符串常量相似，区别在于 Unicode 字符串常量前面有一个 N 标识符[N 代表 SQL-92 标准中的国际语言（International Language）]。N 必须为大写形式。只能用单引号标示字符串，例如：

```
N'hello'
N'How are you!'
```

Unicode 数据中的每个字符用两个字节存储，而每个 ASCII 字符用一个字节存储。

在字符串中不仅可以使用普通的字符，也可使用转义序列，它们用来表示特殊的字符，如表 5.4 所示。每个转义序列以一个反斜线（“\”）开始，指出后面的字符是转义字符，而不是普通字符。注意 NUL 字节与 NULL 值不同，NUL 为零值字节，而 NULL 代表没有值。

表 5.4　字符串转义序列

序列	含义
\0	一个 ASCII 0 （NUL）字符
\n	一个换行符
\r	一个换行符（Windows 中使用\r\n 作为新行标志）
\t	一个定位符
\b	一个退格符
\Z	一个 ASCII 26 字符（Ctrl+Z）
\'	一个单引号（“'”）

续表

序列	含义
\"	一个双引号(“"”)
\\	一个反斜线（“\”）
\%	一个“%”。它用于在正文中搜索“%”的文字实例，否则这里“%”将被解释为一个通配符
_	一个“_”。它用于在正文中搜索“_”的文字实例，否则这里“_”将被解释为一个通配符

【例 5.1】执行如下语句：

```
SELECT 'This\nis\nfour\nlines';
```

执行结果如图 5.1 所示。

其中，“\n”表示换行。

有以下几种方式可以在字符串中包括引号：

（1）在字符串内用单引号“'”引用的单引号“'”可以写成“''”（两个单引号）；

（2）在字符串内用双引号“"”引用的双引号“"”可以写成“""”（两个双引号）；

（3）可以在引号前加转义字符（“\”）；

（4）在字符串内用双引号“"”引用的单引号“'”不需要特殊处理，不需要用双字符或转义字符。同样，在字符串内用单引号“'”引用的双引号“"”也不需要特殊处理。

执行下面的语句：

```
SELECT 'hello', '"hello"', '""hello""', 'hel''lo', '\'hello';
```

注意

语句中第 4 个“hello”中间是两个单引号而不是一个双引号。

执行结果如图 5.2 所示。

```
+--------------------+
| This
is
four
lines |
+--------------------+
| This
is
four
lines |
+--------------------+
1 row in set (0.00 sec)
```

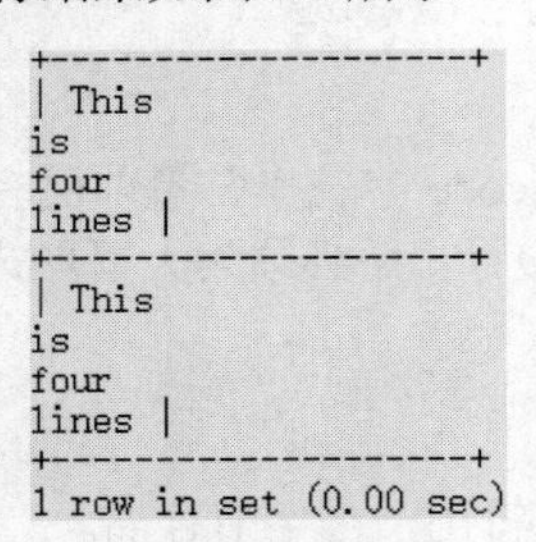

图 5.1 执行结果

```
+-------+---------+-----------+--------+--------+
| hello | "hello" | ""hello"" | hel'lo | 'hello |
+-------+---------+-----------+--------+--------+
| hello | "hello" | ""hello"" | hel'lo | 'hello |
+-------+---------+-----------+--------+--------+
1 row in set (0.00 sec)
```

图 5.2 执行结果

2. 数值常量

数值常量可以分为整数常量和浮点数常量。

整数常量即不带小数点的十进制数，例如：1894、2、+145345234、−2147483648。

浮点数常量是使用小数点的数值常量，例如：5.26、−1.39、101.5E5、0.5E−2。

3. 十六进制常量

MySQL 支持十六进制常量。一个十六进制常量通常被指定为一个字符串常量，每对十六进制数字被转换为一个字符，其前面有一个大写字母“X”或小写字母“x”。在引号中只可以使用数字“0”到“9”及字母“a”到“f”或“A”到“F”。例如：X'41'表示大写字母 A。x'4D7953514C'表示字符串 MySQL。

十六进制常量不区分大小写，其前缀“X”或“x”可以被“0x”取代而且不使用引号。即 X'41'可以被替换为 0x41，注意，“0x”中的 x 一定要小写。

十六进制常量的默认类型是字符串类型。如果想要确保该常量作为数字处理，可以使用 CAST(...AS UNSIGNED)。

执行如下语句：

```
SELECT 0x41, CAST(0x41 AS UNSIGNED);
```

执行结果如图 5.3 所示。

如果要将一个字符串或数字转换为十六进制格式的字符串，可以使用 HEX()函数。

【例 5.2】将字符串 CAT 转换为十六进制常量。

```
SELECT HEX('CAT');
```

执行结果如图 5.4 所示。

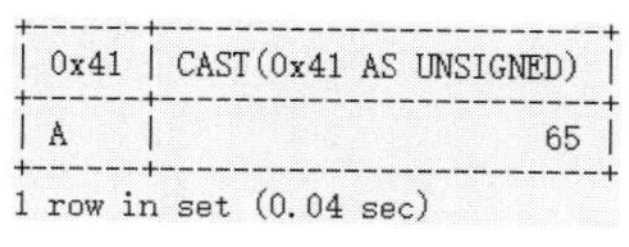

0x41	CAST(0x41 AS UNSIGNED)
A	65

1 row in set (0.04 sec)

图 5.3　执行结果

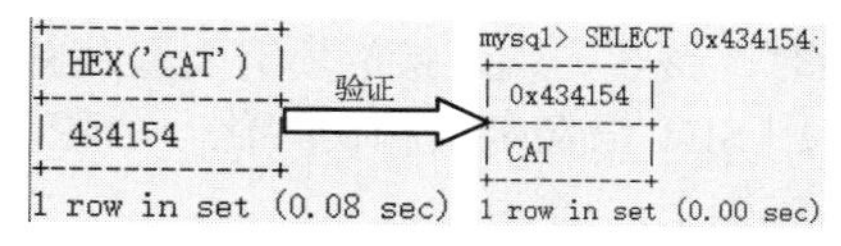

HEX('CAT')
434154

1 row in set (0.08 sec)

mysql> SELECT 0x434154;

0x434154
CAT

1 row in set (0.00 sec)

图 5.4　执行结果

十六进制常量通常用来存储图像（如.jpg）和电影（如.avi）等格式的数据。

4. 日期时间常量

日期时间常量：由使用单引号将表示日期时间的字符串括起来的形式构成。

日期型常量包括年、月、日，数据类型为 DATE，按年-月-日的顺序表示，中间的间隔符“-”也可以使用如“\”“@”或“%”等特殊符号。例如：“2024-06-17”。

时间型常量包括小时、分钟、秒及微秒数，数据类型为 TIME，按“时-分-秒. 微秒”的格式表示。例如：“12:30:43.00013”。

日期/时间的组合数据类型为 DATETIME 或 TIMESTAMP，如“2024-06-17 12:30:43”。DATETIME 中的年份为 1000～9999，而 TIMESTAMP 的年份为 1970～2037。在 TIMESTAMP 中插入带微秒的日期时间时，微秒将被忽略。TIMESTAMP 还支持时区，即在不同时区将时间转换为相应时间。

5. 位列值

b'value'符号可以用来写位列值。value 是一个用 0 和 1 写成的二进制数。直接显示 b'value'的值，显示的可能是一系列特殊的符号。例如，b'0'显示为空白，b'1'显示为一个笑脸图标。

使用 BIN 函数可以将位列值显示为二进制常量。使用 OCT 函数可以将位列值显示为数值常量。

执行下列语句：

```
SELECT BIN(b'111101'+0), OCT(b'111101'+0);
```

执行结果如图 5.5 所示。

BIN(b'111101'+0)	OCT(b'111101'+0)
111101	75

1 row in set (0.03 sec)

图 5.5　执行结果

6. 布尔值

布尔值只包含两个可能的值：TRUE 和 FALSE。FALSE 的数字值为“0”，TRUE 的数字值为“1”。

【例 5.3】获取 TRUE 和 FALSE 的值。

```
SELECT TRUE, FALSE;
```

执行结果如图 5.6 所示。

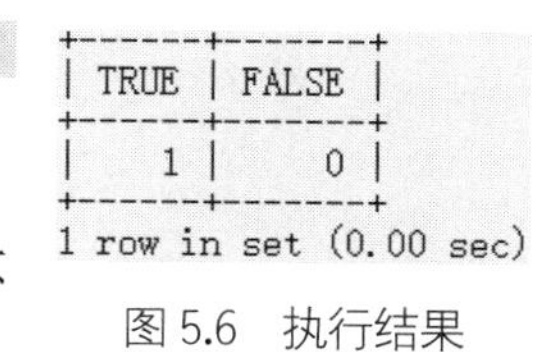

TRUE	FALSE
1	0

1 row in set (0.00 sec)

图 5.6　执行结果

7. NULL 值

NULL 值可用于各种列类型，通常用来表示“没有值”“无数据”等意义，并且不同于数字类型的“0”或字符串类型的空字符串。

5.2.2 变量

变量用于临时存放数据，变量中的数据随着程序的运行而变化，变量具有名称及数据类型两个属性。变量名用于标识该变量，变量的数据类型决定该变量存放值的格式及允许的运算。在 MySQL 中，变量可分为用户变量和系统变量。

1. 用户变量

用户可以在表达式中使用自己定义的变量，这种变量称为用户变量。

在使用用户变量前必须对其进行定义和初始化。未初始化的变量的值为 NULL。

用户变量与连接有关。也就是说，一个客户端定义的变量不能被其他客户端看到或使用。当退出客户端时，该客户端连接的所有变量将被自动释放。

可以使用 SET 语句定义和初始化一个变量。

语法格式如下：

```
SET @用户变量=expr1 [,@用户变量2= expr2 , …]
```

其中，用户变量名可以由当前字符集中的文字字符、数字字符、“.”“_”和“$”等组成。当变量名中需要包含一些特殊符号（如空格、#等）时，可以使用双引号或单引号标示整个变量。

expr 表示要赋予变量的值，可以是常量、变量或表达式。

【例 5.4】创建用户变量和查询用户变量的值。

```
SET @name='王林';
SET @user1=1, @user2=2, @user3=3;
SET @user4=@user3+1;
SELECT @name;
```

其中：

（1）创建用户变量 name 并为其赋值“王林”；

（2）创建用户变量 user1 并为其赋值 1，为 user2 赋值 2，为 user3 赋值 3；

（3）创建用户变量 user4，它的值为 user3 的值加 1；

（4）查询用户变量 name 的值。执行结果如图 5.7 所示。

```
+-------+
| @name |
+-------+
| 王林  |
+-------+
1 row in set (0.00 sec)
```

图 5.7 执行结果

在一个用户变量被创建后，它可以以一种特殊形式的表达式被用于其他 SQL 语句中。变量名前面必须加上符号@，以便与列名区分。

【例 5.5】使用查询为变量赋值。

```
USE xscj
SET @student=(SELECT 姓名 FROM xs WHERE 学号='221101');
```

【例 5.6】查询表 xs 中名字等于 student 值的学生信息。

```
SELECT 学号, 姓名, 专业名, 出生日期
    FROM xs
    WHERE 姓名=@student;
```

执行结果如图 5.8 所示。

```
+--------+------+----------+------------+
| 学号   | 姓名 | 专业名   | 出生日期   |
+--------+------+----------+------------+
| 221101 | 王林 | 计算机   | 2004-02-10 |
| 221202 | 王林 | 通信工程 | 2004-01-29 |
+--------+------+----------+------------+
2 rows in set (0.00 sec)
```

图 5.8 执行结果

在 SELECT 语句中，表达式被发送到客户端后才进行计算。这说明在 HAVING、GROUP BY 或 ORDER BY 子句中，不能使用包含 SELECT 列表中所设的变量的表达式。

对于 SET 语句，可以使用“=”或“:=”作为分配符。分配给每个变量的值可以为整数、实数、字符串或 NULL 值。

也可以用其他 SQL 语句代替 SET 语句来为用户变量分配一个值。在这种情况下，分配符必须为“:=”，而不能用“=”，因为在非 SET 语句中“=”被视为比较操作符。

【例 5.7】执行如下语句：

```
SELECT @t2:=(@t2:=2)+5  AS  t2;
```

结果 t2 的值为 7。

2．系统变量

MySQL 中有一些特定的设置，这些设置就是系统变量。与用户变量类似，系统变量也是一个值和一个数据类型，但不同的是，系统变量在 MySQL 服务器启动时就被引入并初始化为默认值。

【例 5.8】获得现在使用的 MySQL 版本号。

```
SELECT @@version;
```

执行结果如图 5.9 所示。

大多数系统变量被应用于其他 SQL 语句中时，必须在名称前加两个@符号，而为了与其他 SQL 产品保持一致，某些特定的系统变量需要省略这两个@符号。如 CURRENT_DATE（系统日期）、CURRENT_TIME（系统时间）、CURRENT_TIMESTAMP（系统日期和时间）和 CURRENT_USER（SQL 用户的名字）。

【例 5.9】获得系统当前时间。

```
SELECT CURRENT_TIME;
```

执行结果如图 5.10 所示。

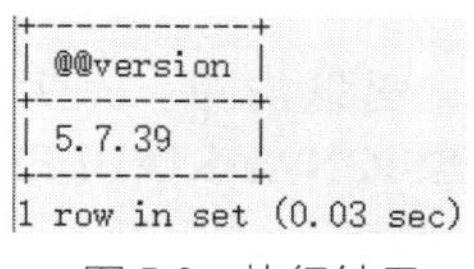

```
+-----------+
| @@version |
+-----------+
| 5.7.39    |
+-----------+
1 row in set (0.03 sec)
```

图 5.9　执行结果

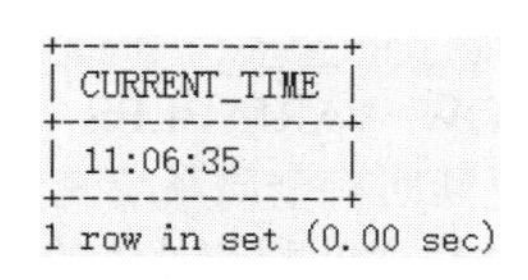

```
+--------------+
| CURRENT_TIME |
+--------------+
| 11:06:35     |
+--------------+
1 row in set (0.00 sec)
```

图 5.10　执行结果

在 MySQL 中，有些系统变量的值无法修改，例如 VERSION 和 CURRENT_DATE。而有些系统变量可以通过 SET 语句来修改，例如 SQL_WARNINGS。

SET 语句的语法格式如下：

```
SET 系统变量名 = expr
    | [GLOBAL | SESSION] 系统变量名 = expr
    | @@[global.| session.] 系统变量名 = expr
```

指定 GLOBAL 或 global.关键字的是全局系统变量。指定 SESSION 或 session.关键字的则为会话系统变量。如果在使用系统变量时不指定关键字，则默认其为会话系统变量。

（1）全局系统变量。当启动 MySQL 时，全局系统变量即被初始化，并且应用于每个启动的会话。如果使用 GLOBAL（要求 SUPER 权限）来设置系统变量，则该值被记忆，并应用于新的连接，直到服务器重新启动为止。

【例 5.10】将全局系统变量 sort_buffer_size 的值修改为 25000。

```
SET @@global.sort_buffer_size=25000;
```

如果在使用 SET GLOBAL 时使用了一个只能与 SET SESSION 同时使用的变量，或者在设置一个全局系统变量时未指定 GLOBAL（或@@），则 MySQL 会产生错误。

（2）会话系统变量。会话系统变量只适用于当前的会话。大多数会话系统变量的名称和全局系统变量的名称相同。当启动会话时，每个会话系统变量都与同名的全局系统变量的值相同。一个会话系统变量的值是可以改变的，但是这个新的值仅适用于正在运行的会话，不适用于其他会话。

【例 5.11】将当前会话的 SQL_WARNINGS 系统变量设置为 ON。

```
SET @@SQL_WARNINGS = ON;
```

这个系统变量表示如果不正确的数据通过一条 INSERT 语句被添加到一个表中，MySQL 是否应该返回一条警告。默认情况下，该变量被设置为 OFF，设置为 ON 表示返回警告。

【例 5.12】对于当前会话，把系统变量 SQL_SELECT_LIMIT 的值设置为 10。这个变量决定了 SELECT 语句的结果集中的最大行数。

```
SET @@SESSION.SQL_SELECT_LIMIT=10;
SELECT @@LOCAL.SQL_SELECT_LIMIT;
```

执行结果如图 5.11 所示。

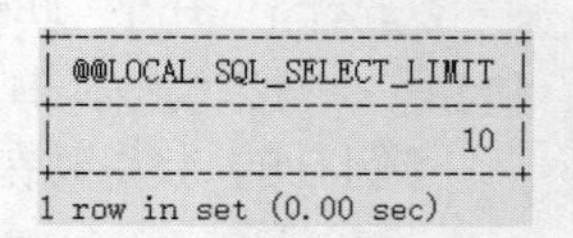

```
+--------------------------+
| @@LOCAL.SQL_SELECT_LIMIT |
+--------------------------+
|                       10 |
+--------------------------+
1 row in set (0.00 sec)
```

图 5.11 执行结果

在这个例子中，关键字 SESSION 放在系统变量的名称前面（SESSION 和 LOCAL 可以通用）。这明确地表示会话系统变量 SQL_SELECT_LIMIT 的值与 SET 语句指定的值保持一致。但是，名为 SQL_SELECT_LIMIT 的全局系统变量的值仍然不变。同理，如果改变了全局系统变量的值，同名的会话系统变量的值也会保持不变。

MySQL 对于大多数系统变量都有默认值。当数据库服务器启动时，将使用这些默认值。

如果要将一个系统变量值设置为 MySQL 默认值，可以使用 DEFAULT 关键字。

【例 5.13】把 SQL_SELECT_LIMIT 的值恢复为默认值。

```
SET @@LOCAL.SQL_SELECT_LIMIT=DEFAULT;
```

用户使用 SHOW VARIABLES 语句可以得到系统变量清单，使用 SHOW GLOBAL VARIABLES 可以返回所有全局系统变量，使用 SHOW SESSION VARIABLES 可以返回所有会话系统变量。要获得与样式匹配的具体的变量名称或名称清单，需使用 LIKE 子句；要得到名称与样式匹配的变量的清单，需使用通配符“%”。

【例 5.14】得到系统变量清单。

```
SHOW VARIABLES;
SHOW VARIABLES LIKE 'max_join_size';
SHOW GLOBAL VARIABLES LIKE 'max_join_size';
SHOW VARIABLES LIKE 'character%';
```

5.3 运算符与表达式

MySQL 提供如下几类运算符：算术运算符、比较运算符、逻辑运算符、位运算符。通过运算符可以连接运算量构成表达式。

5.3.1 算术运算符

使用算术运算符可在表达式中执行数学运算，这些表达式的类型可以是任何数字类型。算术运算符有+（加）、–（减）、*（乘）、/（除）和%（求模）等 5 种。

（1）“+”运算符。“+”运算符用于获得两个或多个值的和：

```
SELECT 1.2+3.09345, 0.00000000001+0.00000000001;
```

执行结果如图 5.12 所示。

（2）“–”运算符。“–”运算符用于从一个值中减去另一个值，并可以更改参数符号：

```
SELECT 200-201, 0.14-0.1, -2, -23.4;
```

执行结果如图5.13所示。

```
+-------------+-------------------------------+
| 1.2+3.09345 | 0.00000000001+0.00000000001 |
+-------------+-------------------------------+
|     4.29345 |                 0.00000000002 |
+-------------+-------------------------------+
1 row in set (0.02 sec)
```

图5.12 执行结果

```
+---------+----------+----+-------+
| 200-201 | 0.14-0.1 | -2 | -23.4 |
+---------+----------+----+-------+
|      -1 |     0.04 | -2 | -23.4 |
+---------+----------+----+-------+
1 row in set (0.02 sec)
```

图5.13 执行结果

若该运算符与BIGINT同时使用，则返回值也是一个BIGINT。这意味着在可能产生-263的整数运算中，应当避免使用减号“-”，否则会出现错误。

“+”和“-”运算符还可用于对日期时间值（如DATETIME）进行算术运算。例如：

```
SELECT '2024-01-20'+ INTERVAL 22 DAY;
```

执行结果如图5.14所示。

INTERVAL关键字后面跟一个时间间隔，22 DAY表示在当前的日期基础上加22天。当前日期为2024-01-20，加22天后的日期为2024-02-11。

（3）“*”运算符。“*”运算符用来获得两个或多个值的乘积：

```
SELECT 5*12,5*0, -11.2*8.2, -19530415*-19540319;
```

执行结果如图5.15所示。

```
+------------------------------+
| '2024-01-20'+ INTERVAL 22 DAY |
+------------------------------+
| 2024-02-11                   |
+------------------------------+
1 row in set (0.02 sec)
```

图5.14 执行结果

```
+------+-----+-----------+---------------------+
| 5*12 | 5*0 | -11.2*8.2 | -19530415*-19540319 |
+------+-----+-----------+---------------------+
|   60 |   0 |    -91.84 |     381630539302385 |
+------+-----+-----------+---------------------+
1 row in set (0.00 sec)
```

图5.15 执行结果

（4）“/”运算符。“/”运算符用来获得一个值除以另一个值得到的商：

```
SELECT 12/2,1.6/-0.1,23/7,23.00/7.00000,1/0;
```

执行结果如图5.16所示。

```
+--------+-----------+--------+----------------+------+
| 12/2   | 1.6/-0.1  | 23/7   | 23.00/7.00000  | 1/0  |
+--------+-----------+--------+----------------+------+
| 6.0000 | -16.00000 | 3.2857 |       3.285714 | NULL |
+--------+-----------+--------+----------------+------+
1 row in set, 1 warning (0.02 sec)
```

图5.16 执行结果

显然，除以零的除法是不允许的，如果这样做，MySQL会返回NULL。

（5）“%”运算符。“%”运算符用来获得一个或多个除法运算的余数：

```
SELECT 12%5, -32%7,3%0;
```

执行结果如图5.17所示。

与“/”运算符相同，“%0”的结果也是NULL。

在运算过程中，用字符串表示的数字可以自动地转换为字符串。当执行转换时，如果字符串的第一位是数字，该字符串将转换为这个数字的值，否则将转换为零。

例如：

```
SELECT '80AA'+'1', 'AA80'+1,'10x' * 2 * 'qwe';
```

执行结果如图5.18所示。

```
+------+-------+------+
| 12%5 | -32%7 | 3%0  |
+------+-------+------+
|    2 |    -4 | NULL |
+------+-------+------+
1 row in set, 1 warning (0.00 sec)
```

图 5.17　执行结果

```
+-------------+-----------+---------------------+
| '80AA'+'1'  | 'AA80'+1  | '10x' * 2 * 'qwe'   |
+-------------+-----------+---------------------+
|          81 |         1 |                   0 |
+-------------+-----------+---------------------+
1 row in set, 4 warnings (0.03 sec)
```

图 5.18　执行结果

5.3.2　比较运算符

比较运算符（又称关系运算符），用于比较运算符两边的值，其运算结果为逻辑值，逻辑值可以为以下3种之一：1（真）、0（假）及NULL（不确定）。表5.5列出了在MySQL中可以使用的各种比较运算符。

表 5.5　比较运算符

运算符	含义	运算符	含义
=	等于	<=	小于等于
>	大于	<>、!=	不等于
<	小于	<=>	相等或都等于空
>=	大于等于		

比较运算符可以用于比较数字和字符串。数字作为浮点值进行比较，而字符串以不区分大小写的方式进行比较（除非使用特殊的BINARY关键字）。前面已经介绍了在运算过程中MySQL能够自动地把数字转换为字符串，而在比较运算过程中，MySQL能够自动地把字符串转换为数字。

下面这个例子说明了在不同的情况下MySQL以不同的方式处理数字和字符串。

【例5.15】执行下列语句：

```
SELECT 5 = '5ab','5'='5ab';
```

执行结果如图5.19所示。

```
+------------+-----------+
| 5 = '5ab'  | '5'='5ab' |
+------------+-----------+
|          1 |         0 |
+------------+-----------+
1 row in set, 1 warning (0.00 sec)
```

图 5.19　执行结果

（1）“=”运算符。“=”运算符用于比较运算符的两边是否相等，也可以用于对字符串进行比较，示例如下：

```
SELECT 3.14=3.142,5.12=5.120, 'a'='A','A'='B','apple'='banana';
```

执行结果如图5.20所示。

```
+------------+------------+---------+---------+------------------+
| 3.14=3.142 | 5.12=5.120 | 'a'='A' | 'A'='B' | 'apple'='banana' |
+------------+------------+---------+---------+------------------+
|          0 |          1 |       1 |       0 |                0 |
+------------+------------+---------+---------+------------------+
1 row in set (0.00 sec)
```

图 5.20　执行结果

注意　因为在默认情况下MySQL以不区分大小写的方式比较字符串，所以表达式'a'='A'的结果为1。如果想执行区分大小写的比较，可以添加BINARY关键字，这意味着对字符串以二进制方式进行处理。当在字符串上执行比较运算时，MySQL将区分字符串的大小写。

使用BINARY关键字示例如下：

```
SELECT 'Apple'='apple' , BINARY 'Apple'='apple';
```

执行结果如图5.21所示。

（2）“<>”运算符。与“=”运算符相对立的是“<>”运算符，它用来检测运算符的两边是否不相等，如果不相等则返回1，相等则返回0，示例如下：

```
SELECT 5<>5,5<>6,'a'<>'a','5a'<>'5b';
```

执行结果如图 5.22 所示。

```
+-----------------+---------------------------+
| 'Apple'='apple' | BINARY 'Apple'='apple'    |
+-----------------+---------------------------+
|               1 |                         0 |
+-----------------+---------------------------+
1 row in set (0.03 sec)
```

图 5.21　执行结果

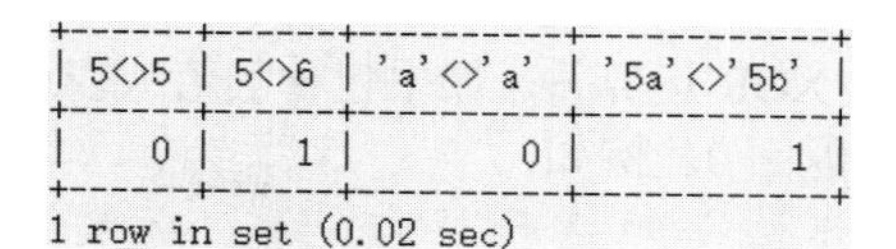

```
+------+------+----------+-------------+
| 5<>5 | 5<>6 | 'a'<>'a' | '5a'<>'5b'  |
+------+------+----------+-------------+
|    0 |    1 |        0 |           1 |
+------+------+----------+-------------+
1 row in set (0.02 sec)
```

图 5.22　执行结果

又如：

```
SELECT NULL<>NULL, 0<>NULL, 0<>0;
```

执行结果如图 5.23 所示。

（3）“<=”“>=”“<”和“>”运算符。“<=”“>=”“<”“>”运算符用来比较运算符的左边是小于或等于、大于或等于、小于还是大于运算符的右边，示例如下：

```
SELECT 10>10, 10>9, 10<9, 3.14>3.142;
```

执行结果如图 5.24 所示。

```
+------------+---------+------+
| NULL<>NULL | 0<>NULL | 0<>0 |
+------------+---------+------+
|       NULL |    NULL |    0 |
+------------+---------+------+
1 row in set (0.00 sec)
```

图 5.23　执行结果

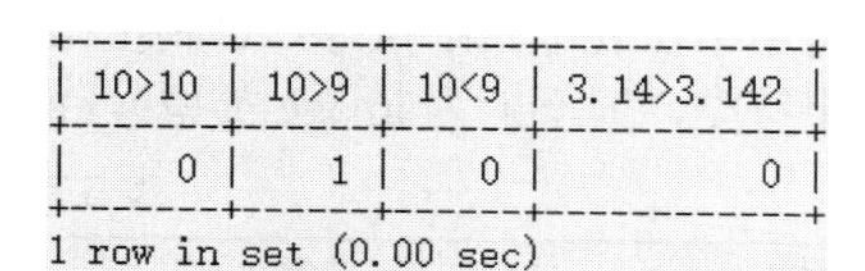

```
+-------+------+------+------------+
| 10>10 | 10>9 | 10<9 | 3.14>3.142 |
+-------+------+------+------------+
|     0 |    1 |    0 |          0 |
+-------+------+------+------------+
1 row in set (0.00 sec)
```

图 5.24　执行结果

5.3.3　逻辑运算符

逻辑运算符用于对某个条件进行测试，运算结果为 TRUE（1）或 FALSE（0）。MySQL 提供的逻辑运算符如表 5.6 所示。

表 5.6　逻辑运算符

运算符	运算规则	运算符	运算规则
NOT 或!	逻辑非	OR 或||	逻辑或
AND 或&&	逻辑与	XOR	逻辑异或

（1）NOT 运算符。逻辑运算符中较简单的是 NOT 运算符，它对紧随其后的逻辑测试判断取反，把真变假，把假变真。例如：

```
SELECT NOT 1,NOT 0,NOT(1=1),NOT(10>9);
```

执行结果如图 5.25 所示。

（2）AND 运算符。AND 运算符用于测试两个或更多的值（或表达式求值）的有效性，如果它的所有成分为真，并且不是 NULL，则返回 1，否则返回 0。例如：

```
SELECT (1=1) AND (9>10),('a'='a') AND ('c'<'d');
```

执行结果如图 5.26 所示。

```
+-------+-------+----------+-----------+
| NOT 1 | NOT 0 | NOT(1=1) | NOT(10>9) |
+-------+-------+----------+-----------+
|     0 |     1 |        0 |         0 |
+-------+-------+----------+-----------+
1 row in set (0.05 sec)
```

图 5.25　执行结果

```
+------------------+-------------------------+
| (1=1) AND (9>10) | ('a'='a') AND ('c'<'d') |
+------------------+-------------------------+
|                0 |                       1 |
+------------------+-------------------------+
1 row in set (0.00 sec)
```

图 5.26　执行结果

（3）OR 运算符。如果包含的值或表达式有一个为真，并且不是 NULL（不需要所有成分为真），则返回 1，若全为假则返回 0。例如：

```
SELECT (1=1) OR (9>10),('a'='b') OR (1>2);
```

执行结果如图 5.27 所示。

（4）XOR 运算符。如果包含的值或表达式一个为真，而另一个为假并且不是 NULL，则返回 1，否则返回 0。例如：

```
SELECT (1=1) XOR (2=3),(1<2) XOR (9<10);
```

执行结果如图 5.28 所示。

```
+-----------------+-------------------+
| (1=1) OR (9>10) | ('a'='b') OR (1>2) |
+-----------------+-------------------+
|               1 |                 0 |
+-----------------+-------------------+
1 row in set (0.00 sec)
```

图 5.27　执行结果

```
+-----------------+-------------------+
| (1=1) XOR (2=3) | (1<2) XOR (9<10) |
+-----------------+-------------------+
|               1 |                 0 |
+-----------------+-------------------+
1 row in set (0.02 sec)
```

图 5.28　执行结果

5.3.4　位运算符

位运算符用于在表达式中执行二进制位操作，这些表达式的类型可为整型或与整型兼容的数据类型（如字符型，但不能为 image 类型），位运算符如表 5.7 所示。

表 5.7　位运算符

运算符	运算规则	运算符	运算规则
&	位 AND	~	位取反
|	位 OR	>>	位右移
^	位 XOR	<<	位左移

（1）“|”运算符和“&”运算符。“|”运算符用于执行一个位的或操作，而“&”用于执行一个位的与操作。例如：

```
SELECT 13|28, 3|4,13&28, 3&4;
```

执行结果如图 5.29 所示。

本例中 13|28 表示按 13 和 28 的二进制位按位进行或（OR）操作。

（2）“<<”“>>”运算符。“<<”“>>”运算符分别用于向左和向右移动位，例如：

```
SELECT 1<<7,64>>1;
```

执行结果如图 5.30 所示。

```
+-------+-----+-------+-----+
| 13|28 | 3|4 | 13&28 | 3&4 |
+-------+-----+-------+-----+
|    29 |   7 |    12 |   0 |
+-------+-----+-------+-----+
1 row in set (0.00 sec)
```

图 5.29　执行结果

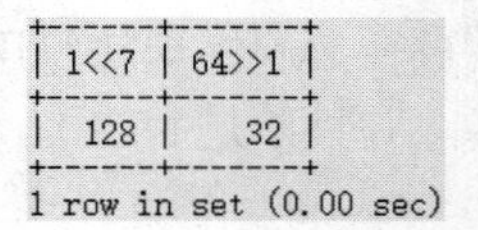

```
+------+------+
| 1<<7 | 64>>1 |
+------+------+
|  128 |   32 |
+------+------+
1 row in set (0.00 sec)
```

图 5.30　执行结果

本例中 1 的二进制位向左移动 7 位，最后得到的十进制数为 128。64 的二进制位向右移动 1 位，最后得到的十进制数为 32。

（3）“^”运算符。“^”运算符用于执行位异或（XOR）操作：

```
SELECT 1^0,12^5,123^23;
```

执行结果如图 5.31 所示。

（4）“～”运算符。“～”运算符用于执行位取反操作，并返回 64 位整型结果：

```
SELECT ~18446744073709551614,~1;
```

执行结果如图 5.31 所示。

```
+-----+------+--------+
| 1^0 | 12^5 | 123^23 |
+-----+------+--------+
|   1 |    9 |    108 |
+-----+------+--------+
1 row in set (0.00 sec)
```

图 5.31 执行结果

```
+-----------------------+----------------------+
| ~18446744073709551614 | ~1                   |
+-----------------------+----------------------+
|                     1 | 18446744073709551614 |
+-----------------------+----------------------+
1 row in set (0.00 sec)
```

图 5.32 执行结果

另外，MySQL 提供的常用的运算符（如 BETWEEN 运算符、IN 运算符、IS NULL 和 IS NOT NULL 运算符、LIKE 运算符、REGEXP 运算符等）在 SELECT 语句 WHERE 子句中已经做过介绍，这里不再展开讨论。

5.3.5 运算符优先级

当一个复杂的表达式中有多个运算符时，运算符优先级决定执行运算的先后次序。执行的次序有时会影响运算结果。运算符优先级如表 5.8 所示。

表 5.8 运算符优先级

运算符	优先级	运算符	优先级
+（正）、-（负）、～（位取反）	1	NOT	6
*（乘）、/（除）、%（求模）	2	AND	7
+（加）、-（减）	3	ALL、ANY、BETWEEN、IN、LIKE、OR、SOME	8
=、>、<、>=、<=、<>、!=、!>、!<（比较运算符）	4	=（赋值）	9
^（位异或）、&（位与）、|（位或）	5		

在一个表达式中按先高（优先级数字小）后低（优先级数字大）的优先级顺序进行运算。当一个表达式中的两个运算符有相同的优先级时，根据它们在表达式中的位置进行运算，一般而言，一元运算符按从右向左的顺序运算，二元运算符按从左到右的顺序进行运算。

表达式中可使用括号改变运算符的优先级，先对括号内的表达式求值，然后在对括号外的运算符进行运算时使用该值。若表达式中有嵌套的括号，则首先对嵌套最深的表达式求值。

5.3.6 表达式

（1）表达式是常量、变量、列名、运算符和函数的组合。对一个表达式求值，通常可以得到一个值。与常量和变量相同，表达式的值也具有某种数据类型，可能的数据类型有字符类型、数值类型、日期时间类型等。根据表达式的值的类型，表达式可分为字符型表达式、数值型表达式和日期时间型表达式等。

（2）表达式还可以根据值的复杂性来分类。

① 当表达式的结果只是一个值，如一个数值、一个单词或一个日期，这种表达式叫作标量表达式。例如：1+2、'a'>'b'。

② 当表达式的结果是由不同类型数据组成的一行值，这种表达式叫作行表达式。

例如：

```
学号,'王林','计算机',15*10
```

当学号列的值为 221101 时，行表达式的值为：

```
'221101','王林','计算机',150
```

③ 若表达式的结果为 0 个、1 个或多个行表达式的集合，则该表达式叫作表表达式。

（3）表达式按照形式还可分为单一表达式和复合表达式。单一表达式就是一个单一的值，如一个常量或列名。复合表达式是由运算符将两个或多个单一表达式连接而成的表达式，例如：

```
1+2+3,a=b+3,'2028-01-20'+ INTERVAL 2MONTH
```

表达式一般用在 SELECT 语句及 SELECT 语句的 WHERE 子句中。

5.4 系统内置函数

在设计 MySQL 数据库程序时，经常要调用系统提供的内置函数。这些函数使用户能够很容易地对表中的数据进行操作，开发者可以使用较少的代码进行复杂的操作，这也是 MySQL 流行的重要原因之一。

本节将概述 MySQL 的各种系统内置函数，这些函数可分为以下几组。

5.4.1 数学函数

数学函数用于执行一些比较复杂的算术操作。若发生错误，所有的数学函数都会返回 NULL。下面对一些常用的数学函数进行举例。

（1）GREATEST()函数和 LEAST()函数。GREATEST()函数和 LEAST()函数的功能分别是获得一组数中的最大值和最小值，例如：

```
SELECT GREATEST(10,9,128,1),LEAST(1,2,3);
```

执行结果如图 5.33 所示。

数学函数还可以嵌套使用，例如：

```
SELECT GREATEST(-2,LEAST(0,3)),LEAST(1,GREATEST(1,2));
```

执行结果如图 5.34 所示。

```
+----------------------+--------------+
| GREATEST(10,9,128,1) | LEAST(1,2,3) |
+----------------------+--------------+
|                  128 |            1 |
+----------------------+--------------+
1 row in set (0.00 sec)
```

图 5.33 执行结果

```
+-------------------------+-------------------------+
| GREATEST(-2,LEAST(0,3)) | LEAST(1,GREATEST(1,2))  |
+-------------------------+-------------------------+
|                       0 |                       1 |
+-------------------------+-------------------------+
1 row in set (0.00 sec)
```

图 5.34 执行结果

注意

MySQL 不允许函数名和括号之间有空格。

（2）FLOOR()函数和 CEILING()函数。FLOOR()函数用于获得小于一个数的最大整数值，CEILING()函数用于获得大于一个数的最小整数值，例如：

```
SELECT FLOOR(-1.2),CEILING(-1.2),FLOOR(9.9),CEILING(9.9);
```

执行结果如图 5.35 所示。

```
+-------------+---------------+------------+-------------+
| FLOOR(-1.2) | CEILING(-1.2) | FLOOR(9.9) | CEILING(9.9)|
+-------------+---------------+------------+-------------+
|          -2 |            -1 |          9 |          10 |
+-------------+---------------+------------+-------------+
1 row in set (0.00 sec)
```

图 5.35 执行结果

（3）ROUND()函数和 TRUNCATE()函数。ROUND()函数用于获得一个数经四舍五入后的整数值，例如：

```
SELECT ROUND(5.1),ROUND(25.501),ROUND(9.8);
```

执行结果如图 5.36 所示。

TRUNCATE()函数用于把一个数字截取为一个指定小数位数的数字，逗号后面的数字表示指定小数的位数，例如：

```
SELECT TRUNCATE(1.54578,2),TRUNCATE(-76.12,5);
```

执行结果如图 5.37 所示。

```
+----------+--------------+-----------+
| ROUND(5.1) | ROUND(25.501) | ROUND(9.8) |
+----------+--------------+-----------+
|        5 |           26 |        10 |
+----------+--------------+-----------+
1 row in set (0.00 sec)
```

图 5.36　执行结果

```
+---------------------+--------------------+
| TRUNCATE(1.54578,2) | TRUNCATE(-76.12,5) |
+---------------------+--------------------+
|                1.54 |          -76.12000 |
+---------------------+--------------------+
1 row in set (0.00 sec)
```

图 5.37　执行结果

（4）ABS()函数。ABS()函数用来获得一个数的绝对值，例如：

```
SELECT ABS(-878),ABS(-8.345);
```

执行结果如图 5.38 所示。

```
+-----------+-------------+
| ABS(-878) | ABS(-8.345) |
+-----------+-------------+
|       878 |       8.345 |
+-----------+-------------+
1 row in set (0.00 sec)
```

图 5.38　执行结果

（5）SIGN()函数。SIGN()函数用于表示数字的符号，返回的结果是 1（正数）、–1（负数）或者 0（零），例如：

```
SELECT SIGN(-2),SIGN(2),SIGN(0);
```

执行结果如图 5.39 所示。

（6）SQRT()函数。SQRT()函数用于返回一个数的平方根，例如：

```
SELECT SQRT(25),SQRT(15),SQRT(1);
```

执行结果如图 5.40 所示。

```
+----------+---------+---------+
| SIGN(-2) | SIGN(2) | SIGN(0) |
+----------+---------+---------+
|       -1 |       1 |       0 |
+----------+---------+---------+
1 row in set (0.00 sec)
```

图 5.39　执行结果

```
+----------+-------------------+---------+
| SQRT(25) | SQRT(15)          | SQRT(1) |
+----------+-------------------+---------+
|        5 | 3.872983346207417 |       1 |
+----------+-------------------+---------+
1 row in set (0.00 sec)
```

图 5.40　执行结果

（7）POW()函数。POW()函数用于指数计算，以一个数作为另外一个数的指数，并返回结果，例如：

```
SELECT POW(2,2),POW(10, -2),POW(0,3);
```

执行结果如图 5.41 所示。

说明

第一个函数表示 2 的 2 次方，第二个函数表示 10 的–2 次方。

（8）SIN()函数、COS()函数和 TAN()函数。SIN()函数、COS()函数和 TAN()函数分别用于返回一个角度（弧度）的正弦值、余弦值和正切值，例如：

```
SELECT SIN(1),COS(1),TAN(RADIANS(45));
```

执行结果如图 5.42 所示。

```
+----------+-------------+----------+
| POW(2,2) | POW(10, -2) | POW(0,3) |
+----------+-------------+----------+
|        4 |        0.01 |        0 |
+----------+-------------+----------+
1 row in set (0.00 sec)
```

图 5.41　执行结果

```
+--------------------+--------------------+--------------------+
| SIN(1)             | COS(1)             | TAN(RADIANS(45))   |
+--------------------+--------------------+--------------------+
| 0.8414709848078965 | 0.5403023058681398 | 0.9999999999999999 |
+--------------------+--------------------+--------------------+
1 row in set (0.02 sec)
```

图 5.42　执行结果

（9）ASIN()函数、ACOS()函数和 ATAN()函数。ASIN()函数、ACOS()函数和 ATAN()函数分别用于返回一个角度（弧度）的反正弦、反余弦和反正切值，例如：

```
SELECT ASIN(1),ACOS(1),ATAN(DEGREES(45));
```

执行结果如图 5.43 所示。

如果使用的是角度而不是弧度，可以使用 DEGREES()和 RADIANS()函数进行转换。

（10）BIN()函数、OTC()函数和 HEX()函数。BIN()函数、OTC()函数和 HEX()函数分别用于返回一个数的二进制值、八进制值和十六进制值，这个值作为字符串返回，例如：

```
SELECT BIN(2),OCT(12),HEX(80);
```

执行结果如图 5.44 所示。

```
+--------------------+---------+--------------------+
| ASIN(1)            | ACOS(1) | ATAN(DEGREES(45))  |
+--------------------+---------+--------------------+
| 1.5707963267948966 |       0 | 1.570408475869457  |
+--------------------+---------+--------------------+
1 row in set (0.00 sec)
```

图 5.43　执行结果

```
+--------+---------+---------+
| BIN(2) | OCT(12) | HEX(80) |
+--------+---------+---------+
| 10     | 14      | 50      |
+--------+---------+---------+
1 row in set (0.00 sec)
```

图 5.44　执行结果

5.4.2　聚合函数

聚合函数常用于对一组值进行计算，然后返回单个值。通过把聚合函数（如 COUNT()函数和 SUM()函数）添加到带有一个 GROUP BY 子句的 SELECT 语句块中，即可聚合数据。聚合意味着求和、平均值、频次及子和等，而不是单个的值。有关聚合函数的内容请参考 SELECT 语句介绍（3.1 节），这里不再讨论。

5.4.3　字符串函数

MySQL 中有一套为操作字符串而设计的函数。在字符串函数中，包含的字符串必须要用单引号标示。下面对一些重要的字符串函数进行介绍。

（1）ASCII()函数。语法格式如下：

```
ASCII (char)
```

返回字符表达式左端字符的 ASCII 值。参数 char 为字符型的表达式，返回值类型为整型。

【例 5.16】返回字母 A 的 ASCII 值。

```
SELECT ASCII('A');
```

执行结果如图 5.45 所示。

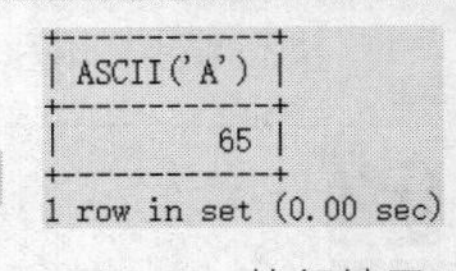

```
+------------+
| ASCII('A') |
+------------+
|         65 |
+------------+
1 row in set (0.00 sec)
```

图 5.45　执行结果

（2）CHAR()函数。语法格式如下：

```
CHAR (x1,x2,x3,…)
```

将 x1,x2,x3,…的 ASCII 值转换为字符，将结果组合成一个字符串。参数 x1,x2,x3,…为 0～255 的整数，返回值类型为字符型。

【例 5.17】返回 ASCII 值为 65、66、67 的字符，并将其组成一个字符串。

```
SELECT CHAR(65,66,67);
```

执行结果如图 5.46 所示。

```
+----------------+
| CHAR(65,66,67) |
+----------------+
| ABC            |
+----------------+
1 row in set (0.00 sec)
```

图 5.46　执行结果

（3）LEFT()函数和 RIGHT()函数。语法格式如下：

```
LEFT | RIGHT ( str ,x )
```

分别用于返回从字符串 str 左边和右边指定的 x 个字符。

【例 5.18】返回 kc 表中课程名列中左边的 3 个字符。

```
USE xscj
SELECT LEFT(课程名, 3)
FROM kc;
```

执行结果如图 5.47 所示。

```
+-------------------+
| LEFT(课程名, 3)    |
+-------------------+
| 计算机             |
| 程序设             |
| 离散数             |
| 数据结             |
| 操作系             |
| 计算机             |
| 数据库             |
| 计算机             |
| 软件工             |
+-------------------+
9 rows in set (0.07 sec)
```

图 5.47　执行结果

（4）TRIM()函数、LTRIM()函数和 RTRIM()函数。语法格式如下：

```
TRIM | LTRIM | RTRIM(str)
```

LTRIM()函数和 RTRIM()函数分别用于删除字符串中前面的空格和尾部的空格，返回值为字符串。参数 str 为字符型表达式，返回值类型为 varchar。

TRIM()函数用于删除字符串首部和尾部的所有空格。

【例 5.19】执行如下语句：

```
SELECT TRIM(' MySQL  ');
```

执行结果如图 5.48 所示。

（5）RPAD()函数和 LPAD()函数。语法格式如下：

```
RPAD | LPAD( str, n, pad)
```

使用 RPAD()函数和 LPAD()函数意味着分别用字符串 pad 对字符串 str 的右边和左边进行填补，直至 str 中的字符数目达到 *n* 个，最后返回填补后的字符串。若 str 中的字符数目大于 *n*，则返回 str 的前 *n* 个字符。

【例 5.20】执行如下语句：

```
SELECT RPAD('中国梦',8, '!'),lpad('welcome',10, '*');
```

执行结果如图 5.49 所示。

```
+--------------------+
| TRIM('  MySQL  ')  |
+--------------------+
| MySQL              |
+--------------------+
1 row in set (0.00 sec)
```

图 5.48　执行结果

```
+-----------------------+---------------------------+
| RPAD('中国梦',8, '!')  | lpad('welcome',10, '*')   |
+-----------------------+---------------------------+
| 中国梦!!!!!            | ***welcome                |
+-----------------------+---------------------------+
1 row in set (0.00 sec)
```

图 5.49　执行结果

（6）REPLACE()函数。语法格式如下：

```
REPLACE (str1 , str2 , str3 )
```

REPLACE()函数的作用是使用字符串 str3 替换 str1 中出现的所有字符串 str2，最后返回替换完成的字符串。

【例 5.21】执行如下语句：

```
SELECT REPLACE('WELCOME to CHINA', 'o', 'K');
```

执行结果如图 5.50 所示。

（7）CONCAT()函数。语法格式如下：

```
CONCAT(s1,s2,…sn)
```

CONCAT()函数用于连接指定的两个或多个字符串。

【例 5.22】执行如下语句：

```
SELECT CONCAT('中国梦', '我的梦');
```

执行结果如图 5.51 所示。

```
+-------------------------------------+
| REPLACE('WELCOME to CHINA', 'o', 'K') |
+-------------------------------------+
| WELCOME tK CHINA                    |
+-------------------------------------+
1 row in set (0.00 sec)
```

图 5.50　执行结果

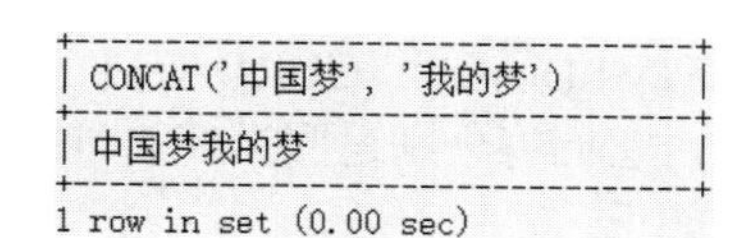

```
+---------------------------+
| CONCAT('中国梦', '我的梦')  |
+---------------------------+
| 中国梦我的梦                |
+---------------------------+
1 row in set (0.00 sec)
```

图 5.51　执行结果

（8）SUBSTRING()函数。语法格式如下：

```
SUBSTRING (expression , Start, Length )
```

用于返回 expression 中指定的部分数据。参数 expression 可为字符串、二进制字符串、text、image 列或表达式等。Start、Length 均为整型数据，前者用于指定子串的开始位置，后者用于指定子串的长度（要返回字节数）。如果 expression 类型是字符类型和二进制类型，则返回值类型与

expression 的类型相同。如果 expression 为 text 类型，则返回 varchar 类型。

【例 5.23】以下程序用于在一列中返回 xs 表中所有女学生的姓氏，在另一列中返回其名字。

```
USE xscj
SELECT SUBSTRING(姓名, 1,1) AS 姓, SUBSTRING(姓名, 2, LENGTH(姓名)- 1) AS 名
    FROM xs
    WHERE 性别=0
    ORDER BY 姓名;
```

执行结果如图 5.52 所示。

LENGTH()函数的作用是返回一个字符串的长度。

（9）STRCMP()函数。语法格式如下：

```
STRCMP(s1,s2)
```

STRCMP()函数用于比较两个字符串，s1 与 s2 相等返回 0，s1 大于 s2 返回 1，s1 小于 s2 返回–1。

【例 5.24】执行如下语句：

```
SELECT STRCMP('A', 'A'), STRCMP('ABC', 'OPQ'),STRCMP('T', 'B');
```

执行结果如图 5.53 所示。

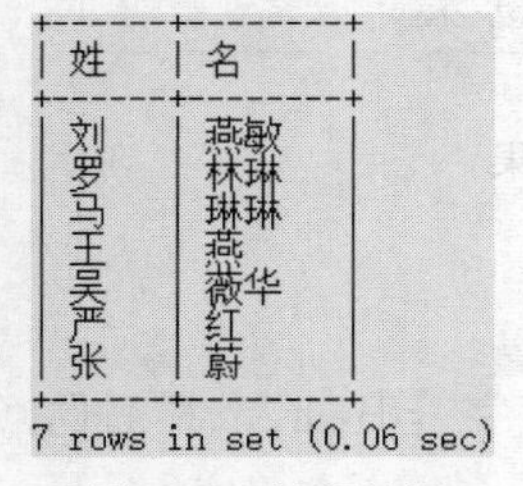

```
+----+--------+
| 姓 | 名     |
+----+--------+
| 刘 | 燕敏   |
| 罗 | 林琳   |
| 马 | 琳琳   |
| 王 | 燕     |
| 吴 | 薇华   |
| 严 | 红     |
| 张 | 蔚     |
+----+--------+
7 rows in set (0.06 sec)
```

图 5.52　执行结果

```
+-----------------+---------------------+-----------------+
| STRCMP('A', 'A') | STRCMP('ABC', 'OPQ') | STRCMP('T', 'B') |
+-----------------+---------------------+-----------------+
|               0 |                  -1 |               1 |
+-----------------+---------------------+-----------------+
1 row in set (0.00 sec)
```

图 5.53　执行结果

5.4.4　日期和时间函数

MySQL 中有很多日期和时间类型数据，因此也有相当多的用于操作日期和时间类型数据的函数。下面介绍几个比较重要的函数。

（1）NOW()函数。使用 NOW()函数可以获得当前的日期和时间，它以“YYYY-MM-DD HH：MM：SS”的格式返回当前的日期和时间。

语法格式如下：

```
SELECT NOW();
```

（2）CURTIME()函数和 CURDATE()函数。CURTIME()函数和 CURDATE()函数比 NOW()函数更为具体化，它们将分别返回当前的时间和日期，没有参数。

语法格式如下：

```
SELECT CURTIME(),CURDATE();
```

（3）YEAR()函数。YEAR()函数用于分析一个日期值并返回其中关于年的部分，例如：

```
SELECT YEAR(20080512142800),YEAR('1982-11-02');
```

执行结果如图 5.54 所示。

（4）MOTNTH()函数和 MONTHNAME()函数。MOTNTH()函数和 MONTHNAME()函数分别用于以数值和字符串的格式返回表示月的部分，例如：

```
SELECT MONTH(20080512142800),MONTHNAME('1982-11-02');
```

执行结果如图 5.55 所示。

```
+----------------------+--------------------+
| YEAR(20080512142800) | YEAR('1982-11-02') |
+----------------------+--------------------+
|                 2008 |               1982 |
+----------------------+--------------------+
1 row in set (0.00 sec)
```

图 5.54 执行结果

```
+-----------------------+-------------------------+
| MONTH(20080512142800) | MONTHNAME('1982-11-02') |
+-----------------------+-------------------------+
|                     5 | November                |
+-----------------------+-------------------------+
1 row in set (0.00 sec)
```

图 5.55 执行结果

（5）DAYOFYEAR()函数、DAYOFWEEK()函数和 DAYOFMONTH()函数。DAYOFYEAR()函数、DAYOFWEEK()函数和 DAYOFMONTH()函数分别用于返回某一天在一年、一星期及一个月中的序数，例如。

```
SELECT DAYOFYEAR(20080512),DAYOFMONTH('2008-05-12');
```

执行结果如图 5.56 所示。

```
SELECT DAYOFWEEK(20080512);
```

执行结果如图 5.57 所示。

```
+---------------------+--------------------------+
| DAYOFYEAR(20080512) | DAYOFMONTH('2008-05-12') |
+---------------------+--------------------------+
|                 133 |                       12 |
+---------------------+--------------------------+
1 row in set (0.00 sec)
```

图 5.56 执行结果

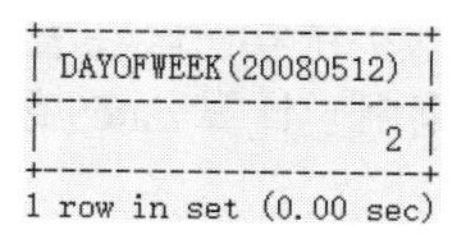

```
+---------------------+
| DAYOFWEEK(20080512) |
+---------------------+
|                   2 |
+---------------------+
1 row in set (0.00 sec)
```

图 5.57 执行结果

（6）DAYNAME()函数。与 MONTHNAME()函数相似，DAYNAME()函数用于以字符串形式返回星期名，例如：

```
SELECT DAYNAME('2008-06-01');
```

执行结果如图 5.58 所示。

（7）WEEK()函数和 YEARWEEK()函数。WEEK()函数用于返回指定的日期是该年的第几个星期，而 YEARWEEK()函数用于返回指定的日期是哪一年的第几个星期，例如：

```
SELECT WEEK('2008-05-01'),YEARWEEK(20080501);
```

执行结果如图 5.59 所示。

```
+-----------------------+
| DAYNAME('2008-06-01') |
+-----------------------+
| Sunday                |
+-----------------------+
1 row in set (0.00 sec)
```

图 5.58 执行结果

```
+--------------------+---------------------+
| WEEK('2008-05-01') | YEARWEEK(20080501)  |
+--------------------+---------------------+
|                 17 |              200817 |
+--------------------+---------------------+
1 row in set (0.00 sec)
```

图 5.59 执行结果

（8）HOUR()函数、MINUTE()函数和 SECOND()函数。HOUR()函数、MINUTE()函数和 SECOND()函数分别用于返回指定时间值的小时、分钟和秒的部分，例如：

```
SELECT HOUR(155300),MINUTE('15:53:00'),SECOND(143415);
```

执行结果如图 5.60 所示。

```
+--------------+--------------------+----------------+
| HOUR(155300) | MINUTE('15:53:00') | SECOND(143415) |
+--------------+--------------------+----------------+
|           15 |                 53 |             15 |
+--------------+--------------------+----------------+
1 row in set (0.00 sec)
```

图 5.60 执行结果

（9）DATE_ADD()函数和 DATE_SUB()函数。使用 DATE_ADD()函数和 DATE_SUB()函数可以对日期和时间进行算术操作，它们分别用来增加和减少日期值，其使用的关键字如表 5.9 所示。

表 5.9 DATE_ADD()函数和 DATE_SUB()函数使用的关键字

关键字	间隔值的格式	关键字	间隔值的格式
DAY	日期	MINUTE	分钟
DAY_HOUR	日期:小时	MINUTE_ SECOND	分钟:秒
DAY_MINUTE	日期:小时:分钟	MONTH	月
DAY_SECOND	日期:小时:分钟:秒	SECOND	秒
HOUR	小时	YEAR	年
HOUR_MINUTE	小时:分钟	YEAR_MONTH	年-月
HOUR_ SECOND	小时:分钟:秒		

DATE_ADD()函数和 DATE_SUB()函数的语法格式为：

```
DATE_ADD | DATE_SUB(date, INTERVAL int keyword)
```

date 表示需要的日期和时间，INTERVAL 关键字表示一个时间间隔。int 表示需要计算的时间值，keyword 即关键字已经在表 5.9 中列出。DATE_ADD 函数用于计算 date 加上间隔时间后的值，DATE_SUB 则用于计算 date 减去时间间隔后的值。

例如：

```
SELECT DATE_ADD('2014-08-08', INTERVAL 17 DAY);
```

执行结果如图 5.61 所示。

```
SELECT DATE_SUB('2014-08-20 10:25:35', INTERVAL 20 MINUTE);
```

执行结果如图 5.62 所示。

```
+-------------------------------------------+
| DATE_ADD('2014-08-08', INTERVAL 17 DAY) |
+-------------------------------------------+
| 2014-08-25                                |
+-------------------------------------------+
1 row in set (0.00 sec)
```

图 5.61 执行结果

```
+-------------------------------------------------------+
| DATE_SUB('2014-08-20 10:25:35', INTERVAL 20 MINUTE) |
+-------------------------------------------------------+
| 2014-08-20 10:05:35                                   |
+-------------------------------------------------------+
1 row in set (0.00 sec)
```

图 5.62 执行结果

日期和时间函数在 SQL 语句中的应用相当广泛。

【例 5.25】求 xs 表中所有女学生的年龄。

```
USE xscj
SELECT 学号,姓名, YEAR(NOW())-YEAR(出生日期) AS 年龄
    FROM xs
    WHERE 性别=0;
```

执行结果如图 5.63 所示。

```
+--------+--------+------+
| 学号   | 姓名   | 年龄 |
+--------+--------+------+
| 201103 | 严红   |   21 |
| 201202 | 吴薇华 |   21 |
| 201203 | 刘燕敏 |   21 |
| 201205 | 罗林琳 |   20 |
| 211110 | 张蔚   |   19 |
| 221103 | 王燕   |   20 |
| 221204 | 马琳琳 |   20 |
+--------+--------+------+
7 rows in set (0.00 sec)
```

图 5.63 执行结果

5.4.5 加密函数

MySQL 中特意设计了一些函数用于对数据进行加密。这里简单介绍如下几个函数。

（1）AES_ENCRYPT()函数和 AES_DECRYPT()函数。语法格式如下：

```
AES_ENCRYPT | AES_DECRYPT(str,key)
```

AES_ENCRYPT()函数和 AES_DECRYPT()函数可以被看作 MySQL 中普遍使用的安全的加密函数。

AES_ENCRYPT()函数返回的是密钥 key 对字符串 str 利用高级加密标准（AES）算法加密后的结果，结果是一个二进制形式的字符串，以 BLOB 类型存储。

AES_DECRYPT 函数用于对使用高级加密标准算法加密的数据进行解密。若检测到无效数据或不正确的填充，函数会返回 NULL。

（2）ENCODE()函数和 DECODE()函数。语法格式如下：

```
ENCODE | DECODE(str,key)
```

ENCODE()函数用来对一个字符串 str 进行加密，返回的结果是一个二进制字符串，以 BLOB 类型存储。

DECODE()函数用于使用正确的密钥对加密后的值进行解密。

与 AES_ENCRYPT()函数和 AES_DECRYPT()函数相比，这两个函数加密程度相对较弱。

（3）ENCRYPT()函数。ENCRYPT()函数使用 UNIX 系统加密字符串，接收要加密的字符串和用于加密过程的 salt（一个可以确定唯一口令的字符串）。该函数在 Windows 系统中不可用。

语法格式如下：

```
ENCRYPT(str,salt)
```

（4）PASSWORD()函数。语法格式如下：

```
PASSWORD(str)
```

返回字符串 str 加密后的密码字符串，适合于插入 MySQL 的安全系统。该加密过程不可逆，与 UNIX 密码加密过程使用不同的算法，主要用于 MySQL 的认证系统。

【例 5.26】返回字符串“MySQL”的加密版本。

```
SELECT PASSWORD('MySQL');
```

执行结果如图 5.64 所示。

```
+-------------------------------------------+
| PASSWORD('MySQL')                         |
+-------------------------------------------+
| *1799AB5202FE2E9958365F9B3ECBBF53657254C7 |
+-------------------------------------------+
1 row in set, 1 warning (0.00 sec)
```

图 5.64　执行结果

5.4.6　控制流函数

MySQL 中有几个函数是用来进行条件操作的。这些函数可以实现 SQL 的条件逻辑，允许开发者将一些应用程序业务逻辑转换到数据库后台。

（1）IFNULL()函数和 NULLIF()函数。语法格式如下：

```
IFNULL(expr1,expr2)
```

IFNULL()函数的作用是判断参数 expr1 是否为 NULL，当参数 expr1 为 NULL 时返回 expr2，不为 NULL 时返回 expr1。IFNULL()函数的返回值是数字或字符串。

【例 5.27】执行如下语句：

```
SELECT IFNULL(1,2), IFNULL(NULL, 'MySQL'), IFNULL(1/0, 10);
```

执行结果如图 5.65 所示。

```
+-------------+-----------------------+-----------------+
| IFNULL(1,2) | IFNULL(NULL, 'MySQL') | IFNULL(1/0, 10) |
+-------------+-----------------------+-----------------+
|           1 | MySQL                 |         10.0000 |
+-------------+-----------------------+-----------------+
1 row in set, 1 warning (0.00 sec)
```

图 5.65　执行结果

语法格式如下：

```
NULLIF(expr1,expr2)
```

NULLIF()函数用于检验提供的两个参数是否相等，如果相等，则返回 NULL，如果不相等则返回第一个参数。

【例 5.28】执行如下语句：

```
SELECT NULLIF(1,1), NULLIF('A', 'B'), NULLIF(2+3, 3+4);
```

执行结果如图 5.66 所示。

```
+-------------+------------------+------------------+
| NULLIF(1,1) | NULLIF('A', 'B') | NULLIF(2+3, 3+4) |
+-------------+------------------+------------------+
|        NULL | A                |                5 |
+-------------+------------------+------------------+
1 row in set (0.00 sec)
```

图 5.66　执行结果

（2）IF()函数。与许多脚本语言提供的 IF()函数相似，MySQL 中的 IF()函数也可以用于建立一个简单的条件测试。

语法格式如下：

```
IF(expr1,expr2,expr3)
```

这个函数中有 3 个参数，第一个是要被判断的表达式，如果表达式为真，IF()函数将会返回第二个参数；如果为假，IF()函数将会返回第三个参数。

【例 5.29】 判断 2×4 是否大于 9−5，是则返回“是”，否则返回“否”。

```
SELECT IF(2*4>9-5, '是', '否');
```

执行结果如图 5.67 所示。

【例 5.30】 返回 xs 表中名字为两个字的学生的姓名、性别和专业名。性别值如为 0 显示“女”，为 1 则显示“男”。

```
SELECT 姓名, IF(性别=0, '女', '男')  AS 性别, 专业名
     FROM xs
     WHERE 姓名 LIKE'__';
```

执行结果如图 5.68 所示。

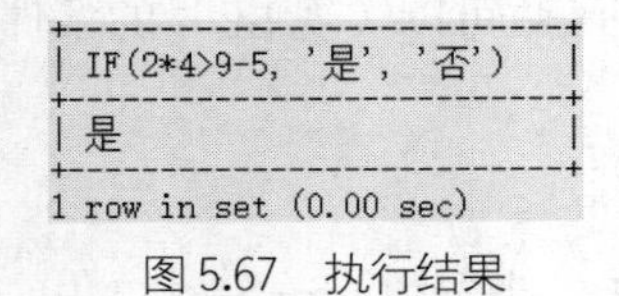

IF(2*4>9-5, '是', '否')
是

1 row in set (0.00 sec)

图 5.67 执行结果

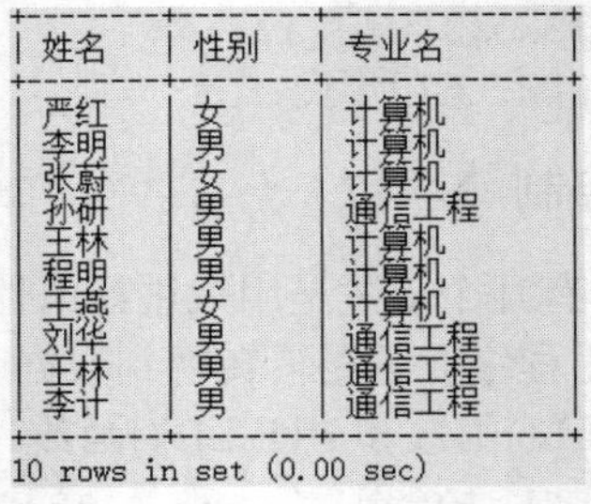

姓名	性别	专业名
严红	女	计算机
李明	男	计算机
张蔚	女	计算机
孙研	男	通信工程
王林	男	计算机
程明	男	计算机
王燕	女	计算机
刘华	男	通信工程
王林	男	通信工程
李计	男	通信工程

10 rows in set (0.00 sec)

图 5.68 执行结果

IF()函数只适用于有两种可能结果时。

5.4.7 格式化函数

MySQL 中有一些函数是特意为格式化数据设计的。

（1）FORMAT()函数。语法格式如下：

```
FORMAT(x, y)
```

FORMAT()函数用于把数值格式化为以逗号间隔的数字序列。FORMAT()的第一个参数 x 是被格式化的数据，第二个参数 y 是结果的小数位数，例如：

```
SELECT FORMAT(11111111111.23654,2), FORMAT(-5468,4);
```

执行结果如图 5.69 所示。

FORMAT(11111111111.23654, 2)	FORMAT(-5468, 4)
11, 111, 111, 111.24	-5, 468.0000

1 row in set (0.00 sec)

图 5.69 执行结果

（2）DATE_FORMAT()函数和 TIME_FORMAT()函数。DATE_FORMAT()函数和 TIME_FORMAT()函数可以用来格式化日期和时间值。

语法格式如下：

```
DATE_FORMAT/ TIME_FORMAT(date | time, fmt)
```

其中，date 和 time 是需要格式化的日期和时间值，fmt 是日期和时间值格式化的形式，表 5.10 中列出了 MySQL 中的日期/时间值格式化代码。

表 5.10　MySQL 中的日期/时间值格式化代码

关键字	间隔值的格式	关键字	间隔值的格式
%a	缩写的星期名（Sun、Mon……）	%p	AM 或 PM
%b	缩写的月份名（Jan、Feb……）	%r	时间，12 小时的格式
%d	月份中的天数	%S	秒（00、01……）
%H	小时（01、02……）	%T	时间，24 小时的格式
%I	分钟（00、01……）	%w	一周中的天数（0、1……）
%j	一年中的天数（001、002……）	%W	长型星期的名字（Sunday、Monday……）
%m	月份，2 位（00、01……）	%Y	年份，4 位
%M	长型月份的名字（January、February……）		

例如：

```
SELECT DATE_FORMAT(NOW(), '%W,%d,%M, %Y  %r');
```

执行结果如图 5.70 所示。

这两个函数对大小写敏感。

（3）INET_NTOA()函数和 INET_ATON()函数。使用 MySQL 中的 INET_NTOA()函数和 INET_ATON()函数可以分别把 IP 地址转换为数字或者进行相反的操作。如下面的例子所示：

```
SELECT INET_ATON('192.168.1.1');
```

执行结果如图 5.71 所示。

```
+-------------------------------------------+
| DATE_FORMAT(NOW(), '%W,%d,%M, %Y  %r')    |
+-------------------------------------------+
| Monday,26,June, 2023   10:01:57 PM        |
+-------------------------------------------+
1 row in set (0.00 sec)
```

图 5.70　执行结果

```
+--------------------------+
| INET_ATON('192.168.1.1') |
+--------------------------+
|               3232235777 |
+--------------------------+
1 row in set (0.02 sec)
```

图 5.71　执行结果

5.4.8　类型转换函数

MySQL 提供了 CAST()函数用于数据类型转换，使用它可以把一个值的数据类型转换为指定的数据类型。

语法格式如下：

```
CAST(expr, AS type)
```

expr 是 CAST()函数要转换的值，type 是转换后的数据类型。

在 CAST()函数中，MySQL 支持的数据类型：BINARY、CHAR、DATE、TIME、DATETIME、SIGNED 和 UNSIGNED 等。

通常情况下，当使用数值操作时，字符串会自动地转换为数字，因此下面例子中的两种操作将得到相同的结果：

```
SELECT 1+'99', 1+CAST('99' AS SIGNED);
```

执行结果如图 5.72 所示。

字符串可以被指定为 BINARY 类型，这样它们的比较操作就是对大小写敏感的。使用 CAST()函数指定一个字符串为 BINARY 类型和在字符串前面使用 BINARY 关键字具有相同的作用。

【例 5.31】执行如下语句：

```
SELECT 'a'=BINARY 'A', 'a'=CAST('A' AS BINARY);
```

执行结果如图 5.73 所示。

```
+--------+-----------------------+
| 1+'99' | 1+CAST('99' AS SIGNED) |
+--------+-----------------------+
|    100 |                   100 |
+--------+-----------------------+
1 row in set (0.03 sec)
```

图 5.72 执行结果

```
+----------------+------------------------+
| 'a'=BINARY 'A' | 'a'=CAST('A' AS BINARY) |
+----------------+------------------------+
|              0 |                      0 |
+----------------+------------------------+
1 row in set (0.00 sec)
```

图 5.73 执行结果

两个表达式的结果都为零，表示两个表达式都为假。

MySQL 还可以强制将日期和时间函数的值作为一个数而不是字符串输出。

【例 5.32】将当前日期（本次操作时）显示成数值形式。

```
SELECT CAST(CURDATE() AS SIGNED);
```

执行结果如图 5.74 所示。

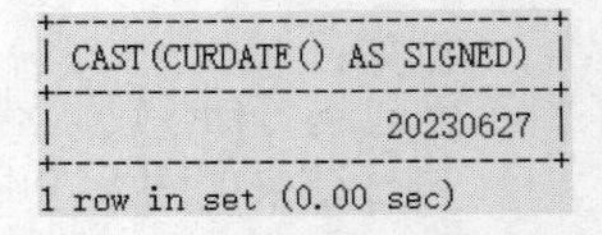

```
+---------------------------+
| CAST(CURDATE() AS SIGNED) |
+---------------------------+
|                  20230627 |
+---------------------------+
1 row in set (0.00 sec)
```

图 5.74 执行结果

当用户要把数据移动到一个新的数据库管理系统时，CAST()函数即可派上用场，因为它允许用户把值从原本的数据类型转换为新的数据类型，使它们更适合新系统。

5.4.9 系统信息函数

MySQL 中还有一些特殊函数用来获得系统本身的信息，称为系统信息函数，表 5.11 中列出了大部分 MySQL 系统信息函数。

表 5.11 MySQL 系统信息函数

函数	功能
DATABASE()	返回当前数据库名
BENCHMARK(*n*，expr)	将表达式 expr 重复运行 *n* 次
CHARSET(str)	返回字符串 str 的字符集
CONNECTION_ID()	返回当前客户的连接 ID
FOUND_ROWS()	将最后一个 SELECT 查询（没有以 LIMIT 语句进行限制）返回的记录行数返回
GET_LOCK(str，dur)	获得一个由字符串 str 命名的并且有 dur 秒延时的锁定
IS_FREE_LOCK(str)	检查以 str 命名的锁定是否释放
LAST_INSERT_ID()	返回由系统自动产生的最后一个 AUTOINCREMENT ID 的值
MASTER_POS_WAIT(log，pos，dur)	锁定主服务器 dur 秒直到从服务器与主服务器的日志 log 指定的位置 pos 同步
RELEASE_LOCK(str)	释放由字符串 str 命名的锁定
USER()或 SYSTEM_USER()	返回当前登录用户名
VERSION()	返回 MySQL 的版本

下面对其中一些系统信息函数进行举例。

（1）DATABASE()函数、USER()函数和 VERSION()函数可以分别用于返回当前所选数据库、当前用户和 MySQL 版本信息：

```
SELECT DATABASE(),USER(), VERSION();
```

执行结果如图 5.75 所示。

（2）BENCHMARK()函数用于重复执行 *n* 次表达式 expr。它可以被用于计算 MySQL 处理表达式的速度，结果值通常为零；还可用于 MySQL 客户端内部，报告问询执行的次数，用户可以根据经过的时间值推断服务器的性能。例如：

```
SELECT BENCHMARK(10000000, ENCODE('hello','goodbye'));
```

执行结果如图 5.76 所示。

```
+------------+----------------+----------+
| DATABASE() | USER()         | VERSION() |
+------------+----------------+----------+
| xscj       | root@localhost | 5.7.39   |
+------------+----------------+----------+
1 row in set (0.00 sec)
```

图 5.75 执行结果

```
+------------------------------------------------+
| BENCHMARK(10000000, ENCODE('hello','goodbye')) |
+------------------------------------------------+
|                                              0 |
+------------------------------------------------+
1 row in set, 65535 warnings (3.48 sec)
```

图 5.76 执行结果

这个例子中，MySQL 计算 ENCODE('hello','goodbye')表达式 10 000 000 次仅需要 3.48 秒。

（3）FOUND_ROWS()函数用于返回最后一条 SELECT 语句返回的记录行的数目。

如最后执行的 SELECT 语句是：

```
SELECT * FROM xs;
```

之后执行如下语句：

```
SELECT FOUND_ROWS();
```

执行结果如图 5.77 所示。

```
+--------------+
| FOUND_ROWS() |
+--------------+
|           21 |
+--------------+
1 row in set (0.00 sec)
```

图 5.77 执行结果

SELECT 语句可能包括一个 LIMIT 子句，用来限制服务器返回客户端的行数。在有些情况下，无须再次运行该语句即可得知在没有使用 LIMIT 子句时该语句到底返回了多少行即在 SELECT 语句中选择 SQL_CALC_FOUND_ROWS，随后调用 FOUND_ROWS()函数。

例如，执行如下语句：

```
SELECT SQL_CALC_FOUND_ROWS *FROM xs WHERE 性别=1 LIMIT 5;
SELECT FOUND_ROWS();
```

FOUND_ROWS()函数用于显示在没有使用 LIMIT 子句的情况下，SELECT 语句所返回的行数。

执行结果如图 5.78 所示。

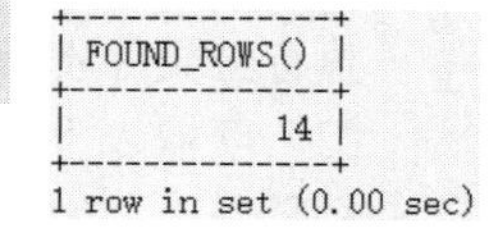

```
+--------------+
| FOUND_ROWS() |
+--------------+
|           14 |
+--------------+
1 row in set (0.00 sec)
```

图 5.78 执行结果

习题

一、选择题

1. 下列选项中（ ）不是常量。

   A. 'a student' B. 0xabc C. 1998-04-15 D. 2.0

2. 下列关于用户自定义数据类型的说法中错误的是（ ）。

   A. 只能是系统提供的数据类型 B. 可以是系统数据类型的表达式
   C. 是具体化系统数据类型 D. 是为了用户规范和方便阅读

3. 下列关于变量说法中错误的是（ ）。

   A. 用户变量用于临时存放数据 B. 用户变量是本地的
   C. 用户变量可用于操作数据库命令 D. 系统变量可以读/写

4．下列说法中错误的是（　　）。

A．SELECT 可以用于运算字符表达式

B．SELECT 中的输出列可以是由列组成的表达式

C．游标只能顺序移动

D．SQL 程序用于触发器和存储过程中

5．下列说法中错误的是（　　）。

A．语句体包含一条以上语句需要采用 BEGIN…END

B．多重分支只能用 CASE 语句

C．WHILE 中循环体可以一次都不执行

D．注释内容不会产生任何动作

二、说明题

1．举例说明各种类型的常量。

2．使用用户变量有什么好处？

3．为什么用户变量是本地的而不是全局的？

4．定义用户变量 TODAY，并使用一条 SET 语句和一条 SELECT 语句把当前的日期赋值给它。

5．定义用户变量 TODAY 并且为其赋值，然后在 SQL 语句中使用它。为什么在 SQL 语句中使用用户变量需要加@？

6．举例说明全局系统变量和会话系统变量的不同用法。

7．MySQL 系统内置函数一共有几种？列举说明它们各自的典型用法。

实训

一、常量、系统变量、用户变量、运算符和系统内置函数

1．常量

（1）使用如下 SQL 语句计算 194 和 142 的乘积：

```
SELECT 194*142;
```

执行结果如实训图 5.1 所示。

（2）获取以下字符串的值：'I\nlove\nMySQL'。

```
SELECT 'I\nlove\nMySQL';
```

执行结果如实训图 5.2 所示。

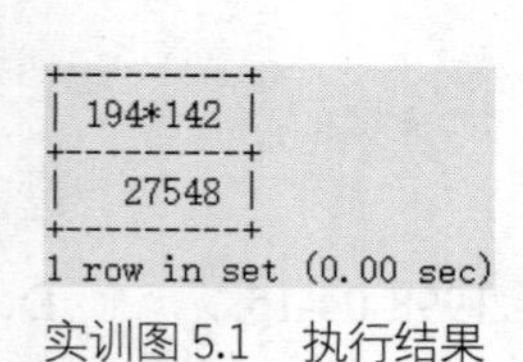
```
+---------+
| 194*142 |
+---------+
|   27548 |
+---------+
1 row in set (0.00 sec)
```
实训图 5.1　执行结果

```
+---------------+
| I
love
MySQL |
+---------------+
| I
love
MySQL |
+---------------+
1 row in set (0.00 sec)
```
实训图 5.2　执行结果

【思考与练习】

熟悉其他类型的常量，掌握不同类型的常量的用法。

2．系统变量

（1）获得现在使用的 MySQL 版本号。

```
SELECT @@VERSION;
```

执行结果如实训图 5.3 所示。

（2）获得系统当前的时间（本次操作时）。

```
SELECT CURRENT_TIME;
```

执行结果如实训图 5.4 所示。

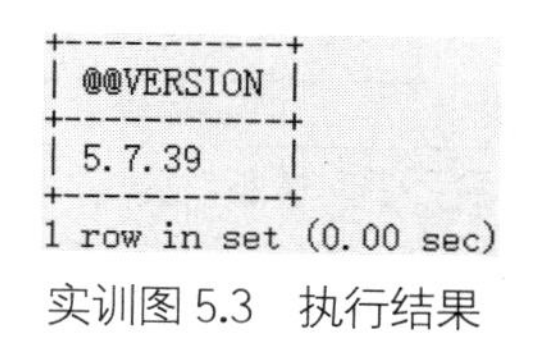

@@VERSION
5.7.39

1 row in set (0.00 sec)

实训图 5.3　执行结果

CURRENT_TIME
21:20:21

1 row in set (0.00 sec)

实训图 5.4　执行结果

【思考与练习】

了解各种常用系统变量的功能及用法。

3．用户变量

（1）对于第2章实训给出的数据库中的表结构，创建一个名为female的用户变量，并在SELECT语句中，使用该局部变量查找 Employess 表中所有女员工的编号、姓名。

```
USE YGGL
SET @female=0;
```

变量赋值完毕，使用以下的语句查询：

```
SELECT EmployeeID, Name
    FROM Employees
    WHERE sex=@female;
```

执行结果如实训图 5.5 所示。

EmployeeID	Name
020018	李丽
108991	钟敏
504209	陈林琳

3 rows in set (0.00 sec)

实训图 5.5　执行结果

（2）定义一个变量，用于获取编号为 102201 的员工的电话号码。

```
SET @phone=(SELECT PhoneNumber
    FROM Employees
    WHERE EmployeeID='102201');
```

执行完该语句后使用 SELECT 语句查询变量 phone 的值，执行结果如实训图 5.6 所示。

【思考与练习】

定义一个变量，用于描述 YGGL 数据库的 Salary 表中员工 000001 的实际收入，然后查询该变量。

4．运算符

（1）使用算术运算符“–”查询员工的实际收入。

```
SELECT InCome-OutCome
    FROM Salary;
```

执行结果如实训图 5.7 所示。

@phone
83606608

1 row in set (0.00 sec)

实训图 5.6　执行结果

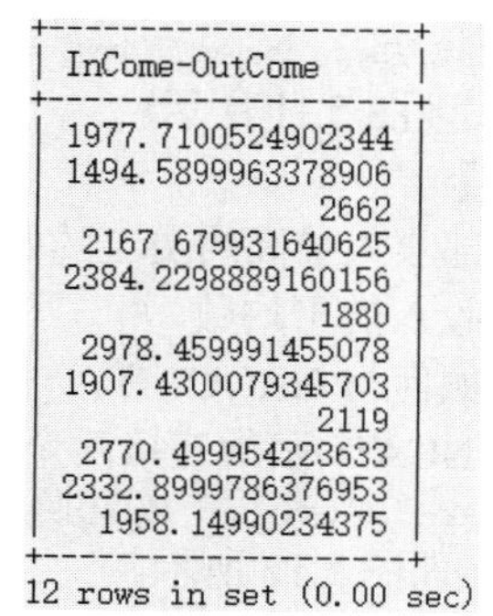

InCome-OutCome
1977.7100524902344
1494.5899963378906
2662
2167.679931640625
2384.2298889160156
1880
2978.459991455078
1907.4300079345703
2119
2770.499954223633
2332.8999786376953
1958.14990234375

12 rows in set (0.00 sec)

实训图 5.7　执行结果

（2）使用比较运算符“>”查询 Employees 表中工作时间大于 5 年员工的信息。

```
SELECT *
    FROM Employees
    WHERE WorkYear > 5;
```

执行结果如实训图 5.8 所示。

EmployeeID	Name	Education	Birthday	Sex	WorkYear	Address	PhoneNumber	DepartmentID
000001	王林	大专	1966-01-23	1	8	中山路32-1-508	83355668	2
020018	李丽	大专	1960-07-30	0	6	中山东路102-2	83413301	1

2 rows in set (0.00 sec)

实训图 5.8　执行结果

（3）使用逻辑运算符“AND”查看以下语句的结果。

```
SELECT (7>6) AND ('A'= ' B');
```

执行结果如实训图 5.9 所示。

(7>6) AND ('A' = ' B')
0

1 row in set (0.00 sec)

实训图 5.9　执行结果

【思考与练习】

熟悉各种常用运算符的功能和用法，如 LIKE、BETWEEN 等。

5．系统内置函数

（1）获得一组数值的最大值和最小值。

```
SELECT GREATEST(5, 76, 25.9), LEAST(5, 76, 25.9);
```

执行结果如实训图 5.10 所示。

GREATEST(5, 76, 25.9)	LEAST(5, 76, 25.9)
76.0	5.0

1 row in set (0.00 sec)

实训图 5.10　执行结果

【思考与练习】

a．使用 ROUND()函数获得一个数经四舍五入后的整数值。

b．使用 ABS()函数获得一个数的绝对值。

c．使用 SQRT()函数返回一个数的平方根。

（2）求广告部员工的总人数。

```
SELECT COUNT( EmployeeID ) AS 广告部人数
   FROM Employees
   WHERE DepartmentID =
      ( SELECT DepartmentID
          FROM Departments
         WHERE DepartmentName = '广告部');
```

执行结果如实训图 5.11 所示。

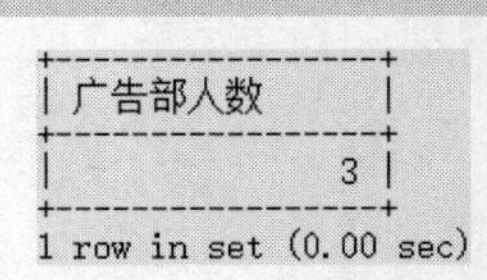

广告部人数
3

1 row in set (0.00 sec)

实训图 5.11　执行结果

【思考与练习】

a．查询广告部收入最高的员工的姓名。

b．查询员工收入的平均数。

c．聚合函数如何与 GROUP BY 一起使用？

（3）使用 CONCAT()函数连接两个字符串。

```
SELECT CONCAT('Ilove', 'MySQL');
```

执行结果如实训图 5.12 所示。

（4）使用 ASCII()函数返回字符表达式左端字符的 ASCII 值。

```
SELECT ASCII('abc');
```

执行结果如实训图 5.13 所示。

```
+---------------------------+
| CONCAT('Ilove', 'MySQL')  |
+---------------------------+
| IloveMySQL                |
+---------------------------+
1 row in set (0.00 sec)
```

实训图 5.12　执行结果

```
+--------------+
| ASCII('abc') |
+--------------+
|           97 |
+--------------+
1 row in set (0.00 sec)
```

实训图 5.13　执行结果

【思考与练习】

a．使用 CHAR()函数将 ASCII 代表的字符组成字符串。

b．使用 LEFT()函数返回从字符串'abcdef'左边开始的 3 个字符。

（5）获得当前的日期和时间（本次操作时）。

```
SELECT NOW();
```

执行结果如实训图 5.14 所示。

（6）查询 YGGL 数据库中员工编号为 000001 的员工出生的年份：

```
SELECT YEAR(Birthday)
    FROM Employees
    WHERE EmployeeID = '000001';
```

执行结果如实训图 5.15 所示。

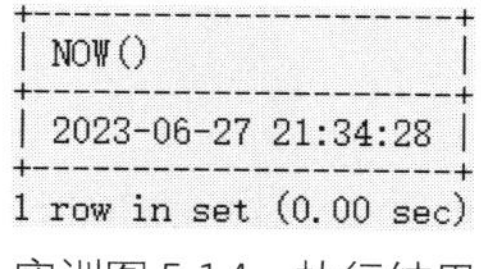

```
+---------------------+
| NOW()               |
+---------------------+
| 2023-06-27 21:34:28 |
+---------------------+
1 row in set (0.00 sec)
```

实训图 5.14　执行结果

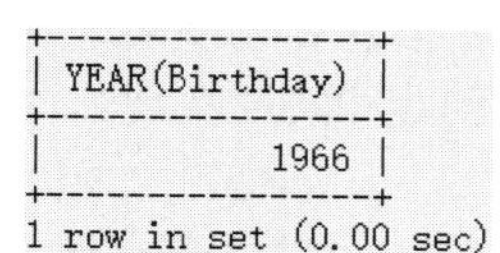

```
+----------------+
| YEAR(Birthday) |
+----------------+
|           1966 |
+----------------+
1 row in set (0.00 sec)
```

实训图 5.15　执行结果

【思考与练习】

a．使用 DAYNAME()函数返回当前时间的星期名。

b．列举其他的时间和日期函数。

（7）练习使用其他类型的系统内置函数，如格式化函数、控制流函数、系统信息函数等。

二、表达式

（1）显示 YGGL 数据库中员工编号、姓名和年龄，并且以中文作为标题。

（2）查询 YGGL 数据库中部门号为 4、电话号码中包含“33”、性别为“男”的员工的姓名、性别（中文）、住址、部门名称。

第6章 MySQL过程式数据库对象

【学习目标】

（1）掌握存储过程的创建、调用方法和输入输出参数。

（2）掌握存储过程体的组成、功能实现和游标应用。

（3）掌握存储函数的创建、调用方法和函数返回值。

（4）掌握触发器创建和功能实现。

（5）掌握事件创建和功能实现。

MySQL 自 5.0 版本开始支持存储过程、存储函数、触发器和事件等功能的实现。本章将主要讨论这 4 种过程式数据库对象。

6.1 存储过程

在 MySQL 中，可以定义一段程序存放在数据库中，这样的程序称为存储过程，它是最重要的数据库对象之一。存储过程实质上是一段代码，它可以由声明式SQL语句（如CREATE、UPDATE 和 SELECT 等）和过程式 SQL 语句（如 IF…THEN…ELSE）组成。存储过程可以由程序、触发器或者另一个存储过程调用，从而激活它。

存储过程的优点如下。

（1）存储过程在服务器端运行，执行速度快。

（2）存储过程执行一次后，其执行规划就留在高速缓冲存储器中，在后续操作中，用户只需从高速缓冲存储器中调用已编译好的二进制代码，提高了系统性能。

（3）确保数据库安全。使用存储过程可以完成所有数据库操作，并通过编程方式控制对数据库信息的访问。

6.1.1 创建存储过程

语法格式如下：

```
CREATE PROCEDURE 存储过程名 ([参数...])
    [特征 ...] 存储过程体
```

1. 存储过程参数

参数格式为：

```
[ IN | OUT | INOUT ] 参数名 参数类型
```

- 系统默认在当前数据库中创建存储过程。需要在特定数据库中创建存储过程时，则应在存储过程名称前面加上数据库的名称，格式为：

```
数据库名.存储过程名
```

- 当存储过程中有多个参数时，参数中间用逗号隔开。MySQL存储过程支持3种类型的参数，即输入参数、输出参数和输入/输出参数，关键字分别是IN、OUT和INOUT。使用输入参数可以将数据传递给一个存储过程。当需要返回一个答案或结果时，可以使用输出参数。输入/输出参数既可以充当输入参数也可以充当输出参数。
- 存储过程中可以有0个、1个或多个参数。即使存储过程中不加参数，名称后面的括号也是不可省略的。
- 参数名不要采用列名；否则，虽然不会返回出错消息，但是存储过程中的SQL语句会将参数名看作列名，从而获得造成不可预知的结果。

2. 存储过程特征

特征格式为：

```
  LANGUAGE SQL
| [NOT] DETERMINISTIC
| { CONTAINS SQL | NO SQL | READS SQL DATA | MODIFIES SQL DATA }
| SQL SECURITY { DEFINER | INVOKER }
| COMMENT 'string'
```

- LANGUAGE SQL：表明编写这个存储过程的语言为SQL。目前，MySQL存储过程不能使用外部编程语言来编写，这意味着无须指定这个选项。如果将来对其进行扩展，第一个有可能被支持的语言是PHP。
- DETERMINISTIC：设置为DETERMINISTIC表示存储过程对同样的输入参数产生相同的结果，设置为NOT DETERMINISTIC则表示会产生不确定的结果。默认值为NOT DETERMINISTIC。
- CONTAINS SQL：表示存储过程不包含读或写数据的语句。
  NO SQL：表示存储过程不包含SQL语句。
  READS SQL DATA：表示存储过程包含读数据的语句，但不包含写数据的语句。
  MODIFIES SQL DATA：表示存储过程包含写数据的语句。
  如果没有明确给定上述特征，默认值是CONTAINS SQL。
- SQL SECURITY：可以用来指定存储过程是使用创建该存储过程的用户（DEFINER）的许可来执行，还是使用调用者（INVOKER）的许可来执行。默认值是DEFINER。
- COMMENT 'string'：对存储过程的描述（即备注），string表示描述内容。这个信息可以用SHOW CREATE PROCEDURE语句来显示。

3. 存储过程体

存储过程体包含在过程调用时必须执行的语句，这个部分总是以BEGIN开始，以END结束。当存储过程体中只有一条SQL语句时可以省略BEGIN…END标志。

在MySQL中，服务器处理语句时以分号为结束标志。但是在创建存储过程时，存储过程程序体中可能包含多条SQL语句，每条SQL语句都以分号结尾，这使服务器处理程序时遇到第一个分号就会认为程序结束，这肯定是不合理的，因此需要使用“DELIMITER 结束符号”命令将MySQL语句的结束标志修改为其他符号。最后使用“OPDELIMITER ;”恢复以分号为结束标志。

【例6.1】用存储过程实现删除一个特定学生的信息。

```
DELIMITER $$
```

```
CREATE PROCEDURE  delete_student(IN xh char(6))
BEGIN
    DELETE FROM xs WHERE 学号=xh;
END $$
DELIMITER ;
```

当调用这个存储过程时，MySQL 根据提供的参数 xh 的值，删除其在 xs 表中对应的数据。调用存储过程的命令是 CALL 命令，将在 6.1.4 节介绍。

6.1.2　存储过程体编程

在存储过程体中可以使用所有类型的 SQL 语句，包括所有的 DLL、DCL 和 DML 语句；也可以使用过程式 SQL 语句，其中包括变量的定义和赋值。

1．变量

（1）局部变量。在存储过程中可以声明局部变量，它们可以用来存储临时结果。

声明局部变量必须使用 DECLARE 语句，在声明局部变量的同时也可以为其赋一个初始值，如果不指定则默认值为 NULL。

语法格式如下：

```
DECLARE 变量名... 类型 [默认值]
```

例如，声明一个整型变量和两个字符型变量。

```
DECLARE num int(4);
DECLARE str1, str2 varchar(6);
```

局部变量只能在 BEGIN…END 语句块中声明，而且必须在存储过程的开头声明。完成声明后，可以在声明它的 BEGIN…END 语句块中使用该变量，其他语句块中不可以使用。在存储过程中也可以声明用户变量。局部变量和用户变量的区别在于：局部变量前面没有使用@符号，局部变量在其所在的 BEGIN…END 语句块处理完后被自动删除，而用户变量存在于整个会话当中。

（2）SET 语句。给局部变量赋值可以使用 SET 语句，SET 语句是 SQL 本身的一部分。

语法格式如下：

```
SET 变量名 = expr [,变量名= expr] ...
```

例如，在存储过程中给局部变量赋值。

```
SET num=1, str1='hello';
```

（3）SELECT...INTO 语句。使用 SELECT…INTO 语句可以把选定的列值直接存储到变量中。因此，返回的结果只有一行。

语法格式如下：

```
SELECT 列名[,...] INTO 变量名[,...] table_expr
```

其中，table_expr 代表 SELECT 语句中的 FROM 子句及后面的部分。

【例 6.2】在存储过程体中，将 xs 表中的学号为“221101”学生的姓名和专业名的值分别赋给变量 name 和 project。语句如下：

```
SELECT 姓名,专业名 INTO name, project
    FROM xs;
    WHERE 学号='221101';
```

该语句只能在存储过程体中使用。其中，变量 name 和 project 需要在使用之前声明。通过该语句赋值的变量可以在语句块中的其他语句中使用。

2．流程控制语句

在MySQL中，流程控制语句包括IF…THEN…ELSE语句、CASE语句、WHILE语句、REPEAT语句、LOOP语句、LEAVE语句和ITERATE语句等。

（1）IF…THEN…ELSE语句。IF…THEN…ELSE语句可根据不同的条件执行不同的操作。

语法格式如下：

```
IF 条件 THEN 语句
[ELSEIF 条件 THEN 语句 ] ...
[ELSE  语句]
END IF
```

当条件为真时执行相应的SQL语句，可以是一条或者多条SQL语句。

【例6.3】创建xscj数据库的存储过程，判断两个输入参数中哪一个更大。

```
DELIMITER $$
CREATE PROCEDURE xscj.compar
       (IN k1 integer, IN k2 integer, OUT k3 char(6) )
BEGIN
    IF k1>k2 THEN
        SET k3= '大于';
    ELSEIF k1=k2 THEN
        SET k3= '等于';
    ELSE
        SET k3= '小于';
    END IF;
   END$$
DELIMITER ;
```

存储过程中的k1和k2是输入参数，k3是输出参数。

（2）CASE语句。这里介绍CASE语句在存储过程中的用法，与之前略有不同。

语法格式如下：

```
CASE expr
   WHEN 值1 THEN 语句
   [WHEN 值2 THEN 语句]
    ...
   [ELSE 语句]
END CASE
```

或者：

```
CASE
   WHEN 条件1 THEN 语句
   [WHEN 条件2 THEN 语句]
    ...
   [ELSE 语句]
END CASE
```

一条CASE语句可以看作一条IF…THEN…ELSE语句。

第一种格式中expr表示要被判断的表达式，接下来是一系列的WHEN…THEN块，每一块中的值1被指定要与expr的值比较，如果为真，就执行相应的SQL语句。如果前面的每一块都不匹配，就会执行 ELSE 块指定的语句。CASE 语句最后以 END CASE 结束。

第二种格式中，CASE 关键字后面没有参数，在 WHEN…THEN 块中，条件指定了一个比较表达式，表达式为真时则执行 THEN 后面的语句。与第一种格式相比，这种格式能够实现更为复杂的条件判断，使用起来更方便。

【例 6.4】 创建一个存储过程，针对参数的不同，返回不同的结果。

```
DELIMITER $$
CREATE PROCEDURE xscj.result
        (IN str varchar(4), OUT sex varchar(4) )
BEGIN
    CASE str
        WHEN 'm' THEN SET sex='男';
        WHEN 'f' THEN SET sex='女';
        ELSE  SET sex='无';
    END CASE;
END$$
DELIMITER ;
```

用第二种格式的 CASE 语句创建以上存储过程，程序片段如下：

```
CASE
    WHEN str='m' THEN SET sex='男';
    WHEN str='f' THEN SET sex='女';
    ELSE  SET sex='无';
END CASE;
```

（3）循环语句。在存储过程中可以定义 0 条、1 条或多条循环语句。MySQL 支持 3 种循环语句：WHILE 语句、REPEAT 语句和 LOOP 语句。

① WHILE 语句的语法格式如下：

```
[label:]
WHILE 条件 DO
    语句
END WHILE [label]
```

首先判断条件是否为真，为真则执行对应的语句，再次进行判断，为真则继续循环，不为真则结束循环。

label 是语句的标号，END WHILE 执行后转到“label:”语句位置继续执行。

【例 6.5】 创建一个包含 WHILE 循环的存储过程。

```
DELIMITER $$
CREATE PROCEDURE mydowhile()
BEGIN
    DECLARE v1 int DEFAULT 5;
    WHILE  v1 > 0  DO
        SET v1 = v1-1;
    END WHILE;
END$$
DELIMITER ;
```

当调用这个存储过程时，首先判断 v1 的值是否大于零，如果大于零则执行下一条语句，否则结束循环。

② REPEAT 语句的语法格式如下：

```
[label:]
REPEAT
    语句
```

```
    UNTIL 条件
  END REPEAT[label]
```

首先执行指定的语句，然后判断条件是否为真，为真则停止循环，不为真则继续循环。REPEAT语句也可以被标注。

用REPEAT语句创建一个如前例的存储过程，程序片段如下：

```
REPEAT
    v1=v1-1;
    UNTIL v1<1;
END REPEAT;
```

REPEAT语句与WHILE语句的区别在于：REPEAT语句中先执行语句，后进行判断；而WHILE语句中先进行判断，条件为真时才执行语句。

③ LOOP语句的语法格式如下：

```
[label:]
LOOP
    语句
END LOOP [label]
```

LOOP语句允许某特定语句或语句块的重复执行，实现一个简单的循环构造。在循环内的语句一直重复至循环结束，结束时通常伴随着一条LEAVE语句。

LEAVE语句经常与BEGIN...END或循环一起使用，结构如下：

```
LEAVE  label
```

label表示语句中标注的名称，这个名称是自定义的。增加LEAVE关键字即可用来退出被标注的循环语句。

【例6.6】创建一个包含LOOP语句的存储过程。

```
DELIMITER $$
CREATE PROCEDURE mydoloop()
BEGIN
    SET @a=10;
    label: LOOP
        SET @a=@a-1;
        IF @a<0 THEN
            LEAVE label;
        END IF;
    END LOOP label;
END$$
DELIMITER ;
```

语句中首先定义了一个用户变量并为其赋值10，接着进入LOOP循环，标注为label，执行减1语句，然后判断用户变量a是否小于0，如果是，则使用LEAVE语句跳出循环。

我们调用此存储过程来查看最后结果。使用如下命令调用该存储过程：

```
CALL mydoloop();
```

接着，查看用户变量的值：

```
SELECT @a;
```

执行结果如图6.1所示。

可以看到，用户变量a的值已经变成了-1。

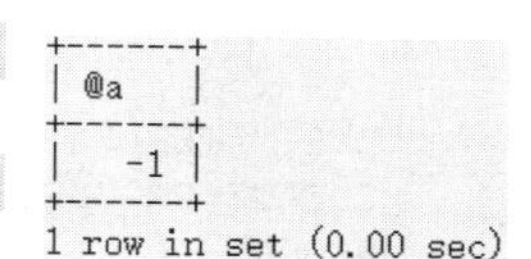

```
+------+
| @a   |
+------+
|   -1 |
+------+
1 row in set (0.00 sec)
```

图6.1　执行结果

另外，循环语句中还有一种 ITERATE 语句，它只可以出现在 LOOP 语句、REPEAT 语句和 WHILE 语句内，意为“再次循环”。它的格式为：

```
ITERATE label
```

LEAVE 语句用于离开一个循环，而 ITERATE 语句用于重新开始一个循环。

3．处理程序和条件

在存储过程中处理 SQL 语句可能导致一条错误消息。例如，向一个表中插入新的行而主键值已经存在，这条 INSERT 语句会导致一条错误消息，并且 MySQL 会立即停止对存储过程的处理。每一条错误消息都有一个唯一代码和一个 SQLSTATE 代码。例如：

```
Error 1022, "Can't write;duplicate key in table"
Error 1048, "Column cannot be null"
Error 1052, "Column is ambiguous"
Error 1062, "Duplicate entry for key"
```

MySQL 官方手册的“错误消息和代码”一章中列出了所有的错误消息及它们各自的代码。

为了防止 MySQL 在产生一条错误消息时就停止处理，需要使用 DECLARE HANDLER 语句，用于为指定错误声明一个所谓的处理程序。

DECLARE HANDLER 语句的语法格式如下：

```
DECLARE 处理程序的类型 HANDLER FOR condition_value[,...] 存储过程语句
```

（1）处理程序的类型。处理程序的类型主要有 3 种：CONTINUE、EXIT 和 UNDO。

对于 CONTINUE 处理程序，MySQL 不中断存储过程的处理。

对于 EXIT 处理程序，当前 BEGIN...END 复合语句的执行被终止。

UNDO 处理程序类型语句暂时未得到支持。

（2）condition_value。condition_value 格式如下：

```
  SQLSTATE [VALUE] sqlstate_value
| condition_name
| SQLWARNING
| NOT FOUND
| SQLEXCEPTION
| mysql_error_code
```

sqlstate_value 用于给出 SQLSTATE 的代码表示。

condition_name 表示处理条件的名称。

SQLWARNING 是对所有以 01 开头的 SQLSTATE 代码的速记；NOT FOUND 是对所有以 02 开头的 SQLSTATE 代码的速记；SQLEXCEPTION 是对所有未被 SQLWARNING 或 NOT FOUND 捕获的 SQLSTATE 代码的速记。当用户不想为每条可能的出错消息都定义一个处理程序时，可以使用以上 3 种形式。

mysql_error_code 表示具体的 SQLSTATE 代码。除了 SQLSTATE 值，MySQL 错误代码也被支持，表示的形式为 ERROR= 'xxxx'。

（3）存储过程语句。存储过程语句是处理程序激活时将要执行的动作。

【例 6.7】 创建一个存储过程，向 xs 表插入一行数据（'221101', '王民', '计算机', 1, '2004-02-10', 15 , NULL, NULL），已知学号 221101 存在于 xs 表中。如果出现错误，程序继续执行。

```
USE xscj;
DELIMITER $$
CREATE PROCEDURE my_insert ()
BEGIN
    DECLARE CONTINUE HANDLER FOR SQLSTATE '23000' SET @x2=1;
    SET @x=2;
```

```
    INSERT INTO xs VALUES('221101', '王民', '计算机', 1, '2004-02-10', 15 , NULL, NULL);
    SET @x=3;
END$$
DELIMITER ;
```

调用存储过程查看结果的语法格式为：

```
CALL my_insert();
SELECT @x;
```

```
+------+
| @x   |
+------+
|    3 |
+------+
1 row in set (0.00 sec)
```

图 6.2　执行结果

执行结果如图 6.2 所示。

说明

本例中，INSERT 语句导致的错误消息刚好是 SQLSTATE 代码中的一条。接下来执行处理程序的附加语句（SET @x2=1）。此后，MySQL 检查处理程序的类型，这里的类型为 CONTINUE，因此存储过程继续处理，为用户变量 x 赋值 3。如果这里的 INSERT 语句能够执行，处理程序将不被激活，用户变量 x2 将不被赋值。

同一条出错消息只能在同一个 BEGIN...END 语句块中定义一个处理程序。

为了提高可读性，用户可以使用 DECLARE CONDITION 语句为一个 SQLSTATE 代码或出错代码定义一个名称，并且可以在处理程序中使用这个名称，其语法格式如下：

```
DECLARE condition_name CONDITION FOR condition_value
```

其中，condition_name 表示处理条件的名称，condition_value 表示要定义别名的 SQLSTATE 代码或出错代码，作用与 DECLARE HANDLER 相同。

【例 6.8】修改【例 6.7】中的存储过程，将 SQLSTATE '23000'定义成 NON_UNIQUE，并在处理程序中使用这个名称，程序片段为：

```
BEGIN
   DECLARE NON_UNIQUE CONDITION FOR SQLSTATE '23000';
   DECLARE CONTINUE HANDLER FOR NON_UNIQUE SET @x2=1;
   SET @x=2;
   INSERT INTO xs VALUES('221101', '王民', '计算机', 1, '2004-02-10', 15 , NULL, NULL);
   SET @x=3;
END;
```

6.1.3　游标及其应用

使用一条 SELECT...INTO 语句返回的是带有值的数据，这样可以把数据直接读取到存储过程中。但是使用常规的 SELECT 语句返回的是多行数据，处理多行数据需要引入游标的概念。

MySQL 支持简单的游标。游标必须在存储过程或存储函数中使用，不能在查询中单独使用。使用一个游标需要用到 4 种特殊语句：DECLARE CURSOR（声明游标）、OPEN CURSOR（打开游标）、FETCH CURSOR（读取游标）和 CLOSE CURSOR（关闭游标）。

如果使用 DECLARE CURSOR 语句声明了一个游标，意味着把它连接到了一个由 SELECT 语句返回的结果集中。使用 OPEN CURSOR 语句打开这个游标，接着可以用 FETCH CURSOR 语句把产生的结果逐行读取到存储过程或存储函数中去。游标相当于指针，它指向当前的一行数据，使用 FETCH CURSOR 语句可以把游标移动到下一行。当处理完所有的行时，使用 CLOSE CURSOR 语句关闭这个游标。

（1）声明游标。声明游标的语法格式如下：

```
DECLARE 游标名 CURSOR FOR SELECT 语句
```

说明

这个语句用于声明一个游标，用户可以在存储过程中定义多个游标。但是每一块中的每一个游标必须有唯一的名称。

这里的 SELECT 语句中不能包含 INTO 子句。

下面的代码表示一个游标声明：

```
DECLARE xs_cur1 CURSOR    FOR
    SELECT 学号,姓名,性别,出生日期,总学分
        FROM xs
        WHERE 专业名 = '计算机';
```

游标只能在存储过程或存储函数中使用，上述语句无法单独运行。

（2）打开游标。声明游标后，要使用游标并从中提取数据，必须先打开游标。使用 OPEN 语句打开游标，其格式如下：

```
OPEN 游标名
```

在程序中，一个游标可以被打开多次，由于其他的用户或程序可能更新了表，因此每次打开结果可能不同。

（3）读取游标。打开游标后，即可使用 FETCH…INTO 语句从中读取数据，其语法格式如下：

```
FETCH 游标名 INTO 变量名...
```

FETCH...INTO 语句与 SELECT...INTO 语句具有相同的意义，FETCH...INTO 语句用于将游标指向的一行数据赋予一些指定变量，子句中变量的数目必须等于声明游标时 SELECT 子句中列的数目。

（4）关闭游标。游标使用完以后应及时关闭。使用 CLOSE 语句可以关闭游标，格式为：

```
CLOSE 游标名
```

游标

语句中的参数含义与 OPEN 语句中的参数含义相同。例如：

```
CLOSE xs_cur2
```

上述语句表示关闭游标 xs_cur2。

【例 6.9】创建一个存储过程，计算 xs 表中行的数目。

```
DELIMITER $$
CREATE PROCEDURE compute (OUT number integer)
BEGIN
    DECLARE xh char(6);
    DECLARE FOUND boolean DEFAULT true;
    DECLARE number_xs CURSOR FOR
        SELECT 学号 FROM xs;
    DECLARE CONTINUE HANDLER FOR NOT FOUND
        SET found=false;
    SET number=0;
    OPEN number_xs;
    FETCH number_xs INTO xh;
    WHILE found DO
        SET number=number+1;
        FETCH number_xs INTO xh;
    END WHILE;
    CLOSE number_xs;
END$$
DELIMITER ;
```

调用此存储过程并查看结果：

```
CALL compute(@num);
SELECT @num;
```

执行结果如图 6.3 所示。

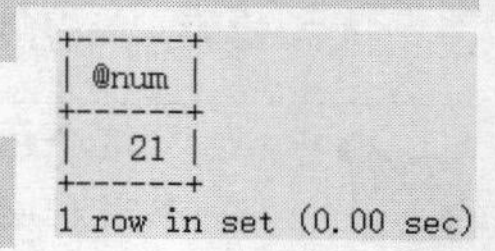

```
+------+
| @num |
+------+
|   21 |
+------+
1 row in set (0.00 sec)
```

图 6.3 执行结果

这个例子也可以直接使用 COUNT()函数来实现，这里只是为了说明如何使用一个游标而已。

在 MySQL 5.7 中，创建存储过程的用户必须具有 CREATE ROUTINE 权限。

另外，要想查看数据库中有哪些存储过程，可以使用 SHOW PROCEDURE STATUS 命令；要查看某个存储过程的具体信息，可使用 SHOW CREATE PROCEDURE 命令。

6.1.4 存储过程的调用、删除和修改

存储过程创建后可以被调用，也可以被修改和删除。

1. 调用存储过程

存储过程创建完后，可以在程序、触发器或者其他存储过程中被调用，但是必须使用 CALL 语句，前面已经简单地介绍了 CALL 语句的形式，本节重点介绍 CALL 语句的用法。

CALL 语句的语法格式如下：

```
CALL 存储过程名([参数...])
```

如果要调用某个特定数据库的存储过程，则需要在存储过程名前面加上该数据库的名称。另外，语句中的参数个数必须总是等于存储过程中的参数个数。

【例 6.10】创建存储过程，实现查询 xs 表中学生人数的功能，该存储过程不包含参数。

```
USE xscj;
CREATE PROCEDURE do_query()
    SELECT count(*) FROM xs ORDER BY 学号;
```

调用该存储过程：

```
CALL do_query();
```

执行结果如图 6.4 所示。

```
+----------+
| count(*) |
+----------+
|       21 |
+----------+
1 row in set (0.00 sec)
```

图 6.4 执行结果

【例 6.11】创建 xscj 数据库的存储过程，判断两个输入参数哪一个更大，并调用该存储过程。

（1）创建存储过程

```
DELIMITER $$
CREATE PROCEDURE xscj.compar(IN k1 integer, IN k2 integer, OUT k3 char(6) )
BEGIN
    IF k1>k2 THEN
        SET k3 = '大于';
    ELSEIF k1=k2 THEN
        SET k3 = '等于';
    ELSE
        SET k3 = '小于';
    END IF;
END$$
DELIMITER ;
```

（2）调用存储过程

```
CALL compar(3, 6, @k);
SELECT @k;
```

执行结果如图 6.5 所示。

```
+--------+
| @k     |
+--------+
| 小于   |
+--------+
1 row in set (0.00 sec)
```

图 6.5 执行结果

3 和 6 对应输入参数 k1 和 k2，用户变量 k 对应输出参数 k3。可以看到，由于 3 小于 6，输出参数 k 的值为“小于”。

【例 6.12】创建一个存储过程，有两个输入参数，即 xh 和 kcm，要求当某学生某门课程的成绩小于 60 分时将其学分修改为 0，大于等于 60 分时将其学分修改为此课程的学分。

```
DELIMITER $$
CREATE PROCEDURE xscj.do_update(IN xh char(6), IN kcm char(16))
BEGIN
   DECLARE  kch char(3);
   DECLARE  xf tinyint;
   DECLARE  cj tinyint;
   SELECT 课程号, 学分 INTO kch, xf FROM kc WHERE 课程名=kcm;
   SELECT 成绩 INTO cj FROM cj WHERE 学号=xh AND 课程号=kch;
   IF cj<60 THEN
      UPDATE cj SET 学分=0 WHERE 学号=xh AND 课程号=kch;
   ELSE
      UPDATE cj SET 学分=xf WHERE 学号=xh AND 课程号=kch;
   END IF;
END$$
DELIMITER ;
```

存储过程

接下来向 cj 表中输入一行数据：

```
INSERT INTO cj values('221101', '208', 50, 10);
```

然后，调用存储过程并查询调用结果：

```
CALL do_update('221101', '数据结构');
SELECT * FROM cj WHERE 学号='221101' AND 课程号='208';
```

执行结果如图 6.6 所示。

```
+--------+-----------+--------+--------+
| 学号   | 课程号    | 成绩   | 学分   |
+--------+-----------+--------+--------+
| 221101 | 208       |     50 |      0 |
+--------+-----------+--------+--------+
1 row in set (0.00 sec)
```

图 6.6　执行结果

可以看到，成绩小于 60 分时，其学分已经被修改为 0。

【例 6.13】创建一个存储过程 do_insert1，作用是向 xs 表中插入一行数据。再创建另外一个存储过程 do_insert2，在其中调用第一个存储过程，并根据条件处理该行数据。

创建第一个存储过程：

```
CREATE PROCEDURE xscj.do_insert1()
   INSERT INTO xs VALUES('191101', '陶伟', '软件工程', 1, '2004-03-05', 15, NULL, NULL);
```

创建第二个存储过程：

```
DELIMITER $$
CREATE PROCEDURE xscj.do_insert2(IN x bit(1), OUT str char(8))
BEGIN
    CALL do_insert1();
    IF x=0 THEN
        UPDATE xs SET 姓名='刘英', 性别=0 WHERE 学号='191101';
        SET str='修改成功';
    ELSEIF x=1 THEN
        DELETE FROM xs WHERE 学号='191101';
        SET str='删除成功';
    END IF;
END$$
DELIMITER ;
```

接下来调用存储过程 do_insert2 来查看结果：

```
CALL do_insert2(1, @str);
SELECT @str;
```

执行结果如图 6.7 所示。

```
CALL do_insert2(0, @str);
SELECT @str;
```

执行结果如图6.8所示。

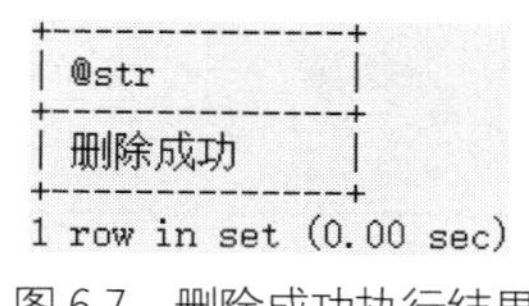

图6.7 删除成功执行结果

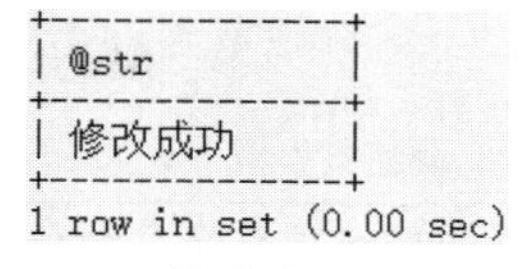

图6.8 修改成功执行结果

2. 删除存储过程

创建存储过程后需要将其删除时使用DROP PROCEDURE语句。在此之前，必须确认该存储过程与其他存储过程没有任何依赖关系，否则会导致其他与之关联的存储过程无法运行，其语法格式如下：

```
DROP PROCEDURE [IF EXISTS] 存储过程名
```

存储过程名是要删除的存储过程的名称，IF EXISTS子句是MySQL的扩展，用于在程序或函数不存在时防止发生错误。

例如，删除存储过程dowhile，命令如下：

```
DROP PROCEDURE IF EXISTS dowhile;
```

3. 修改存储过程

使用ALTER PROCEDURE语句可以修改存储过程的某些特征，其语法格式如下：

```
ALTER PROCEDURE 存储过程名 [特征 ...]
```

特征格式为：

```
{ CONTAINS SQL | NO SQL | READS SQL DATA | MODIFIES SQL DATA }
| SQL SECURITY { DEFINER | INVOKER }
| COMMENT 'string'
```

如果要修改存储过程的内容，可以使用先删除再重新定义存储过程的方法。

【例6.14】 使用先删除再定义的方法修改存储过程。

```
DELIMITER $$
DROP PROCEDURE IF EXISTS do_query;
CREATE PROCEDURE do_query()
BEGIN
    SELECT * FROM xs;
END$$
DELIMITER ;
```

完成后可调用存储过程查询结果：

```
CALL do_query();
```

参照结果会发现，该存储过程的作用由原先的只查询xs表中学生人数，扩展为查询xs表中学生的全部信息。

6.2 存储函数

存储函数也是过程式数据库对象之一，它们都是由SQL和过程式语句组成的代码，存储函数可接收输入参数，不能拥有输出参数，因为存储函数本身具有返回值。用户可以从应用程序和SQL中调用存储函数。

6.2.1 创建存储函数

语法格式如下：

```
CREATE FUNCTION 存储函数名 ([参数...])
    RETURNS type
    [特征 ...] 存储函数体
```

说明

存储函数的定义格式和存储过程相似。

- 存储函数不能使用与存储过程相同的名称。
- 存储函数的参数只有名称和类型，不能指定 IN、OUT 和 INOUT。RETURNS type 子句用于声明函数返回值的数据类型。
- 存储函数体：所有在存储过程中使用的 SQL 语句也适用存储函数，包括流程控制语句、游标等。但是存储函数体中必须包含一条 RETURN value 语句，value 表示存储函数的返回值。这是存储过程体中没有的。

下面举一些存储函数的例子。

【例 6.15】创建一个存储函数，返回 xs 表中学生的人数。

```
DELIMITER $$
CREATE FUNCTION num_of_xs()
RETURNS integer
BEGIN
    RETURN (SELECT count(*) FROM xs);
END$$
DELIMITER ;
```

RETURN 子句中包含 SELECT 语句时，SELECT 语句的返回结果只能有一个值。

【例 6.16】创建一个存储函数，返回某个学生的姓名。

```
DELIMITER $$
CREATE FUNCTION name_of_stu(xh char(6))
RETURNS char(8)
BEGIN
    RETURN (SELECT 姓名 FROM xs WHERE 学号=xh);
END$$
DELIMITER ;
```

【例 6.17】创建一个存储函数来删除 cj 表中存在但 xs 表中不存在的学号。

```
DELIMITER $$
CREATE FUNCTION delete_stu(xh char(6))
    RETURNS boolean
BEGIN
    DECLARE stu char(6);
    SELECT 姓名 INTO stu FROM xs WHERE 学号=xh;
    IF stu IS NULL THEN
        DELETE FROM cj WHERE 学号=xh;
        RETURN true;
    ELSE
        RETURN false;
    END IF;
END$$
DELIMITER ;
```

说明　如果参数中的学号在 xs 表中不存在，将删除 cj 表中所有与该学号相关的行，返回 1；如果学号在 xs 表中存在，则直接返回 0。

6.2.2　存储函数的调用、删除和修改

存储函数创建后可以被调用，也可以被修改和删除。

1. 调用存储函数

存储函数创建完后，好比系统提供的内置函数（如 VERSION()函数），所以调用存储函数的方法与调用内置函数的方法相似，都是使用 SELECT 关键字。

SELECT 关键字的语法格式如下：

```
SELECT 存储函数名 ([参数[...]])
```

例如，无参数调用存储函数。命令如下：

```
SELECT num_of_xs();
```

执行结果如图 6.9 所示。

例如，有参数调用存储函数。命令如下：

```
SELECT name_of_stu('221106');
```

执行结果如图 6.10 所示。

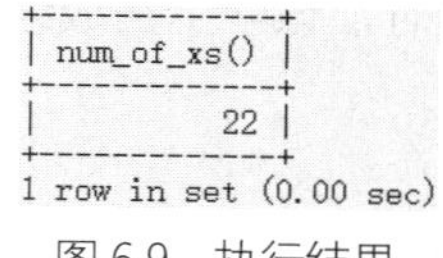

```
+-------------+
| num_of_xs() |
+-------------+
|          22 |
+-------------+
1 row in set (0.00 sec)
```

图 6.9　执行结果

```
+-----------------------+
| name_of_stu('221106') |
+-----------------------+
| 李方方                 |
+-----------------------+
1 row in set (0.00 sec)
```

图 6.10　执行结果

存储函数本身还可以调用另外一个存储函数或存储过程。

【例 6.18】创建一个存储函数，通过调用存储函数 name_of_stu()获得指定学号学生的姓名，判断姓名是不是“王林”，如果是则返回王林的出生日期；如果不是则返回“false”。

```
DELIMITER $$
CREATE FUNCTION is_stu(xh char(6))
    RETURNS char(10)
BEGIN
    DECLARE name char(8);
    SELECT name_of_stu(xh) INTO name;
    IF name='王林'  THEN
        RETURN(SELECT 出生日期 FROM xs WHERE 学号=xh);
    ELSE
        RETURN 'false';
    END IF;
END$$
DELIMITER ;
```

接着调用存储函数 is_stu()查看结果：

```
SELECT is_stu('221102');
```

执行结果如图 6.11 所示。

```
SELECT is_stu('221101');
```

执行结果如图 6.12 所示。

```
+------------------+
| is_stu('221102') |
+------------------+
| false            |
+------------------+
1 row in set (0.00 sec)
```

图 6.11　执行结果

```
+------------------+
| is_stu('221101') |
+------------------+
| 2004-02-10       |
+------------------+
1 row in set (0.00 sec)
```

图 6.12　执行结果

2．删除存储函数

删除存储函数与删除存储过程的方法基本相同，使用 DROP FUNCTION 语句，其语法格式如下：

```
DROP FUNCTION [IF EXISTS] 存储过程名
```

例如，删除存储函数 num_of_xs。

```
DROP FUNCTION IF EXISTS num_of_xs;
```

用户可使用 SHOW FUNCTION STATUS 命令查看执行结果，确定该函数已经被删除。使用 ALTER FUNCTION 语句可以修改存储函数的特征，其语法格式如下：

```
ALTER FUNCTION 存储函数名 [特征 ...]
```

修改存储函数的内容则需要采用先删除后定义的方法。

6.3 触发器

触发器是一种被指定关联到一个表的数据对象，用于保护表中的数据。当有操作影响到触发器保护的数据时，触发器自动执行。触发器的代码也是由声明式和过程式的 SQL 语句组成的，因此用在存储过程中的语句也可以用在触发器的定义中。

利用触发器可以方便地实现数据库中数据的完整性约束。例如，对于 xscj 数据库有学生表、成绩表和课程表的情况，当要删除学生表中一个学生的数据时，该学生在成绩表中对应的记录可以利用触发器进行删除，避免出现不一致的冗余数据。

1．创建触发器

CREATE TRIGGER 的语法格式如下：

```
CREATE TRIGGER 触发器名 触发时刻 触发事件
    ON 表名 FOR EACH ROW 触发器动作
```

- 触发器名在当前数据库中必须是唯一的。如果要在某个特定数据库中创建触发器，则触发器名前面应该加上数据库的名称。
- 触发时刻有两个选项，即 AFTER 和 BEFORE，以表示触发器是在激活它的语句之前或之后触发。如果想要在激活触发器的语句执行之后执行几个或更多的改变，通常使用 AFTER 选项；如果想要验证新数据是否满足使用的条件，则使用 BEFORE 选项。
- 触发事件：指明激活触发程序的语句的类型，可以是下述值之一。

  INSERT：将新行插入表时激活触发器。例如，使用 INSERT、LOAD DATA 和 REPLACE 语句。

  UPDATE：更改某一行时激活触发器。例如，使用 UPDATE 语句。

  DELETE：从表中删除某一行时激活触发器。例如，使用 DELETE 和 REPLACE 语句。
- 表名：表示在该表上发生触发事件才会激活触发器。同一个表不能拥有两个具有相同触发时刻和触发事件的触发器。例如，对于某一个表，不能有两个 BEFORE UPDATE 触发器，但可以有一个 BEFORE UPDATE 触发器和一个 BEFORE INSERT 触发器，或者一个 BEFORE UPDATE 触发器和一个 AFTER UPDATE 触发器。
- FOR EACH ROW：这个声明用来指定，对于受触发事件影响的每一行，都要激活触发器的动作。例如，使用一条语句向一个表中添加多行，触发器会对每一行执行相应触发器动作。
- 触发器动作：包含触发器激活时将要执行的语句。如果要执行多条语句，可使用 BEGIN...END 复合语句结构。支持使用存储过程中允许的相同语句。
- 查看数据库中有哪些触发器，可以使用 SHOW TRIGGERS 命令。
- 使用触发器不能返回任何结果到客户端，为了阻止从触发器返回结果，不要在触发器定义中使用 SELECT 语句。同样，也不能调用将数据返回客户端的存储过程。

【例6.19】创建一个表table1，其中只有一列a。在表中创建一个触发器，每次插入操作时，将用户变量str的值设置为“trigger is working”。

```
CREATE TABLE table1(a integer);
CREATE TRIGGER table1_insert AFTER INSERT
    ON table1 FOR EACH ROW
    SET @str= ' trigger is working ';
```

向table1中插入一行数据：

```
INSERT INTO table1 VALUES(10);
```

查看str的值：

```
SELECT @str;
```

执行结果如图6.13所示。

```
+-----------------------+
| @str                  |
+-----------------------+
|  trigger is working   |
+-----------------------+
1 row in set (0.00 sec)
```

图6.13 执行结果

（1）在触发器中关联表中的列

使用在MySQL触发器中的SQL语句可以关联表中的任意列。但不能直接使用列的名称标识，以避免系统混淆。因为激活触发器的语句中可能已经修改、删除或添加了新的列名，而旧的列名同时存在，所以必须用“NEW.列名”引用新行的一列，用“OLD.列名”引用更新或删除之前的已有行的一列。

对于INSERT触发事件，只有NEW是合法的；对于DELETE触发事件，只有OLD才合法；而UPDATE触发事件可以与NEW或OLD同时使用。

【例6.20】创建一个触发器，当删除xs表中某个学生的信息时，同时将cj表中与该学生有关的信息全部删除。

```
DELIMITER $$
CREATE TRIGGER xs_delete AFTER DELETE
    ON xs FOR EACH ROW
BEGIN
    DELETE FROM cj WHERE 学号=OLD.学号;
END$$
DELIMITER ;
```

使用以下命令验证触发器的功能：

```
DELETE FROM xs WHERE 学号='221101';
```

使用SELECT语句查看cj表中的情况：

```
SELECT * FROM cj;
```

这时可以发现，学号为221101的学生在cj表中的所有信息已经被删除。为了继续下面的举例，建议将此处删除的信息恢复。

【例6.21】创建一个触发器，当修改cj表中的数据时，如果修改后的成绩小于60分，则触发器将该成绩对应的课程学分修改为0，否则将学分修改成对应课程的学分。

```
DELIMITER $$
CREATE TRIGGER cj_update BEFORE UPDATE
    ON cj FOR EACH ROW
BEGIN
    DECLARE xf int(1);
    SELECT 学分 INTO xf FROM kc WHERE 课程号=NEW.课程号;
    IF NEW.成绩<60 THEN
        SET NEW.学分=0;
    ELSE
        SET NEW.学分=xf;
    END IF;
END$$
DELIMITER ;
```

当触发器涉及对触发器自身的更新操作时，只能使用 BEFORE，不允许使用 AFTER。

【例 6.22】创建触发器，实现当向 cj 表中插入一行数据时，根据成绩对 xs 表中的总学分进行修改。如果成绩≥60，则使总学分加上该课程的学分，否则总学分不变。

```
DELIMITER $$
CREATE TRIGGER cj_zxf AFTER INSERT
    ON cj FOR EACH ROW
BEGIN
    DECLARE xf int(1);
    SELECT 学分 INTO xf FROM kc WHERE 课程号=NEW.课程号;
    IF NEW.成绩>=60 THEN
        UPDATE xs SET 总学分=总学分+xf WHERE 学号=NEW.学号;
    END IF;
END$$
DELIMITER ;
```

请读者自行验证本例结果。

（2）在触发器中调用存储过程

在触发器中还可以调用存储过程。

【例 6.23】假设 xscj 数据库中有一个与 xs 表结构完全相同的表 student，创建一个触发器，在向 xs 表中添加数据时，调用存储过程，将 student 表中的数据与 xs 表同步。

首先，定义存储过程：

```
DELIMITER $$
CREATE PROCEDURE changes()
BEGIN
    REPLACE INTO student SELECT * FROM xs;
END$$
DELIMITER ;
```

接着创建触发器：

```
CREATE TRIGGER student_change AFTER INSERT
    ON xs FOR EACH ROW
        CALL changes();
```

验证：

```
INSERT INTO xs
    VALUES('191102', '王大庆', '计算机', 1, '2004-08-14', 48, NULL,NULL);
SELECT * FROM student;
```

执行结果如图 6.14 所示。

mysql> SELECT * FROM student;

学号	姓名	专业名	性别	出生日期	总学分	照片	备注
191101	刘英	软件工程	0	2004-03-05	15	NULL	NULL
191102	王大庆	计算机	1	2004-08-14	48	NULL	NULL
201101	赵日升	计算机	1	2002-03-18	60	NULL	与澳洲联合培养
201103	严红	计算机	0	2002-08-11	60	NULL	NULL
201202	吴薇华	通信工程	0	2002-03-18	56	NULL	NULL
201203	刘燕敏	通信工程	0	2002-11-12	56	NULL	NULL
201205	罗林琳	通信工程	0	2003-01-30	56	NULL	NULL
211101	李明	计算机	1	2003-05-01	46	NULL	学生会负责人
211102	林一帆	计算机	1	2003-08-05	46	NULL	NULL
211103	张强民	计算机	1	2003-08-11	42	NULL	NULL
211110	张蔚	计算机	0	2004-07-22	46	NULL	NULL
211201	李红庆	通信工程	1	2002-05-01	43	NULL	NULL
211202	孙祥欣	通信工程	1	2003-03-09	43	NULL	创新小组组长
211203	孙研	通信工程	1	2004-10-09	43	NULL	NULL
221101	王林	计算机	1	2004-02-10	15	NULL	NULL
221102	程明	计算机	1	2005-02-01	15	NULL	NULL
221103	王燕	计算机	0	2003-10-06	15	NULL	参加校女子足球队
221104	韦严平	计算机	1	2004-08-26	12	NULL	NULL
221106	李方方	计算机	1	2004-11-20	15	NULL	NULL
221201	刘华	通信工程	1	2004-06-10	13	NULL	辅修计算机专业
221202	王林	通信工程	1	2004-01-29	13	NULL	NULL
221204	马琳琳	通信工程	0	2003-02-10	15	NULL	NULL
221206	李计	通信工程	1	2003-09-20	16	NULL	NULL

23 rows in set (0.00 sec)

插入的记录

图 6.14 执行结果

可见，student 表中数据已经与 xs 表完全相同，为了使 xs 表和 student 表中的数据真正同步，还可以定义一个 UPDATE 触发器和一个 DELETE 触发器。

2．删除触发器

与其他数据库对象相同，使用 DROP 语句即可将触发器从数据库中删除，其语法格式如下：

```
DROP TRIGGER [schema_name.]trigger_name
```

trigger_name 为要删除的触发器名称，schema_name 为所在数据库的名称，如果为当前数据库，可以省略。

例如，删除触发器 xs_delete：

```
USE xscj
DROP TRIGGER xs_delete;
```

6.4　事件

MySQL 从 5.6 版本开始支持事件，不同的版本的可用功能可能有所不同。

MySQL 在应用程序要求执行的时候才会执行一条 SQL 语句或开始一个存储过程，触发器也是由一个应用程序间接调用的。

事件是 MySQL 在相应的时刻调用的过程式数据库对象。一个事件可以只被调用一次，例如，在 2014 年的 10 月 1 日下午 2 点调用。一个事件也能被周期性地调用，例如，每周日晚上 8 点调用。

事件与触发器相似，都是在某些事情发生的时候调用的。由于两者作用相似，因此事件也称作临时性触发器（Temporal Trigger）。

事件的主要作用如下：

（1）关闭账户；

（2）打开或关闭数据库指示器；

（3）使数据库中的数据在某个时间间隔后刷新；

（4）执行对数据的复杂的检查工作。

6.4.1　创建事件

语法格式如下：

```
CREATE EVENT  事件名
    ON SCHEDULE SCHEDULE
    [ON COMPLETION [NOT] PRESERVE]
    [ENABLE | DISABLE | DISABLE ON SLAVE]
    [COMMENT 'COMMENT']
    DO sql 语句;
```

SCHEDULE 格式如下：

```
AT 时间点 [+ INTERVAL 时间间隔]
    | EVERY 时间间隔
    [STARTS 时间点[+ INTERVAL 时间间隔]]
    [ENDS 时间点[+ INTERVAL 时间间隔]]
```

INTERVAL 格式如下：

```
count {YEAR | QUARTER | MONTH | DAY | HOUR | MINUTE |
     WEEK | SECOND | YEAR_MONTH | DAY_HOUR | DAY_MINUTE |
     DAY_SECOND | HOUR_MINUTE | HOUR_SECOND | MINUTE_SECOND}
```

- SCHEDULE：时间调度，表示事件何时发生或者每隔多久发生一次。

AT 子句：表示在某个时刻发生事件。可以在指定时间点后面添加一个时间间隔，由一个数值和单位构成。

EVERY 子句：表示在指定时间区间内事件发生的时间间隔。

STARTS 子句：指定开始时间。

ENDS 子句：指定结束时间。

- sql 语句：包含事件启动时执行的代码。如果包含多条语句，可以使用 BEGIN…END 复合结构。

说明

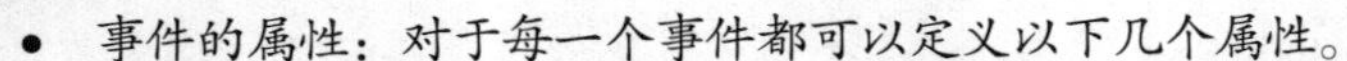

- 事件的属性：对于每一个事件都可以定义以下几个属性。

ON COMPLETION [NOT] PRESERVE：NOT 表示最后一次调用事件后将自动删除该事件（默认），否则最后一次调用事件后将保留该事件。

ENABLE | DISABLE | DISABLE ON SLAVE：ENABLE 表示该事件是活动的，活动意味着事件调度器会检查事件动作是否必须被调用。DISABLE 表示该事件是关闭的，关闭意味着事件的声明被存储到目录中，但是事件调度器不会检查它是否应该被调用。DISABLE ON SLAVE 表示事件在从服务器中是关闭的。如果不指定任何选项，在一个事件被创建之后，它会立即变为活动的。

一个打开的事件可以被调用一次或多次。每次调用一个事件，MySQL 都处理事件动作。

MySQL 事件调度器负责调用事件。事件调度器模块是 MySQL 数据库服务器的一部分，它将持续监视一个事件是否需要被调用。要创建事件，必须打开事件调度器。用户可以使用系统变量 EVENT_SCHEDULER 来打开事件调度器，TRUE 表示打开，FALSE 表示关闭：

```
SET GLOBAL EVENT_SCHEDULER = TRUE;
```

【例 6.24】创建一个立即启动的事件。

```
USE xscj
CREATE EVENT direct
    ON SCHEDULE  AT now()
    DO INSERT INTO xs VALUES('191103', '张建', '软件工程', 1, '2004-06-05',
        50,NULL,NULL);
```

说明

这个事件只被调用一次，在创建事件之后立即被调用。

【例 6.25】创建一个 30 秒后启动的事件。

```
CREATE EVENT thrityseconds
ON SCHEDULE AT now()+INTERVAL 30 SECOND
DO
    INSERT INTO xs VALUES('191104', '陈建', '软件工程', 1, '2004-08-16',
                            50,NULL,NULL);
```

【例 6.26】创建一个事件，它每个月启动一次，开始于下一个月并且在 2024 年的 12 月 31 日结束。

```
DELIMITER $$
CREATE EVENT startmonth
    ON SCHEDULE  EVERY 1 MONTH
    STARTS curdate()+INTERVAL 1 MONTH
ENDS '2024-12-31'
DO
BEGIN
    IF YEAR(curdate())<2024  THEN
```

```
        INSERT INTO xs VALUES('191105', '王建', '软件工程', 1, '2004-03-16',48,
NULL,NULL);
      END IF;
  END$$
  DELIMITER ;
```

6.4.2　修改和删除事件

在创建事件后，用户可以修改其定义和相关属性，也可以将其删除。

1. 修改事件

语法格式如下：

```
ALTER EVENT  EVENT_NAME
    [ON SCHEDULE SCHEDULE]
    [ON COMPLETION [NOT] PRESERVE]
    [RENAME TO NEW_EVENT_NAME]
    [ENABLE | DISABLE | DISABLE ON SLAVE]
    [COMMENT 'comment']
    [DO sql_statement]
```

ALTER EVENT 语句与 CREATE EVENT 语句格式相似，使用 ALTER EVENT 语句可以使一个事件关闭或活动。如果一个事件最后一次被调用后已经被删除，则无法对其进行修改。用户还可以使用 RENAME TO 子句修改事件的名称。

【例 6.27】 将事件 startmonth 的名称修改为 firstmonth。

```
ALTER EVENT startmonth
    RENAME TO firstmonth;
```

用户可以使用 SHOW EVENTS 命令查看修改结果。

2. 删除事件

语法格式如下：

```
DROP EVENT [IF EXISTS][database name.] event name
```

例如，删除名为 direct 的事件，命令如下：

```
DROP EVENT direct;
```

同样，使用 SHOW EVENTS 命令查看操作结果。

习题

一、选择题

1. 下列关于存储过程的说法中错误的是（　　）。
   A. 方便用户完成某些功能
   B. 使用存储过程方便用户批量执行 SQL 命令
   C. 存储过程中不能调用存储过程
   D. 应用程序中可以调用存储过程
2. 存储过程与外界的交互不能通过（　　）进行。
   A. 表　　B. 输入参数　　C. 输出参数　　D. 游标
3. 关于触发器的正确说法是（　　）。
   A. DML 触发器用于控制表记录
   B. DDL 触发器用于实现数据库管理
   C. 使用 DML 触发器不能控制所有数据完整性约束
   D. 触发器中的 SQL 代码是在事件产生时执行的

4. 下列关于触发器的说法错误的是（　　）。
   A. INSERT 触发器用于先插入记录后判断
   B. DELETE 触发器用于先删除记录后判断
   C. UPDATE 触发器用于先判断后修改记录
   D. A 和 B
5. 下列关于触发器的说法中错误的是（　　）。
   A. 游标一般用于存储过程　　B. 游标也可用于触发器
   C. 应用程序中可以调用触发器　　D. 触发器一般针对表

二、说明题

1. 试说明存储过程的特点及分类。
2. 为什么需要使用存储过程？举例说明存储过程的定义和调用方法。
3. 为什么需要使用存储函数？存储函数和存储过程有什么不同？举例说明存储函数的定义与调用方法。
4. 举例说明如何用存储函数和存储过程实现相同的功能。
5. 为什么需要使用触发器？举例说明。
6. 使用触发器是否可以实现参照完整性约束？
7. 为什么需要使用事件？举例说明。

实训

一、存储过程和存储函数

1. 存储过程

（1）创建存储过程，使用 Employees 表中的员工人数来初始化一个局部变量，并调用这个存储过程。

```
USE YGGL
DELIMITER $$
CREATE PROCEDURE test(OUT NUMBER1 integer)
BEGIN
   DECLARE NUMBER2 integer;
   SET NUMBER2=(SELECT COUNT(*) FROM Employees);
   SET NUMBER1=NUMBER2;
END$$
DELIMITER ;
```

调用该存储过程：

```
CALL test(@NUMBER);
```

查看结果：

```
SELECT @NUMBER;
```

```
+---------+
| @NUMBER |
+---------+
|      12 |
+---------+
1 row in set (0.01 sec)
```

实训图 6.1　执行结果

执行结果如实训图 6.1 所示。

（2）创建存储过程，比较两个员工的实际收入，若前者比后者高就输出 0，否则输出 1。

```
DELIMITER $$
CREATE PROCEDURE
    compa(IN ID1 char(6), IN ID2 char(6), OUT BJ integer)
BEGIN
    DECLARE SR1,SR2 float(8);
    SELECT InCome-OutCome INTO SR1 FROM Salary WHERE EmployeeID=ID1;
```

```
        SELECT InCome-OutCome INTO SR2 FROM Salary WHERE EmployeeID=ID2;
        IF ID1>ID2 THEN
            SET BJ=0;
        ELSE
            SET BJ=1;
        END IF;
    END$$
    DELIMITER ;
```

调用该存储过程：

```
CALL compa('000001', '108991',@BJ);
```

查看结果：

```
SELECT @BJ;
```

执行结果如实训图 6.2 所示。

```
+------+
| @BJ  |
+------+
|    1 |
+------+
1 row in set (0.00 sec)
```

实训图 6.2　执行结果

（3）创建存储过程，使用游标确定一个员工的实际收入是否排在前三名。结果为 TRUE 表示是，结果为 FALSE 表示否。

```
DELIMITER $$
CREATE PROCEDURE
top_three (IN EM_ID char(6), OUT OK boolean)
BEGIN
    DECLARE X_EM_ID char(6);
    DECLARE ACT_IN,SEQ integer;
    DECLARE FOUND boolean;
    DECLARE SALARY_DIS CURSOR FOR                          /*声明游标*/
        SELECT EmployeeID, InCome-OutCome
        FROM Salary
        ORDER BY 2 DESC;
    DECLARE CONTINUE HANDLER FOR NOT FOUND                 /*处理程序*/
    SET FOUND=FALSE;
    SET SEQ=0;
    SET FOUND=TRUE;
    SET OK=FALSE;
    OPEN SALARY_DIS;
    FETCH SALARY_DIS INTO X_EM_ID, ACT_IN;                 /*读取第一行数据*/
    WHILE FOUND AND SEQ<3 AND OK=FALSE DO                  /*比较前三行数据*/
        SET SEQ=SEQ+1;
        IF X_EM_ID=EM_ID THEN
            SET OK=TRUE;
        END IF;
        FETCH SALARY_DIS INTO X_EM_ID, ACT_IN;
    END WHILE;
    CLOSE SALARY_DIS;
END $$
DELIMITER ;
```

【思考与练习】

a．创建存储过程，要求当一个员工的工作时间大于 6 年时将其转到经理办公室工作。

b．创建存储过程，使用游标计算本科及以上学历员工的人数在总员工数中所占的比例。

2．存储函数

（1）创建一个存储函数，返回员工的总人数。

```
CREATE FUNCTION em_num()
    RETURNS integer
    RETURN(SELECT COUNT(*) FROM Employees);
```

调用该存储函数：

```
SELECT em_num();
```

执行结果如实训图 6.3 所示。

```
+-----------+
| em_num()  |
+-----------+
|        12 |
+-----------+
1 row in set (0.00 sec)
```

实训图 6.3 执行结果

（2）创建一个存储函数，删除在 Salary 表中有但在 Employees 表中不存在的员工编号。若 Employees 表中存在则返回 FALSE；若不存在则删除该员工编号并返回 TRUE。

```
DELIMITER $$
CREATE FUNCTION delete_em(EM_ID char(6))
    RETURNS boolean
BEGIN
    DECLARE EM_NAME char(10);
    SELECT Name INTO EM_NAME FROM Employees WHERE EmployeeID=EM_ID;
    IF EM_NAME IS NULL THEN
        DELETE FROM Salary WHERE EmployeeID=EM_ID;
        RETURN TRUE;
    ELSE
        RETURN FALSE;
    END IF;
END$$
DELIMITER ;
```

调用该存储函数：

```
SELECT delete_em('000001');
```

执行结果如实训图 6.4 所示。

```
+---------------------+
| delete_em('000001') |
+---------------------+
|                   0 |
+---------------------+
1 row in set (0.00 sec)
```

实训图 6.4 执行结果

【思考与练习】

a．创建存储函数，判断指定员工是否在研发部工作，若是则返回其学历，若不是则返回字符串“NO”。

b．创建一个存储函数，将工作时间满 4 年的员工的收入增加 500 元。

二、触发器和事件

1．触发器

（1）创建触发器，在 Employees 表中删除指定员工信息的同时将 Salary 表中该员工的信息删除，以确保数据完整性。

```
CREATE TRIGGER delete_em AFTER DELETE
    ON Employees FOR EACH ROW
    DELETE FROM Salary
    WHERE EmployeeID=OLD.EmployeeID;
```

创建完后删除 Employees 表中的一行数据，然后查看 Salary 表的变化情况。

（2）假设 Departments2 表和 Departments 表的结构和内容都相同，在 Departments 表中创建一个触发器，如果在 Departments 表中添加一个新的部门，该部门也会被添加到 Departments2 表中。

```
DELIMITER $$
CREATE TRIGGER Departments_Ins
    AFTER INSERT ON Departments FOR EACH ROW
BEGIN
    INSERT INTO Departments2 VALUES(NEW.DepartmentID, NEW.DepartmentName,NEW.Note);
END$$
DELIMITER ;
```

（3）创建触发器，当修改表 Employees 时，若将 Employees 表中的员工的工作时间增加 1 年，则将收入增加 500 元，工作时间增加 2 年则增加 1000 元，依次增加。若工作时间减少，则无变化。

```
DELIMITER $$
```

```
CREATE TRIGGER ADD_SALARY
    AFTER UPDATE ON Employees FOR EACH ROW
BEGIN
    DECLARE YEARS  integer;
    SET YEARS = NEW.WorkYear-OLD.WorkYear;
    IF YEARS>0 THEN
        UPDATE Salary SET InCome=InCome+500*YEARS
            WHERE EmployeeID=NEW.EmployeeID;
    END IF;
END$$
DELIMITER ;
```

【思考与练习】

a．创建 UPDATE 触发器，当 Departments 表中的部门号发生变化时，Employees 表中员工所属的部门号也将改变。

b．创建 UPDATE 触发器，当 Salary 表中的收入增加 500 时，支出则增加 50。

2．事件

（1）创建一个立即执行的事件，查询 Employees 表中的信息。

```
CREATE EVENT direct_happen
    ON SCHEDULE  AT NOW()
    DO
        SELECT * FROM Employees;
```

（2）创建一个事件，每天执行一次，从明天开始执行直到 2028 年 12 月 31 日结束。

```
DELIMITER $$
CREATE EVENT every_day
   ON SCHEDULE  EVERY 1 DAY
      STARTS CURDATE()+INTERVAL 1 DAY
      ENDS '2028-12-31'
   DO
   BEGIN
      SELECT * FROM Employees;
   END$$
DELIMITER ;
```

【思考与练习】

a．创建一个 2023 年 11 月 25 日上午 11 点执行的事件。

b．创建一个从下个月 20 日开始到 2028 年 5 月 20 日结束，每个月执行一次的事件。

第 7 章 MySQL 数据库备份与恢复

【学习目标】

（1）掌握常用的数据库备份和恢复的方法。

（2）掌握日志功能和处理方法。

尽管系统采取了各种措施来保证数据库的安全性和完整性，但硬件故障、软件错误、病毒、误操作或故意破坏仍可能发生。这些会造成运行事务的异常中断，影响数据正确性，甚至会破坏数据库，使数据库中的数据部分或全部丢失。因此数据库管理系统提供了将数据库从错误状态恢复到正确状态的功能，这种功能称为恢复。拥有能够恢复的数据对于数据库系统来说是非常重要的。MySQL 中有 3 种保证数据安全的方法。

（1）数据库备份：通过导出数据或者表文件的备份来保护数据。

（2）二进制格式日志文件：保存更新数据的所有语句。

（3）数据库复制：MySQL 内部复制功能建立在两个或两个以上服务器之间，其中一个作为主服务器，其他的作为从服务器。

本章主要介绍 MySQL 数据库备份与恢复。

数据库恢复是指当数据库出现故障时，将备份的数据库加载到系统，从而使数据库恢复为备份时的正确状态。恢复是与备份相对应的系统维护和管理操作，对系统进行恢复操作时，先执行一些对系统安全性的检查，包括检查所要恢复的数据库是否存在、数据库是否变化及数据库文件是否兼容等，然后根据所采用的数据库备份类型采取相应的恢复措施。

7.1 常用的备份方法

数据库备份是简单的保护数据的方法，本节将介绍多种备份方法。

7.1.1 使用 SQL 语句导出或导入表数据

用户可以使用 SELECT INTO…OUTFILE 语句把表数据导出到一个文本文件中，并使用 LOAD DATA …INFILE 语句恢复数据。但是这种方法只能导出或导入数据的内容，不包括表的结构。如果表的结构文件损坏，则必须先恢复表的结构。

1．导出表数据

导出表数据的语法格式如下：

```
SELECT * INTO OUTFILE '文件名1'
[FIELDS
```

```
        [TERMINATED BY 'string']
        [[OPTIONALLY] ENCLOSED BY 'char']
        [ESCAPED BY 'char' ]
    ]
    [LINES TERMINATED BY 'string']
    | DUMPFILE '文件名 2'
```

这条语句的作用是将表中 SELECT 语句选中的行写入一个文件中。文件默认在服务器主机上创建，并且文件存储位置的原文件将被覆盖。如果要将该文件写入一个特定的位置，则需要在文件名前添加具体的路径。在文件中，数据行以一定的格式存放，空值用“\N”表示。

使用 OUTFILE 时，可以加入两个自选的子句，它们的作用是决定数据行在文件中存放的格式。

（1）FIELDS 子句：需要指定下列 3 个中的至少一个。

① TERMINATED BY：指定列值之间的分隔符，例如，“TERMINATED BY','”表示指定逗号作为两个列值之间的分隔符。

② ENCLOSED BY：指定标示文件中字符值的符号，例如，“ENCLOSED BY'"'”表示文件中的字符值放在双引号之间，使用关键字 OPTIONALLY 表示所有的值都放在双引号之间。

③ ESCAPED BY：指定转义字符，例如，使用“ESCAPED BY'*'”将“*”指定为转义字符，取代“\”，如空格将表示为“*N”。

（2）LINES 子句：使用 TERMINATED BY 指定一行结束的标志，如“LINES TERMINATED BY'?'”表示一行以“?”作为结束标志。

如果 FIELDS 子句和 LINES 子句都没有指定，则默认声明以下子句：

```
FIELDS TERMINATED BY '\t' ENCLOSED BY '' ESCAPED BY '\\'
LINES TERMINATED BY '\n'
```

如果使用 DUMPFILE 而不使用 OUTFILE，导出的文件里所有的行连续排列，值和行之间没有任何标记，成为一个长长的值。

2. 导入表数据

导入表数据的语法格式如下：

```
LOAD DATA [LOW_PRIORITY | CONCURRENT] [LOCAL] INFILE '文件名.txt'
    [REPLACE | IGNORE]
    INTO TABLE 表名
    [FIELDS
        [TERMINATED BY 'string']
        [[OPTIONALLY] ENCLOSED BY 'char']
        [ESCAPED BY 'char' ]
    ]
    [LINES
        [STARTING BY 'string']
        [TERMINATED BY 'string']
    ]
    [IGNORE number LINES]
    [(列名或用户变量,...)]
    [SET 列名 = 表达式,...]]
```

- LOW_PRIORITY | CONCURRENT：若指定 LOW_PRIORITY，则表示延迟语句的执行；若指定 CONCURRENT，则表示当 LOAD DATA 正在执行时，其他线程可以同时使用该表中的数据。
- LOCAL：表示文件会被客户端读取，并被发送到服务器。文件名必须包含完整的路径，以指定确切的位置。如果给定的是一个相对路径，则此名称会被认为是相对于启动客户

端时文件所在的目录。若未指定 LOCAL，则表示文件必须位于服务器主机上，并且被服务器直接读取。

与服务器直接读取文件相比，使用 LOCAL 速度略慢，这是因为文件内容必须通过客户端发送到服务器上。

- 文件名.txt：该文件中保存了待存入数据库的数据行，由 SELECT INTO…OUTFILE 命令导出产生。载入文件时可以指定文件的绝对路径，如“D:/file/myfile.txt”，则服务器根据该路径搜索文件。若不指定路径，则服务器在数据库默认目录中读取。若文件为“./myfile.txt”，则服务器直接在数据目录下读取，即 MySQL 的 data 目录。注意，这里使用斜线表示指定 Windows 路径，而不使用反斜线。

出于安全原因，当读取位于服务器中的文本文件时，文件必须位于数据库目录中，或者是全体可读的。

- REPLACE | IGNORE：如果指定了 REPLACE，则表示当文件中出现与原有行相同的唯一关键字值时，输入行会替换原有行；如果指定了 IGNORE，则表示跳过与原有行有相同的唯一关键字值的输入行。
- 表名：该表在数据库中必须存在，表结构必须与导入文件的数据行结构一致。
- FIELDS 子句：与 SELECT..INTO OUTFILE 语句类似，用于判断列之间和数据行之间的符号。
- LINES 子句：TERMINATED BY 用于指定一行结束的标志。STARTING BY 用于指定一个前缀，导入数据行时，忽略行中的该前缀及其之前的内容。如果某行不包括该前缀，则整行被跳过。例如，文件 myfile.txt 中有以下内容：

```
xxx"row",1
something xxx"row",2
```

导入数据时添加以下子句：

```
STARTING BY'xxx'
```

最后只得到数据("row",1)和("row",2)。

- IGNORE number LINES：该选项可以用于忽略文件的前几行。例如，可以使用 IGNORE 1 LINES 来跳过第一行。
- 列名或用户变量：如果需要载入一个表的部分列或文件中列值顺序与表中列值的顺序不同，就必须指定一个列清单。如以下语句：

```
LOAD DATA INFILE 'myfile.txt'
    INTO TABLE myfile  (学号,姓名,性别);
```

- SET 子句：使用 SET 子句可以在导入数据时修改表中列的值。

【例 7.1】备份 xscj 数据库的 kc 表中的数据到 D 盘 file 目录中，要求如果列值是字符就用双引号标示，列值之间用逗号隔开，每行以“？”为结束标志。最后将备份后的数据导入一个与 kc 表结构相同的空表 course 中。

首先导出数据（操作前先创建 D:\file 目录）：

```
USE xscj;
SELECT * from kc
    INTO outfile 'd:/file/myfile1.txt'
        FIELDS  TERMINATED BY ','
            OPTIONALLY ENCLOSED BY '"'
        LINES TERMINATED BY '?';
```

导出成功后可以查看 D 盘 file 目录下的 myfile1.txt 文件，文件内容如图 7.1 所示。

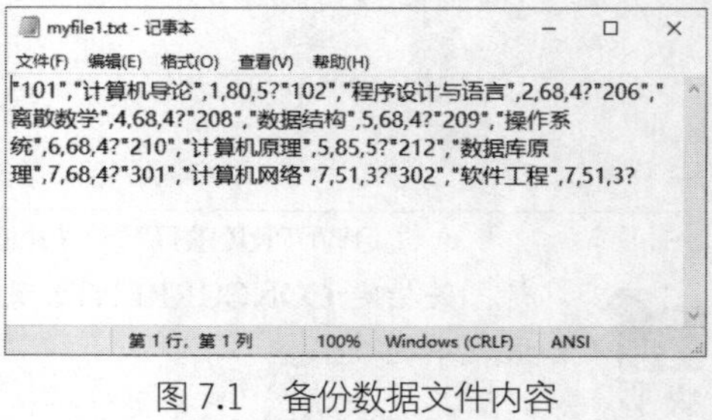

图 7.1　备份数据文件内容

备份完文件后可以将文件中的数据导入 course 表中，使用以下命令：

```
LOAD DATA INFILE 'd:/file/myfile1.txt'
    INTO TABLE course
        FIELDS  TERMINATED BY ','
            OPTIONALLY ENCLOSED BY '"'
        LINES TERMINATED BY '?';
```

在导入数据时，必须根据文件中数据行的格式指定判断的符号。例如，在 myfile1.txt 文件中列值是以逗号隔开的，导入数据时一定要使用“TERMINATED BY ','”子句指定逗号为列值之间的分隔符，与 SELECT…INTO OUTFILE 语句相对应。

因为 MySQL 中的表被保存为文件形式，所以很容易实现备份。但是在多个用户同时使用 MySQL 的情况下，为得到一个一致的备份，需要在相关的表上做一个读锁定，防止在备份过程中表被更新；当恢复数据时，需要做一个写锁定，以避免冲突。在备份或恢复完以后还要对表进行解锁。

7.1.2 使用客户端程序备份数据库

MySQL 中提供了很多免费的客户端程序和实用工具，不同的 MySQL 客户端程序可以连接服务器以访问数据库或执行不同的管理任务。这些程序不与服务器进行通信，但可以执行与 MySQL 相关的操作。MySQL 目录下的 bin 子目录中存储着这些客户端程序。本节将简单介绍 mysqldump 程序和 mysqlimport 程序。

使用客户端程序的方法如下。

打开命令行，进入 bin 目录：

```
cd E:\MySQL57\bin
```

后面介绍的客户端命令都在此处输入，如图 7.2 所示。

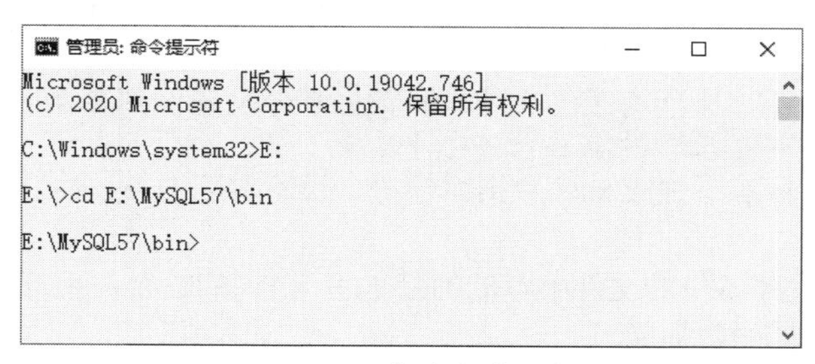

图 7.2 运行客户端程序

1. 使用 mysqldump 程序备份数据

mysqldump 程序也可用于备份数据，它比 SQL 语句多做的工作是可以在导出的文件中包含创建表结构的 SQL 语句，因此可以用于备份数据库中的表结构，而且可以用于备份数据库，甚至整个数据库系统。

（1）备份表。备份表的命令格式如下：

```
mysqldump [OPTIONS] 数据库名 [表名…]>备份的文件名
```

OPTIONS 是 mysqldump 命令支持的选项，可以通过执行 mysqldump -help 命令得到 mysqldump 选项表及帮助信息，这里不再详细列出。

如果该语句中有多个表，则都被保存在备份文件中，文件默认的保存地址是 MySQL 的 bin 目录下。如果要保存在特定位置，可以指定其具体路径。注意，文件名在目录中已经存在，新的备份文件会将原文件覆盖。

与其他客户端程序相同，备份数据时需要使用一个用户账号连接到服务器，这需要用户手动提供参数或在选项文件中修改有关值。参数格式为：

```
-h[主机名] -u[用户名] -p[密码]
```

其中，-p 选项与密码之间不能有空格。

【例 7.2】使用 mysqldump 程序备份 xs 表和 kc 表。

```
mysqldump -h localhost -u root -pnjnu123456 xscj xs kc > twotables.sql
```

如果是本地服务器，-h 选项可以省略。执行命令后，在 MySQL 的 bin 目录下可以看到，已经保存了一个.sql 格式的文件，文件中存储了创建 xs 表和 kc 表的一系列 SQL 语句。

若命令中不包含表名，则备份整个数据库。

（2）备份数据库。使用 mysqldump 程序还可以将一个或多个数据库备份到一个文件中。

备份数据库的命令格式如下：

```
mysqldump [OPTIONS] --databases [OPTIONS]数据库名...]> filename
```

【例 7.3】备份 xscj 数据库和 mytest 数据库到 D:/file 目录下。

```
mysqldump -uroot -pnjnu123456 --databases xscj mytest>D:/file/data.sql
```

命令执行完后，在 D:/file 目录下创建了 data.sql 文件，其中存储了创建 xscj 数据库和 mytest 数据库的全部 SQL 语句。

使用 mysqldump 程序还能备份整个数据库系统，即系统中的所有数据库。

【例 7.4】备份 MySQL 服务器上的所有数据库。使用如下命令：

```
mysqldump -uroot -pnjnu123456 --all-databases>all.sql
```

虽然用户可以使用 mysqldump 程序导出表的结构，但是在恢复数据时，如果数据量很大，众多 SQL 语句将使恢复的效率降低。使用--tab=选项会在选项中“=”后面指定的目录里，分别创建存储数据内容的.txt 格式文件和包含创建表结构的 SQL 语句的.sql 格式文件。该选项不能与--databases 或--all-databases 同时使用，并且 mysqldump 程序必须运行在服务器主机上。

【例 7.5】将 xscj 数据库中所有表的表结构和数据都分别备份到 D:/file 目录下。

```
mysqldump -uroot -pnjnu123456 --tab=D:/file/  xscj
```

其效果是在 D:/file 目录下生成 xscj 数据库中每个表所对应的.sql 文件和.txt 文件。

（3）恢复数据库

使用 mysqldump 程序备份的文件中存储的是 SQL 语句的集合，用户可以将这些语句还原到服务器中以恢复一个损坏的数据库。

【例 7.6】假设 xscj 数据库损坏，使用备份文件将其恢复。

备份 xscj 数据库的命令：

```
mysqldump -uroot -pnjnu123456 xscj>xscj.sql
```

恢复命令：

```
mysql -uroot -pnjnu123456 xscj<xscj.sql
```

如果表的结构损坏，也可以恢复，但是表中原有的数据将全部被清空。

【例 7.7】假设 xs 表结构损坏，备份文件在 D 盘 file 目录下，现将包含 xs 表结构的.sql 文件恢复到服务器中。

```
mysql -uroot -pnjnu123456 xscj<D:/file/xs.sql
```

如果只恢复表中的数据，就要使用 mysqlimport 程序。

2．使用 mysqlimport 程序恢复数据

mysqlimport 程序可以用来恢复表中的数据，它提供了 LOAD DATA INFILE 语句的一个命令行接口，通过发送一条 LOAD DATA INFILE 命令到服务器来运作。它的大多数选项直接对应 LOAD DATA INFILE 语句，其命令格式如下：

```
mysqlimport [options] db_name filename ...
```

options 是 mysqlimport 命令支持的选项，用户使用 mysqlimport -help 即可查看这些选项的内容和作用。常用的选项如下。

- -d、--delete：在导入文本文件前清空表格。
- --lock-tables：在处理任何文本文件前锁定所有表，以保证所有表在服务器上同步。对于 InnoDB 类型的表，则不必进行锁定。
- --low-priority、--local、--replace、--ignore：分别对应 LOAD DATA INFILE 语句的 LOW_PRIORITY、LOCAL、REPLACE、IGNORE 关键字。

对于在命令行上命名的每个文本文件，mysqlimport 程序将剥去文件名的扩展名，并使用文件名决定向哪个表导入文件的内容。例如，"patient.txt""patient.sql""patient"都会被导入名为 patient 的表中，因此备份的文件名应根据需要恢复的表命名。

【例 7.8】恢复 xscj 数据库中表 xs 的数据，保存数据的文件为 xs.txt，命令如下：

```
mysqlimport -uroot -pnjnu123456 --low-priority --replace xscj xs.txt
```

mysqlimport 程序也需要提供-u、-p 选项来连接服务器。值得注意的是，mysqlimport 程序是通过执行 LOAD DATA INFILE 语句来恢复数据库的，因此上例中未指定位置的备份文件默认被保存在 MySQL 的 data 目录中。如果备份文件不在 data 目录中，则需要指定文件的具体路径。

7.1.3 直接复制

根据前面的介绍，由于 MySQL 中的数据库和表是直接通过目录和表文件创建的，因此可以通过直接复制文件的方法来备份数据库。不过，直接复制的文件不能被移植到其他机器上，除非复制的表使用 MyISAM 存储格式。

如果要把 MyISAM 类型的表直接复制到另一个服务器使用，首先要求两个服务器必须使用相同版本的 MySQL，而且硬件结构必须相同或相似。在复制之前要保证数据表没有被使用，保证复制完整性的最好方法是关闭服务器，复制数据库下的所有表文件（*.frm、*.myd 和*.myi 文件），然后重启服务器。文件复制出来以后，可以将文件存放到另外一个服务器的数据库目录下，另外一个服务器即可正常使用这张表。

7.2 日志文件

在实际操作中，普通用户和系统管理员不可能随时备份文件，但当数据丢失时，或者数据库目录中的文件损坏时，只能恢复已经备份的文件，而对在这之后更新的数据无能为力。要解决这个问题，必须使用日志文件。日志文件可以实时记录修改、插入和删除的 SQL 语句。在 MySQL 5.7 中，更新日志已经被二进制格式日志取代，它是一种更有效的日志，包含所有更新了数据或者已经潜在更新了数据的所有语句，语句以"事件"的形式保存。

7.2.1 启用日志

二进制格式日志可以在启动服务器的时候启用，这需要修改 MySQL 安装目录中的 my-default.ini 选项文件。打开该文件，找到[mysqld]所在行，在该行后面添加以下行：

```
log-bin[=filename]
```

加入该行后，服务器启动时将加载该选项，从而启用二进制格式日志。如果 filename 包含扩展名，则扩展名被忽略。MySQL 服务器将为每个二进制格式日志名后面添加一个数字扩展名。每次启动服务器或更新日志时该数字增加 1。如果未给出 filename，则默认其为主机名。

假设这里 filename 为 bin_log。若不指定目录，则在 MySQL 的 data 目录下自动创建二进制格式日志文件。由于使用 mysqlbinlog 工具处理日志时，日志必须处于 bin 目录下，因此日志的路径就被指定为 bin 目录，添加以下行：

```
log-bin=E:/MySQL57/bin/bin_log
```

保存，重启服务器。

要重启服务器，可以先关闭服务器，在命令窗口中输入以下命令：

```
net stop mysql
```

再启动服务器：

```
net start mysql
```

此时，MySQL 安装目录的 bin 目录下多出两个文件：bin_log.000001 和 bin_log.index。bin_log.000001 是二进制格式日志文件，以二进制格式存储，用于保存数据库更新信息。当这个日志文件大小达到上限时，MySQL 会自动创建新的二进制格式文件。bin_log.index 是服务器自动创建的二进制格式日志索引文件，包含所有使用的二进制格式日志文件的文件名。

7.2.2 用 mysqlbinlog 工具处理日志

使用 mysqlbinlog 工具可以检查二进制格式日志文件，命令格式为：

```
mysqlbinlog [options] 日志文件名...
```

例如，运行以下命令可以查看 bin_log.000001 的内容：

```
mysqlbinlog bin_log.000001
```

由于二进制数据量可能非常庞大，无法在屏幕上完全显示，可以将其保存到文本文件中：

```
mysqlbinlog bin_log.000001>D:/file/lbin-log000001.txt
```

使用日志恢复数据的命令格式如下：

```
mysqlbinlog [options] 日志文件名... | mysql [options]
```

【例 7.9】假设用户在星期一下午 1 点使用 mysqldump 程序进行数据库 xscj 的完全备份，备份文件为 file.sql。从星期一下午 1 点用户启用日志开始，bin_log.000001 文件保存了从星期一下午 1 点到星期二下午 1 点的所有更改，在星期二下午 1 点运行一条 SQL 语句：

```
flush logs;
```

此时创建了 bin_log.000002 文件，在星期三下午 1 点后数据库崩溃。现要将数据库恢复到星期三下午 1 点时的状态。首先将数据库恢复到星期一下午 1 点时的状态，在命令窗口输入以下命令：

```
mysqldump -uroot -pnjnu123456 xscj<file.sql
```

使用以下命令将数据库恢复到星期二下午时的状态：

```
mysqlbinlog bin_log.000001 | mysql -uroot -pnjnu123456
```

再使用以下命令即可将数据库恢复到星期三下午 1 点时的状态：

```
mysqlbinlog bin_log.000002 | mysql -uroot -pnjnu123456
```

由于日志文件要占用很多硬盘资源，因此要及时将没用的日志文件清除掉。以下 SQL 语句用于清除所有的日志文件：

```
reset master;
```

如果要删除部分日志文件，可以使用 PURGE MASTER LOGS 语句，其语法格式如下：

```
PURGE {MASTER | BINARY} LOGS TO '日志文件名'
```

或

```
PURGE {MASTER | BINARY} LOGS BEFORE 'date'
```

第一条语句用于删除特定的日志文件。第二条语句用于删除 date 之前的所有日志文件。MASTER 和 BINARY 是同义词。

习题

一、选择题

1．下列关于备份的说法中错误的是（　　）。

A．使用 SQL 语句导出数据库形成文本文件

B．使用客户端备份形成非文本文件

C．SQL 语句导入格式需要与 SQL 语句导出格式相同

D．可以用客户端备份再用 SQL 语句导入

2．下列关于恢复的说法中错误的是（　　）。

A．数据库恢复时需要存在同名数据库

B．备份的数据库不能在另一台主机上恢复

C．不可以从备份的整个数据库中恢复其中一个表

D．不可以进行差异备份和恢复

二、说明题

1．为什么要在 MySQL 中设置备份与恢复功能？

2．设计备份策略的指导思想是什么？主要考虑哪些因素？

3．客户端备份恢复与服务器备份恢复有什么不同？

4．恢复数据库要执行哪些操作？

5．SQL 语句中用于数据库备份和恢复的命令中各选项的含义分别是什么？

实训

一、使用 SQL 语句和客户端程序进行备份和恢复

1．使用 SQL 语句备份和恢复数据库

使用 SQL 语句只能备份和恢复表的内容，如果表的结构损坏，则需要先恢复表的结构才能恢复数据。

（1）备份。备份 YGGL 数据库中的 Employees 表到 D:/file 目录下，使用如下语句：

```
USE YGGL
SELECT * FROM Employees
    INTO OUTFILE 'D:/file/Employees.txt';
```

执行命令后查看 D:/file 目录下是否存在 Employees.txt 文件。

（2）恢复。为了方便说明问题，先删除 Employees 表中的几行数据，再使用 SQL 语句恢复 Employees 表，语句如下：

```
LOAD DATA INFILE 'D:/file/Employees.txt'
    REPLACE INTO TABLE Employees;
```

执行命令后使用 SELECT 查看 Employees 表的变化。

【思考与练习】

使用 SQL 语句备份并恢复 YGGL 数据库中的其他表，并使用不同的符号来表示列之间和行之间的间隔。

2．使用客户端程序备份和恢复表

使用客户端程序首先要打开客户端程序的运行环境，即打开命令行窗口，进入 MySQL 的 bin 目录，使用如下命令：

```
cd MySQL 安装目录\bin
```

客户端命令就在此运行。

（1）使用 mysqldump 程序备份表和数据库。使用 Mysqldump 程序备份的文件中包含创建表结构的 SQL 语句，备份数据库 YGGL 中的 Salary 表需要在客户端输入以下命令：

```
mysqldump -hlocalhost -uroot -pnjnu123456 YGGL Salary>D:/file/Salary.sql
```

查看 D 盘 file 目录下是否有名为 Salary.sql 的文件。

要备份整个 YGGL 数据库，可以使用以下命令：

```
mysqldump -uroot -pnjnu123456 --databases YGGL>D:/file/YGGL.sql
```

（2）使用 mysql 程序恢复数据库。为了方便查看效果，先删除 YGGL 数据库中的 Employees 表，然后使用以下命令：

```
mysql -uroot -pnjnu123456 YGGL<D:/file/YGGL.sql
```

打开 MySQL Administrator 查看 Employees 表是否恢复，恢复表结构也使用相同的方法。

（3）使用 mysqlimport 程序恢复表数据。Mysqlimport 程序的功能与 LOAD DATA INFILE 语句相同，假设原来的 Salary 表内容已经被备份成 Salary.txt 文件，如果 Salary 表中的数据发生了变化，可以使用以下命令恢复：

```
mysqlimport -uroot -pnjnu123456 --low-priority --replace YGGL D:/file/ Salary.txt
```

【思考与练习】

使用客户端程序 mysqldump 中的“--tab=”选项，分别备份数据库 YGGL 中的所有表的表结构和表内容。使用 mysql 程序恢复表 Salary 的结构，使用 mysqlimport 程序恢复表的内容。

二、使用界面工具对数据库进行完全备份和恢复

过程略。

第 8 章 MySQL 用户权限与维护

【学习目标】

（1）掌握用户的创建和权限分配、转移和回收。

（2）了解数据库的维护。

为了方便，前面我们都是以 root 用户来登录 MySQL 访问数据库数据的，本章主要介绍如何添加用户并为用户授予权限。

MySQL 的用户信息存储在 MySQL 自带的 MySQL 数据库的 user 表中。如果创建一个新的用户（SQL 用户），就可以为这个用户授予一定的权限。

MySQL 的安全系统非常灵活，允许以多种方式设置用户权限。例如，允许一个用户创建新的表，另一个用户被授权更新现有的表，而第三个用户只能查询表。

用户可以使用标准的 SQL 语句——GRANT 语句和 REVOKE 语句来修改控制用户访问的授权表。

了解 MySQL 授权表的结构，以及服务器如何利用它决定用户访问权限是有帮助的，它允许管理员通过直接修改授权表来增加、删除或修改用户权限；也允许管理员在检查这些表时诊断权限问题。

8.1 用户管理

用户管理包括添加、删除用户，以及修改用户名和密码等。

8.1.1 添加、删除用户

下面先介绍添加用户的语法格式，然后介绍删除用户的语法格式。

1．添加用户

语法格式如下：

```
CREATE USER 用户 [IDENTIFIED BY [PASSWORD] '密码']
    [, ... ]
```

用户格式为：

```
'用户名'@ '主机名'
```

说明

- 在大多数 SQL 产品中，用户名和密码只能由字母和数字组成。
- IDENTIFIED BY 用于为用户指定一个密码。特别是要在纯文本中指定密码，需忽略 PASSWORD 关键词。如果不想以明文发送密码，而且知道 PASSWORD()函数返回给密码的混编值，则可以指定该混编值，但是需要添加关键字 PASSWORD。

- CREATE USER 用于创建新的 MySQL 用户。此后系统本身的 mysql 数据库的 user 表中会添加一个新记录。
- 要使用 CREATE USER 语句，必须拥有 MySQL 数据库的全局 CREATE USER 权限或 INSERT 权限。如果用户已经存在，则出现错误。

【例 8.1】添加两个新的用户，king 的密码为 queen，palo 的密码为 530415。

```
CREATE USER
   'king'@'localhost' IDENTIFIED BY 'queen',
   'palo'@'localhost' IDENTIFIED BY '530415';
```

完成后可切换到 mysql 数据库，在 user 表中查看刚刚添加的两个用户记录：

```
USE mysql
SHOW TABLES;
SELECT * FROM user
```

说明

- 在用户名的后面声明关键字 localhost。这个关键字指定了用户创建的使用 MySQL 的连接所来自的主机。如果一个用户名和主机名中包含特殊符号如“_”，或通配符如“%”，则需要使用单引号对其进行标示。“%”表示一组主机。
- 如果两个用户具有相同的用户名但主机不同，MySQL 会将其视为不同的用户，允许为这两个用户分配不同的权限集合。
- 如果没有输入密码，那么 MySQL 允许相关的用户不使用密码登录。但是从安全角度出发，并不推荐这种做法。
- 刚刚创建的用户只拥有少量权限。新用户可以登录到 MySQL，但是不能借助 USE 语句使用户已经创建的任何数据库成为当前数据库，因此它们无法访问那些数据库中的表，只被允许进行不需要权限的操作，例如，使用一条 SHOW 语句查询所有存储引擎和字符集的列表。

2. 删除用户

语法格式如下：

```
DROP USER 用户[, 用户] ...
```

DROP USER 语句用于删除一个或多个 MySQL 用户，并取消其权限。要使用 DROP USER，必须拥有 MySQL 数据库的全局 CREATE USER 权限或 DELETE 权限。

【例 8.2】删除用户 palo。

```
DROP USER palo@localhost;
```

删除后可以使用前面介绍的方法查看效果。如果被删除的用户已创建了表、索引或其他数据库对象，它们将继续保留，因为 MySQL 并没有记录由谁创建了这些对象。

8.1.2 修改用户名、密码

1. 修改用户名

用户可以使用 RENAME USER 语句来修改一个已经存在的 MySQL 用户，其语法格式如下：

```
RENAME USER 老用户 TO 新用户
[,...]
```

要使用 RENAME USER，必须拥有全局 CREATE USER 权限或 MySQL 数据库的 UPDATE 权限。如果旧用户不存在或者新用户已存在，则会出现错误。

【例 8.3】将用户 king 的名字修改为 ken。

```
RENAME USER
'king'@'localhost' TO ' ken'@'localhost';
```

完成后可使用前面介绍的方法查看是否修改成功。

2．修改用户密码

要修改某个用户的密码，可以使用 SET PASSWORD 语句，其语法格式如下：

```
SET PASSWORD [FOR 用户]= PASSWORD('新密码')
```

如果不添加“FOR 用户”，表示修改当前用户的密码。添加“FOR 用户”则表示修改当前主机上的特定用户的密码，用户值必须以“'用户名'@'主机名'”格式给定。

【例 8.4】将用户 ken 的密码修改为 qen。

```
SET PASSWORD FOR 'ken'@'localhost' = PASSWORD('qen');
```

8.2 权限控制

权限控制包括授予权限、权限转移和限制，以及权限回收等。

8.2.1 授予权限

新的 MySQL 用户被授权后才被允许访问属于其他 MySQL 用户的表，以及创建自己的表。可以授予的权限有以下几组。

（1）列权限：与表中的一个具体列相关。例如，使用 UPDATE 语句更新表 xs 中学号列的值的权限。

（2）表权限：与一个具体表中的所有数据相关。例如，使用 SELECT 语句查询表 xs 中的所有数据的权限。

（3）数据库权限：与一个具体的数据库中的所有表相关。例如，在已有的 xscj 数据库中创建新表的权限。

（4）用户权限：与 MySQL 中所有的数据库相关。例如，删除已有的数据库或者创建一个新的数据库的权限。

为某用户授予权限可以使用 GRANT 语句。使用 SHOW GRANTS 语句可以查看当前用户拥有哪些权限。

GRANT 语法格式如下：

```
GRANT priv_type [(列名)]...
    ON [object_type] {表名或视图名| * | *.* | 数据库名.*}
    TO 用户 [IDENTIFIED BY [PASSWORD] '密码'] ...
    [WITH with_option  ...]
```

object_type 格式为：

```
 TABLE
| FUNCTION
| PROCEDURE
```

with_option 格式为：

```
  GRANT OPTION
| MAX_QUERIES_PER_HOUR count
| MAX_UPDATES_PER_HOUR count
| MAX_CONNECTIONS_PER_HOUR count
| MAX_USER_CONNECTIONS count
```

priv_type 表示权限的名称，如 SELECT、UPDATE 等，为不同的对象授予权限时 priv_type 的值也不相同。ON 关键字后面给出的是要授予权限的数据库或表名，下面将一一介绍。TO 子句用来设定用户的密码。

1．授予表权限和列权限

（1）授予表权限。授予表权限时，priv_type 值可以是下列值。

① SELECT：使用 SELECT 语句访问特定的表的权限。用户也可以在一个视图公式中包含表[用户必须对视图公式中指定的每个表（或视图）都有 SELECT 权限]。

② INSERT：使用 INSERT 语句向一个特定表中添加行的权限。

③ DELETE：使用 DELETE 语句在一个特定表中删除行的权限。

④ UPDATE：使用 UPDATE 语句修改特定表中的值的权限。

⑤ REFERENCES：创建一个外键来参照特定的表的权限。

⑥ CREATE：使用特定的名字创建一个表的权限。

⑦ ALTER：使用 ALTER TABLE 语句修改表的权限。

⑧ INDEX：在表中定义索引的权限。

⑨ DROP：删除表的权限。

⑩ ALL 或 ALL PRIVILEGES：表示以上所有权限。

【例 8.5】 授予用户 ken 在 xs 表中的 SELECT 权限。

```
USE xscj;
GRANT SELECT
    ON xs
    TO ken@localhost;
```

说明

- 运行后用户 ken 即可使用 SELECT 语句来查询 xs 表，而不管是由谁创建的这个表。但执行这些语句的用户必须拥有该权限，这里假设是使用 root 用户账号输入了这些语句。
- 若在 TO 子句中为存在的用户指定密码，则新密码将覆盖原密码。
- 如果将权限授予了一个不存在的用户，MySQL 会自动执行一条 CREATE USER 语句来创建这个用户，但必须为该用户指定密码。

【例 8.6】 用户 liu 和 zhang 不存在，授予他们在 xs 表中的 SELECT 和 UPDATE 权限。

```
GRANT SELECT,UPDATE
     ON  xs
     TO  liu@localhost IDENTIFIED BY 'lpwd',
     zhang@localhost IDENTIFIED BY 'zpwd';
```

（2）授予列权限。对于列权限，priv_type 的值只能取 SELECT、INSERT 和 UPDATE。权限的后面需要添加列名 column_list。

【例 8.7】 授予 ken 在 xs 表的学号列和姓名列中的 UPDATE 权限。

```
USE xscj
GRANT UPDATE(姓名, 学号)
     ON  xs
     TO  ken@localhost;
```

2．授予数据库权限

表权限适用于一个特定的表。MySQL 还支持针对整个数据库的权限。例如，在一个特定的数据库中创建表和视图的权限。

授予数据库权限时，priv_type 值可以是下列值。

① SELECT：使用 SELECT 语句访问特定数据库中所有表和视图的权限。

② INSERT：使用 INSERT 语句向特定数据库中所有表添加行的权限。

③ DELETE：使用 DELETE 语句删除特定数据库中所有表的行的权限。

④ UPDATE：使用 UPDATE 语句更新特定数据库中所有表的值的权限。

⑤ REFERENCES：创建指向特定的数据库中的表外键的权限。

⑥ CREATE：使用 CREATE TABLE 语句在特定数据库中创建新表的权限。

⑦ ALTER：使用 ALTER TABLE 语句修改特定数据库中所有表的权限。

⑧ INDEX：在特定数据库的所有表中定义和删除索引的权限。

⑨ DROP：删除特定数据库中所有表和视图的权限。

⑩ CREATE TEMPORARY TABLES：在特定数据库中创建临时表的权限。

⑪ CREATE VIEW：在特定数据库中创建新的视图的权限。

⑫ SHOW VIEW：查看特定数据库中已有视图的定义的权限。

⑬ CREATE ROUTINE：为特定的数据库创建存储过程和存储函数的权限。

⑭ ALTER ROUTINE：更新和删除数据库中已有的存储过程和存储函数的权限。

⑮ EXECUTE ROUTINE：调用特定数据库中的存储过程和存储函数的权限。

⑯ LOCK TABLES：锁定特定数据库中的已有表的权限。

⑰ ALL 或 ALL PRIVILEGES：表示以上所有权限。

在 GRANT 语法格式中，授予数据库权限时 ON 关键字后面跟“*”和“数据库.*”。“*”表示当前数据库中的所有表；“数据库.*”表示某个数据库中的所有表。

【例 8.8】授予 ken 在 xscj 数据库的所有表中的 SELECT 权限。

```
GRANT SELECT
   ON xscj.*
   TO ken@localhost;
```

这个权限适用于所有的已有表，以及此后被添加到 xscj 数据库中的任何表。

【例 8.9】授予 ken 在 xscj 数据库中所有的数据库权限。

```
USE xscj;
GRANT ALL
   ON *
   TO ken@localhost;
```

与表权限类似，授予用户一个数据库权限并不意味着用户拥有另一个数据库权限。如果用户被授予可以在特定数据库中创建新表和视图的权限，但是还不能访问它们。要访问它们，用户需要另外被授予 SELECT 权限或更多权限。

3. 授予用户权限

效率较高的权限就是用户权限，对于需要授予数据库权限的所有语句，也可以定义在用户权限上。例如，在用户级别上授予某用户 CREATE 权限，这个用户可以创建一个新的数据库，也可以在所有（而不是特定）的数据库中创建新表。

MySQL 授予用户权限时，priv_type 值还可以是下列值。

① CREATE USER：授予用户创建和删除新用户的权限。

② SHOW DATABASES：授予用户使用 SHOW DATABASES 语句查看所有已有的数据库的定义的权限。

在 GRANT 语法格式中，授予用户权限的 ON 子句中使用“*.*”，表示所有数据库中的所有表。

【例 8.10】授予 peter 对所有数据库中的所有表的 CREATE、ALTERT 和 DROP 权限。

```
GRANT CREATE ,ALTER ,DROP
   ON *.*
   TO peter@localhost IDENTIFIED BY 'ppwd';
```

【例 8.11】授予 peter 创建新用户的权限。

```
GRANT CREATE USER
   ON *.*
   TO peter@localhost;
```

为了概括权限，表 8.1 列出了可以在哪些级别授予某条 SQL 语句权限。

表 8.1 权限一览

语句	用户权限	数据库权限	表权限	列权限
SELECT	Yes	Yes	Yes	No
INSERT	Yes	Yes	Yes	No
DELETE	Yes	Yes	Yes	Yes
UPDATE	Yes	Yes	Yes	Yes
REFERENCES	Yes	Yes	Yes	Yes
CREATE	Yes	Yes	Yes	No
ALTER	Yes	Yes	Yes	No
DROP	Yes	Yes	Yes	No
INDEX	Yes	Yes	Yes	Yes
CREATE TEMPORARY TABLES	Yes	Yes	No	No
CREATE VIEW	Yes	Yes	No	No
SHOW VIEW	Yes	Yes	No	No
CREATE ROUTINE	Yes	Yes	No	No
ALTER ROUTINE	Yes	Yes	No	No
EXECUTE ROUTINE	Yes	Yes	No	No
LOCK TABLES	Yes	Yes	No	No
CREATE USER	Yes	No	No	No
SHOW DATABASES	Yes	No	No	No
FILE	Yes	No	No	No
PROCESS	Yes	No	No	No
RELOAD	Yes	No	No	No
REPLICATION CLIENT	Yes	No	No	No
REPLICATION SLAVE	Yes	No	No	No
SHUTDOWN	Yes	No	No	No
SUPER	Yes	No	No	No
USAGE	Yes	No	No	No

8.2.2 权限转移和限制

GRANT 语句的末尾可以使用 WITH 子句。如果指定为 WITH GRANT OPTION，则表示 TO 子句中指定的所有用户都有把自己所拥有的权限授予其他用户的权限，而不管其他用户是否拥有该权限。

【例 8.12】授予 caddy 在 xs 表中的 SELECT 权限，并允许其将该权限授予其他用户。

首先通过 root 用户授予 caddy 用户 SELECT 权限：

```
GRANT SELECT
    ON xscj.xs
    TO caddy@localhost IDENTIFIED BY '19830925'
    WITH GRANT OPTION;
```

接着，以 caddy 用户身份登录 MySQL，登录方式如下。

（1）打开命令行窗口，进入 MySQL 安装目录下的 bin 子目录：

```
cd E:\MySQL57\bin
```

（2）登录，输入命令：

```
mysql -hlocalhost -ucaddy -pnjnu123456
```

其中，-h 后面为主机名，-u 后面为用户名，-p 后面为密码。

登录后，caddy 用户只有查询 xscj 数据库中 xs 表的权限，它可以把这个权限传递给其他用户，这里假设用户 Jim 已经创建：

```
GRANT SELECT
    ON  xscj.xs
    TO Jim@localhost;
```

使用 WITH GRANT OPTION 子句后，如果 caddy 在该表中还拥有其他权限，可以将其他权限也授予 Jim 而不仅限于 SELECT 权限。

使用 WITH 子句也可以为一个用户授予使用权限，说明如下。

MAX_QUERIES_PER_HOUR count：表示每小时可以查询数据库的次数。

MAX_CONNECTIONS_PER_HOUR count：表示每小时可以连接数据库的次数。

MAX_UPDATES_PER_HOUR count：表示每小时可以修改数据库的次数。例如，某人每小时可以修改数据库多少次。

MAX_USER_CONNECTIONS count：表示同时连接 MySQL 的最大用户数。count 是一个数值，对于前 3 种指定，如果 count 为 0，则表示不起限制作用。

【例 8.13】授予 Jim 每小时只能处理一条 SELECT 语句的权限。

```
GRANT SELECT
    ON  xs
    TO  Jim@localhost
    WITH  MAX_QUERIES_PER_HOUR 1;
```

8.2.3 权限回收

要回收一个用户拥有的权限，但不从 user 表中删除该用户，可以使用 REVOKE 语句，该语句与 GRANT 语句格式相似，但具有相反的效果。要使用 REVOKE 语句，用户必须拥有 MySQL 数据库的全局 CREATE USER 权限或 UPDATE 权限。

语法格式如下：

```
REVOKE priv_type [(列)] ...
   ON {表名或视图名| * | *.* | 数据库名.*}
   FROM 用户...
```

或者：

```
REVOKE ALL PRIVILEGES, GRANT OPTION
FROM 用户 ...
```

第一种格式用来回收某些特定的权限，第二种格式用于回收该用户拥有的所有权限。

【例 8.14】回收用户 caddy 在 xs 表中的 SELECT 权限。

```
USE xscj
REVOKE  SELECT
    ON  xs
    FROM  caddy@localhost;
```

由于 caddy 用户对 xs 表的 SELECT 权限被回收，表示包括直接或间接地依赖它的所有权限也同时被回收，同时 Jim 也失去了对 xs 表的 SELECT 权限。但如果 REVOKE 语句中包含 WITH GRANT OPTION 项，当再次授予 caddy 对同一个表的表权限时，它会立刻把这个权限传递给 Jim。

8.3 表维护语句

MySQL 支持多条与维护和管理数据库相关的 SQL 语句，这些语句统称为表维护语句。

8.3.1 索引列可压缩性语句

在一个定义了索引的列上，不同值的数目被称为该索引列的可压缩性，可以使用“SHOW INDEX FROM 表名”语句来显示。

一个索引列的可压缩性不是自动更新的。这意味着，用户在某列中创建了一个索引，而该列的可压缩性是不会立即显示出来的。这时需要使用 ANALYZE TABLE 语句来更新它，其语法格式如下：

```
ANALYZE [LOCAL | NO_WRITE_TO_BINLOG]
    TABLE 表名 ...
```

在 MySQL 上执行的所有更新都将被写入一个二进制格式日志文件中。这里如果直接使用 ANALYZE TABLE 语句，结果数据也会被写入日志文件中。如果指定了 NO_WRITE_TO_BINLOG 选项，则关闭这个功能（LOCAL 是 NO_WRITE_TO_BINLOG 的同义词），使 ANALYZE TABLE 语句更快被执行。

【例 8.15】 更新表 xs 的索引的可压缩性，并随后显示。

```
ANALYZE TABLE xs;
SHOW INDEX FROM xs;
```

执行结果如图 8.1 所示。

```
mysql> ANALYZE TABLE xs;
+---------+---------+----------+----------+
| Table   | Op      | Msg_type | Msg_text |
+---------+---------+----------+----------+
| xscj.xs | analyze | status   | OK       |
+---------+---------+----------+----------+
1 row in set (0.23 sec)

mysql> SHOW INDEX FROM xs;
+-------+------------+----------+--------------+-------------+-----------+-------------+----------+--------+------+------------+---------+---------------+
| Table | Non_unique | Key_name | Seq_in_index | Column_name | Collation | Cardinality | Sub_part | Packed | Null | Index_type | Comment | Index_comment |
+-------+------------+----------+--------------+-------------+-----------+-------------+----------+--------+------+------------+---------+---------------+
| xs    |          0 | PRIMARY  |            1 | 学号        | A         |          22 |     NULL | NULL   |      | BTREE      |         |               |
| xs    |          1 | xh_xs    |            1 | 学号        | A         |           8 |        5 | NULL   |      | BTREE      |         |               |
| xs    |          1 | xs_xm    |            1 | 姓名        | A         |          21 |     NULL | NULL   |      | BTREE      |         |               |
| xs    |          1 | mark     |            1 | 出生日期    | A         |          21 |     NULL | NULL   |      | BTREE      |         |               |
| xs    |          1 | mark     |            2 | 性别        | A         |          22 |     NULL | NULL   |      | BTREE      |         |               |
+-------+------------+----------+--------------+-------------+-----------+-------------+----------+--------+------+------------+---------+---------------+
5 rows in set (0.00 sec)
```

图 8.1 执行结果

8.3.2 检查表是否有错误语句

CHECK TABLE 语句用来检查一个或多个表是否有错误，只对 MyISAM 表和 InnoDB 表起作用。语法格式如下：

```
CHECK TABLE 表名 ... [option] ...
```

option 格式为：

```
QUICK | FAST | MEDIUM | EXTENDED | CHANGED
```

说明

- QUICK：不扫描行，不检查错误的链接，这是较快的方法。
- FAST：检查表是否已经正确关闭。
- MEDIUM：扫描行，以验证被删除的链接是有效的。也可以用于计算各行的关键字校验和，并使用计算出的校验和验证这一点。
- EXTENDED：对每行的所有关键字进行全面的关键字查找。这可以确保表是完全一致的，但是占用的时间较长。
- CHANGED：检查上次检查后被更改的表，以及没有被正确关闭的表。

【例 8.16】检查 xs 表是否正确。

```
CHECK TABLE xs;
```

执行结果如图 8.2 所示。

```
+---------+-------+----------+----------+
| Table   | Op    | Msg_type | Msg_text |
+---------+-------+----------+----------+
| xscj.xs | check | status   | OK       |
+---------+-------+----------+----------+
1 row in set (0.00 sec)
```

图 8.2 执行结果

该语句返回的是一个状态表。Table 表示表名称；Op 表示进行的动作，此处是 check；Msg_type 是状态、错误、信息或错误之一；Msg_text 表示返回的消息，这里为 OK，说明表是正确的。

8.3.3 获得表校验和语句

对于数据库中的每一个表，用户都可以使用 CHECKSUM TABLE 语句获得一个校验和。

语法格式如下：

```
CHECKSUM TABLE 表名 ... [ QUICK | EXTENDED ]
```

如果表是 MyISAM 表，指定了 QUICK，则返回表校验和，否则返回 NULL。指定 EXTENDED 则表示无论表是不是 MyISAM 表，都只计算检验和。

【例 8.17】获得表 xs 的校验和的值。

```
CHECKSUM TABLE xs;
```

执行结果如图 8.3 所示。

```
+---------+------------+
| Table   | Checksum   |
+---------+------------+
| xscj.xs | 3964332926 |
+---------+------------+
1 row in set (0.03 sec)
```

图 8.3 执行结果

8.3.4 优化表语句

如果用户不断地使用 DELETE 语句、INSERT 语句和 UPDATE 语句更新一个表，那么表的内部就会出现许多碎片和未利用的空间。这时可以使用 OPTIMIZE TABLE 语句来重新利用未使用的空间，并整理数据文件的碎片。OPTIMIZE TABLE 语句只对 MyISAM 表、BDB 表和 InnoDB 表起作用。

语法格式如下：

```
OPTIMIZE [LOCAL | NO_WRITE_TO_BINLOG] TABLE 表名 ...
```

【例 8.18】优化 xs 表。

```
OPTIMIZE TABLE xs;
```

8.3.5 修复表语句

如果一个表或索引已经损坏，可以尝试使用 REPAIR TABLE 语句进行修复。REPAIR TABLE 只对 MyISAM 表和 ARCHIVE 表起作用。语法格式如下：

```
REPAIR [LOCAL | NO_WRITE_TO_BINLOG] TABLE 表名 ...
    [QUICK] [EXTENDED] [USE_FRM]
```

说明

REPAIR TABLE 语句支持以下选项。

- QUICK：如果指定了该选项，则 REPAIR TABLE 会尝试只修复索引树。
- EXTENDED：使用该选项，则 MySQL 会逐行创建索引行，代替使用分类一次创建一个索引。
- USE_FRM：如果.myi 索引文件缺失或标题被破坏，则必须使用此选项。

另外，还有两种表维护语句：BACKUP TABLE 语句和 RESTORE TABLE 语句。

（1）使用 BACKUP TABLE 语句可以对一个或多个 MyISAM 表进行备份，其语法格式如下：

```
BACKUP TABLE 表名 ... TO '/path/to/backup/directory'
```

（2）使用 RESTORE TABLE 语句可以获取使用 BACKUP TABLE 创建的一个或多个表的备份，将数据读取到数据库中。

语法格式如下：

```
RESTORE TABLE 表名 ... FROM '/path/to/backup/directory'
```

但是这两条语句的效果不是很理想，这里不推荐使用，读者只需大致了解。

习题

一、选择题

1．下列关于权限的说法中错误的是（　　）。

A．MySQL 安装后，仅仅存在 root 用户

B．列权限可以和表权限相同

C．用户权限可以被传递给其他用户

D．操作系统用户具有 MySQL 创建数据库权限

2．下列关于权限的说法中正确的是（　　）。

A．删除表用户可以删除表记录

B．能够创建用户的用户具有创建用户需要的所有权限

C．Navicat 中可以登录多个用户，单击不同链接，即可拥有对应用户的权限

D．可以收回用户的部分权限

二、说明题

1．MySQL 采用哪些措施实现数据库的安全管理？

2．如何为一个数据库角色、用户赋予操作权限？

3．举例说明用户权限授予、转移、限制和回收等操作，并分别说明如何查看效果。

4．MySQL 支持哪些表维护语句？举例说明它们的用法。

实训

一、数据库用户和权限

1．数据库用户

（1）创建数据库用户 user_1 和 user_2，密码均为 1234（假设服务器名为 localhost）。

在 MySQL 客户端中使用以下 SQL 语句：

```
CREATE USER
    'user_1'@'localhost' IDENTIFIED BY '1234',
    'user_2'@'localhost' IDENTIFIED BY '1234';
```

（2）将用户 user_2 的名称修改为 user_3。

```
RENAME USER
    'user_2'@'localhost' TO 'user_3'@'localhost';
```

（3）将用户 user_3 的密码修改为 123456。

```
SETPASSWORD FOR 'user_3'@'localhost'= PASSWORD('123456');
```

（4）删除用户 user_3。

```
DROP USER user_3;
```

（5）以 user_1 用户身份登录 MySQL。

打开一个新的命令行窗口，然后进入 MySQL 安装目录的 bin 子目录下，输入以下命令：

```
mysql -hlocalhost -uuser_1 -p1234
```

【思考与练习】

a．刚刚创建的用户有哪些权限？

b．创建一个用户，并以该用户的身份登录。

2．用户权限的授予与回收

（1）授予用户 user_1 对 YGGL 数据库中 Employees 表的所有操作权限及查询权限。

以系统管理员（root 用户）身份执行以下 SQL 语句：

```
USE YGGL
GRANT ALL ON Employees TO user_1@localhost;
GRANT SELECT ON Employees TO user_1@localhost;
```

（2）授予用户 user_1 对 Employees 表进行插入、修改、删除的操作权限。

```
USE YGGL
GRANT INSERT,UPDATE,DELETE
    ON Employees
    TO user_1@localhost;
```

（3）授予用户 user_1 对数据库 YGGL 的所有权限。

```
USE YGGL
GRANT  ALL
    ON  *
    TO  user_1@localhost;
```

（4）授予 user_1 在 Salary 表中的 SELECT 权限，并允许其将该权限授予其他用户。

以系统管理员（root 用户）身份执行以下语句：

```
GRANT SELECT
    ON  YGGL.Salary
    TO  user_1@localhost IDENTIFIED BY '1234'
    WITH GRANT OPTION;
```

执行完后可以以 user_1 用户身份登录 MySQL，user_1 用户可以使用 GRANT 语句将自己在该表中所拥有的全部权限授予其他用户。

（5）回收 user_1 的在 Employees 表中的 SELECT 权限。

```
REVOKE  SELECT
    ON  Employees
    FROM  user_1@localhost;
```

【思考与练习】

a．思考表权限、列权限、数据库权限和用户权限的不同之处。

b．授予用户 user_1 所有的用户权限。

c．取消用户 user_1 所有的权限。

二、使用界面工具创建用户并授予权限

过程略。

第9章 MySQL 事务管理

【学习目标】

（1）了解事务的基本功能。

（2）掌握应用事务构建事务的方法。

本书到目前为止都在假设数据库只有一个用户在使用，但实际情况往往是多个用户共享数据库。本章将介绍多用户使用 MySQL 数据库的情况。

在 MySQL 环境中，事务由作为单独单元的一条或多条 SQL 语句组成。这个单元中的每条 SQL 语句是互相依赖的，而且单元作为一个整体是不可分割的。如果单元中的一条语句不能执行，整个单元就会回滚（撤销），所有被影响到的数据将返回事务开始以前的状态。因此，只有事务中的所有语句都成功地执行才能说这个事务被成功地执行。例如，公司员工在部门之间调动，在员工数据库中为在原来部门删除一条记录和在新部门创建一条新记录这两项任务构成了一个事务，其中任何一个任务的失败都会导致整个事务被撤销，系统将返回以前的状态。

并不是所有 MySQL 中的存储引擎都支持事务，如 InnoDB 和 BDB 支持，但 MyISAM 和 MEMORY 不支持，这种系统中的事务只能通过直接的表锁定实现。

本章假设使用一个支持事务的存储引擎来创建表。

9.1 事务属性

MySQL 事务系统能够完全满足事务安全的 ACID 原则。术语“ACID”是一个简称，每个事务的处理必须满足 ACID 原则，即原子性（A）、一致性（C）、隔离性（I）和持久性（D）。

1．原子性

原子性意味着每个事务都必须被看作一个不可分割的单元。假设一个事务由两个或者多个任务组成，其中所有的语句必须都执行成功才能认为整个事务是成功的。如果事务失败，系统将会返回该事务开始以前的状态。

2．一致性

不管事务是成功完成还是中途失败，当事务使系统处于一致的状态时存在一致性。例如从员工数据库中删除了一个员工的数据，则所有与该员工相关的数据，包括工资记录、职务变动记录等也要被删除。

在 MySQL 中，一致性主要由 MySQL 的日志机制处理，日志记录了数据库的所有变化，为事务恢复提供了跟踪记录。如果系统在事务处理中发生错误，MySQL 恢复过程中将使用这些日志来查询事务是否已经完全成功地执行，是否需要返回。因而一致性属性保证了数据库从不返回一个未处理完的事务。

3．隔离性

隔离性是指每个事务在它自己所在的空间发生，与其他发生在系统中的事务隔离，而且事务的结果只有在它完全被执行时才能显示。即使在一个系统中同时发生了多个事务，隔离性原则可以保证某个特定事务在完全完成之前，其结果是不显示的。

当系统支持多个同时存在的用户和连接时，这就尤为重要。如果系统不遵循这个基本原则，就可能导致大量数据被破坏，如每个事务的各自空间的完整性很快被其他冲突事务所破坏。

获得绝对隔离性的唯一方法是保证在任意时刻只能有一个用户访问数据库。当处理 MySQL 这种多用户的 RDBMS 时，这不是一个实用的解决方法。但是，大多数事务系统使用页级锁定或行级锁定隔离不同事务之间的变化，这是以降低性能为代价的。

关于 MySQL 锁定及其功能和使用方法请参考有关文档。

4．持久性

持久性是指即使系统崩溃，一个已提交的事务仍然存在。当一个事务完成，数据库的日志已经被更新时，持久性就开始发挥作用。大多数 RDBMS 产品通过保存所有行为的日志来保证数据的持久性，这些行为是指在数据库中以任何方法更改数据。数据库日志记录了所有对表的更新、查询等。

如果系统崩溃或者数据存储介质被破坏，通过使用日志，系统能够恢复在重启前进行的最后一次成功的更新，日志反映了在系统崩溃时处于执行过程的事务的变化。

MySQL 通过保存一条记录事务执行过程中系统变化的二进制格式事务日志文件来实现持久性。如果遇到硬件被破坏或者突然的系统关机，在系统重启时，通过使用最后的备份和日志可以很容易地恢复丢失的数据。

默认情况下，InnDB 表是完全持久的。MyISAM 表提供部分持久性，所有在最后一个 FLUSH TABLES 命令前进行的变化都能保证被存盘。

9.2 事务处理

众所周知，事务是由一组 SQL 语句构成的。在 MySQL 中，当一个会话开始时，系统变量 AUTOCOMMIT 值为 1，即自动提交功能是启用状态，用户每执行一条 SQL 语句后，该语句对数据库的修改会立即被提交成为持久性修改保存到磁盘上，一个事务至此结束。因此，用户必须关闭自动提交，事务才能由多条 SQL 语句组成，使用如下语句：

```
SET @@AUTOCOMMIT=0;
```

执行此语句后，必须明确地指示每个事务的终止，事务中的 SQL 语句对数据库所做的修改才能成为持久性修改。

例如，执行如下语句：

```
DELETE FROM xs WHERE 学号='221101';
SELECT * FROM xs;
```

从执行结果中发现，表中已经删除了一行。但是，这个修改并没有被持久化，因为自动提交功能已经被关闭。用户可以通过 ROLLBACK 语句撤销这一修改，或者使用 COMMIT 语句持久化这一修改。下面将具体介绍如何处理一个事务。

1．开始事务

当一个应用程序的第一条 SQL 语句或者 COMMIT 语句或 ROLLBACK 语句（后面介绍）后面的第一条 SQL 语句执行后，一个新的事务就开始了。另外，用户还可以使用 START

TRANSACTION 语句来显式地启动一个事务，其语法格式如下：

```
START TRANSACTION | BEGIN WORK
```

BEGIN WORK 语句可以用来替代 START TRANSACTION 语句，但是 START TRANSACTION 语句更常用。

2．结束事务

COMMIT 语句是提交语句，它使自从事务开始以来所执行的所有数据修改成为数据库的永久部分，也标志一个事务的结束，其语法格式如下：

```
COMMIT [WORK] [AND [NO] CHAIN] [[NO] RELEASE]
```

使用可选的 AND CHAIN 子句会在当前事务结束时，立刻启动一个新事务，并且新事务与刚结束的事务有相同的隔离级。在使用 RELEASE 子句终止当前事务后，服务器会断开与当前客户端的连接。包含 NO 关键词可以抑制 CHAIN 或 RELEASE 完成。

MySQL 使用的是平面事务模型，因此嵌套的事务是不允许的。在第一个事务中使用 START TRANSACTION 命令后，当第二个事务开始时，自动提交第一个事务。同样，下列 MySQL 语句运行时都会隐式地执行一个 COMMIT 命令：

```
1. DROP DATABASE / DROP TABLE
2. CREATE INDEX / DROP INDEX
3. ALTER TABLE / RENAME TABLE
4. LOCK TABLES / UNLOCK TABLES
5. SET AUTOCOMMIT=1
```

3．撤销事务

ROLLBACK 语句是撤销语句，它用于撤销对事务所做的修改，并结束当前这个事务。

语法格式如下：

```
ROLLBACK [WORK] [AND [NO] CHAIN] [[NO] RELEASE]
```

在前面的例子中，若在最后加上以下语句：

```
ROLLBACK WORK;
```

执行完该语句后，前面的删除动作将被撤销，用户可以使用 SELECT 语句查看该行数据是否被还原。

4．回滚事务

除了撤销整个事务，用户还可以使用 ROLLBACK TO 语句使事务回滚到某个保存点，在这之前需要使用 SAVEPOINT 语句来设置保存点。

（1）SAVEPOINT 语句

语法格式如下：

```
SAVEPOINT identifier
```

其中，identifier 表示保存点的名称。

（2）ROLLBACK 语句

使用 ROLLBACK TO SAVEPOINT 语句会向已设置的保存点回滚一个事务。如果在设置保存点后，当前事务对数据进行了更改，则这些更改会在回滚中被撤销。

语法格式如下：

```
ROLLBACK [WORK] TO SAVEPOINT identifier
```

当事务回滚到某个保存点后，在该保存点之后设置的保存点将被删除。

使用 RELEASE SAVEPOINT 语句会从当前事务的一组保存点中删除已设置的保存点，不出现提交或回滚。如果保存点不存在，则会出现错误。

RELEASE SAVEPOINT 语句的语法格式如下：

```
RELEASE SAVEPOINT identifier
```

下面几条语句说明了有关事务的处理过程：

```
1. START TRANSACTION
2. UPDATE…
3. DELETE…
4. SAVEPOINT S1;
5. DELETE…
6. ROLLBACK WORK TO SAVEPOINT S1;
7. INSERT…
8. COMMIT WORK;
```

在以上语句中，第一行语句表示开始了一个事务；第 2、3 行语句表示对数据进行了修改，但没有提交；第 4 行表示设置了一个保存点；第 5 行表示删除了数据，但没有提交；第 6 行表示将事务回滚到保存点 S1，这时第 5 行所做修改被撤销；第 7 行表示修改了数据；第 8 行表示结束了这个事务，这时第 2、3、7 行对数据库做的修改被持久化。

9.3 事务隔离级

每一个事务都有一个所谓的隔离级，它定义了用户之间隔离和交互的程度。

为了理解隔离的重要性，有必要花一些时间来思考如果不隔离会发生什么。如果没有事务的隔离性，使用不同的 SELECT 语句将会在同一个事务的环境中检索到不同的结果，因为在这期间，数据基本上已经被其他事务所修改。这将导致不一致性，同时很难有准确的结果集，从而不能以查询结果作为计算的基础。因此隔离性强制对事务进行某种程度的隔离，保证应用程序在事务中查询到一致的数据。

基于 ANSI/ISO SQL 规范，MySQL 提供了下面 4 种隔离级：序列化（SERIALIZABLE）、可重复读（REPEATABLE READ）、提交读（READ COMMITTED）、未提交读（READ UNCOMMITTED）。

只有支持事务的存储引擎才可以定义隔离级。定义隔离级可以使用 SET TRANSACTION 语句。

语法格式如下：

```
SET [GLOBAL | SESSION] TRANSACTION ISOLATION LEVEL
    SERIALIZABLE
    | REPEATABLE READ
    | READ COMMITTED
    | READ UNCOMMITTED
```

如果指定 GLOBAL，那么定义的隔离级将适用于所有的 SQL 用户；如果指定 SESSION，则隔离级只适用于当前运行的会话和连接。MySQL 默认选择 REPEATABLE READ 隔离级。

- 序列化：SERIALIZABLE。

如果隔离级为序列化，用户之间通过逐个顺序执行当前事务的方式提供事务之间最大限度的隔离。

- 可重复读：REPEATABLE READ。

在这一级上，事务不会被看成序列。不过，当前执行事务的变化仍然不能显示，也就是说，如果用户在同一个事务中执行同一条 SELECT 语句数次，结果总是相同的。

- 提交读：READ COMMITTED。

在这一级上，不仅处于这一级的事务可以查询到其他事务添加的新记录，而且其他事务对现存记录做出的修改一旦被提交，也可以查询到。这意味着在事务处理期间，如果其他事务修改了相应的表，那么同一个事务的多条 SELECT 语句可能返回不同的结果。

- 未提交读：READ UNCOMMITTED。

处于这个隔离级的事务可以读到其他事务未提交的数据，如果这个事务使用其他事务未提交的变化作为计算的基础，然后那些未提交的变化被它们的父事务撤销，这就导致了大量的数据变化。

系统变量 TX_ISOLATION 中存储了事务的隔离级，用户可以使用 SELECT 语句随时获得当前隔离级的值，如图 9.1 所示。

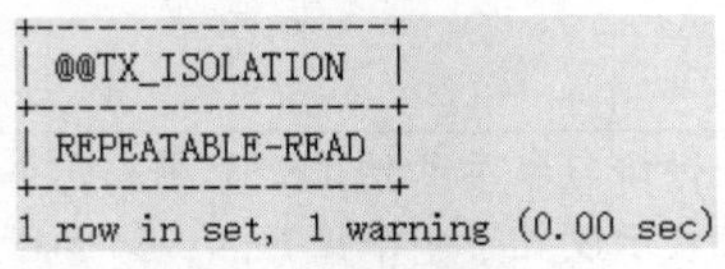

图 9.1　隔离级的值

默认情况下，这个系统变量的值是基于每个会话设置的，但是可以通过向 SET 命令行添加 GLOBAL 关键字修改该全局系统变量的值。

当用户从无保护的 READ UNCOMMITTED 隔离级转移到更安全的 SERIALIZABLE 隔离级时，RDBMS 的性能也要受到影响。原因很简单：用户要求系统提供越高的数据完整性，系统就需要做越多的工作，运行速度也就越慢。因此，用户需要在 RDBMS 的隔离性需求和性能之间寻求平衡。

MySQL 默认选择 REPEATABLE READ 隔离级，这个隔离级适用于大多数应用程序，只有在应用程序有具体的对于更高或更低隔离级的要求时才需要改动。没有一个标准公式来决定哪个隔离级适用于哪个应用程序——大多数情况下，它是基于应用程序的容错能力和应用程序开发者对于潜在数据错误的影响的判断。

习题

一、选择题

1．下列关于事务的说法中错误的是（　　）。

A．事务的“ACID”针对的是数据库而不是表

B．MySQL 的日志机制仅仅用于解决事务的一致性问题

C．事务可以回滚到日志备份的指定点

D．不需要对数据库进行备份即可实现事务功能

2．下列关于事务中的锁定的说法中错误的是（　　）。

A．锁定针对的是多用户操作 MySQL 数据库

B．锁定后不可以修改也不可以读取

C．可以锁定表或者记录

D．死锁后将无法进行执行其他功能

二、说明题

1．什么是事务？举例说明事务 ACID 各属性的含义。

2．如何具体处理一个事务，有哪几个典型步骤？

3．多用户并发访问数据库时会出现哪些问题？

第二部分　MySQL 数据库综合实训

实训  数据库综合实训

【学习目标】

（1）能够根据实训实例要求，创建数据库、表结构、记录完整性、触发器和存储过程等。

（2）掌握测试数据库及其各对象功能的正确性。

（3）了解流行平台实训实例的功能和界面组成。

P0.1　数据库及其对象创建

该实训先创建实训数据库，然后根据要求创建实训数据库中的常用对象，再通过数据测试数据库对象的正确性。这样做使读者能够综合应用前面各章中数据库及其对象的知识，同时为后面使用各种实训程序操作数据库做好了准备。

P0.1.1　创建数据库及其对象

创建实训数据库时，用户可以在 Windows 命令行窗口连接 MySQL 5.7 实例，在 mysql>环境下执行 SQL 语句，也可以在 Navicat 界面的查询编辑窗口输入 SQL 语句执行。或者结合使用两种方法，例如执行 SQL 语句后，用 Navicat 查看执行结果或者根据需要通过界面工具修改内容。例如，

数据库名称：pxscj。

字符集和相应的排序规则：utf8。

SQL 语句如下：

```
CREATE DATABASE pxscj
    DEFAULT CHARACTER SET utf8
    DEFAULT COLLATE utf8_general_ci;
```

使用 Navicat 创建 pxscj 数据库如图 P0.1 所示。

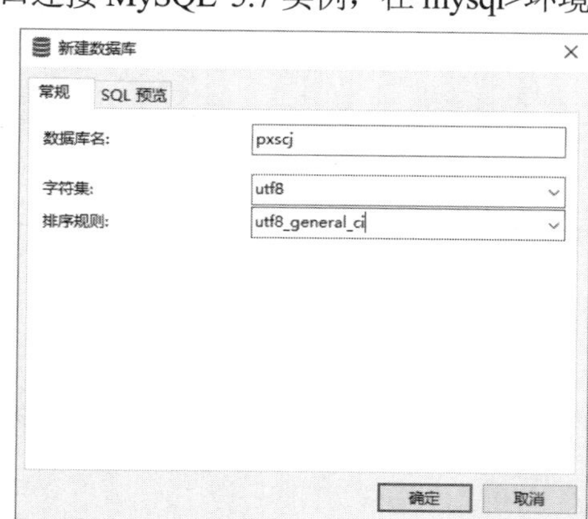

图 P0.1　“新建数据库”窗口

P0.1.2　创建表

本书实训部分将用到 3 个基本表：学生表、课程表和成绩表。

1．学生表：xs

学生表结构如表 P0.1 所示。

表 P0.1 学生表（xs）结构

项目名	列名	数据类型	不可为空	说明
姓名	xm	定长字符型（char4）	✓	主键
性别	xb	整数型（tinyint）	✓	1 表示男，0 表示女
出生时间	cssj	日期型（date）	✓	
总学分	zxf	整数型（int）		由成绩表（cj）触发器同步更新
备注	bz	文本型（text）		
照片	zp	大二进制型（blob）		

SQL 语句如下：

```
USE pxscj;
DROPTABLEIFEXISTS xs;                                                    //①
CREATE TABLE xs
(
    xm      char(4)        NOT NULLPRIMARY KEY,                          //②
    xb      tinyint(1)     NOT NULLDEFAULT 1 CHECK(xb IN(1,0)),          //③
    cssj    date           NOT NULL,
    zxf     int(2)         NULL,
    bz      text           NULL,
    zp      blob           NULL
);
```

① 为了防止发生错误，应先删除已经存在的 xs 表，再执行 CREATE TABLE xs。

② xm 列不能为空，将其设置为主键。

③ xb 列默认值为 1（男），列数据的完整性设置只能输入 1 或者 0。

2．课程表：kc

课程表结构如表 P0.2 所示。

表 P0.2 课程表（kc）结构

项目名	列名	数据类型	不可为空	说明
课程名	kcm	变长字符型（varchar10）	✓	主键
学分	xf	整数型（tinyint）	✓	范围：1～6
考试人数	krs	整数型（int）		
平均成绩	pjcj	浮点型（float5.2）		

SQL 语句如下：

```
DROPTABLEIFEXISTS kc;
CREATE TABLE kc
(
    kcm     varchar(10)       NOT NULLPRIMARY KEY,
    xf      tinyint(1)        NOT NULL CHECK(xf>0 AND xf<=6),
    krs     int(2)            NULL,
    pjcj    float(5.2)        NULL
);
```

课程名（kcm）列实际内容存储长度差别较大，因此选择 varchar(10)。

3. 成绩表：cj

成绩表结构如表 P0.3 所示。

表 P0.3 成绩表（cj）结构

项目名	列名	数据类型	不可空	说明
姓名	xm	定长字符型（char4）	✓	主键
课程名	kcm	变长字符型（varchar10）	✓	主键
成绩	cj	整数型（tinyint）		范围：0～100

SQL 语句如下：

```
DROPTABLEIFEXISTS cj;
CREATE TABLE cj
(
    xm        char(4)          NOT NULL,
    kcm       varchar(10)      NOT NULL,
    cj        tinyint(1)       NULL,
    PRIMARY KEY(xm, kcm),                              //①
    CHECK(cj>=0 AND cj<=100)                           //②
);
```

① 因为主键由 xm 列、kcm 列共同组成，所以只能在所有列定义后单独定义。
② 成绩列（cj）完整性也可以在所有列后单独定义。

P0.1.3 创建表间记录完整性约束

记录完整性包括下列 3 个方面。

（1）在成绩表（cj）中插入一条记录，如果学生表（xs）中没有该姓名（xm）对应的记录，则不能插入。

（2）在成绩表（cj）中插入一条记录，如果课程表（kc）中没有该课程名（kcm）对应的记录，则不能插入。

（3）因为成绩表（cj）已经创建，所以需要修改成绩表（cj）结构，添加完整性约束，SQL 语句如下：

```
USE pxscj;
ALTER TABLE cj
    ADD CONSTRAINT wzx_xm FOREIGN KEY(xm) REFERENCES xs(xm)
        ON UPDATE RESTRICT,
    ADD CONSTRAINT wzx_kcm FOREIGN KEY(kcm) REFERENCES kc(kcm)
        ON UPDATE RESTRICT
```

① 创建 cj 表与 xs 表和 kc 表之间的记录完整性约束后，xs 表 xm 列和 kc 表 kcm 列的类型和长度不能修改，也不能删除表，否则需要先删除有关完整性约束。

② 因为学生表（xs）记录与成绩表（cj）记录之间存在关联，在学生表（xs）中删除指定姓名（xm）记录，同时也会删除成绩表（cj）中对应该姓名（xm）的所有记录。但实际应用开发中不会创建这个完整性约束，而是判断成绩表（cj）中没有对应的学生记录后才能删除。同理，判断成绩表（cj）中没有对应的课程记录时，才能删除课程表（kc）中的记录。

P0.1.4 创建触发器

在成绩表（cj）中创建下列 3 个触发器。

1．成绩表（cj）插入触发器

在成绩表（cj）中插入一条记录，如果成绩大于等于 60，则在学生表（xs）中对应该学生记录的总学分（zxf）上增加该课程对应的学分。

SQL 语句如下：

```
USE pxscj;
DELIMITER $$
DROP TRIGGER IF EXISTS cj_insert_zxf;
CREATE TRIGGER cj_insert_zxf AFTER INSERT
    ON cj FOR EACH ROW
BEGIN
    DECLARE vxf int DEFAULT 0;
    SELECT xf FROM kc WHERE NEW.kcm=kcm INTO vxf;                    //①
    UPDATE xs SET zxf=zxf+vxf WHERE NEW.xm=xm AND NEW.cj>=60;        //②
END$$
DELIMITER;
```

① 查询插入成绩记录课程名（NEW.kcm）在课程表（kc）中对应该课程名（kcm）的学分，并将其保存到 vxf 变量中。

② 如果成绩大于等于 60，对应学生总学分（zxf）增加课程学分（vxf）。

2．成绩表（cj）删除触发器

在成绩表（cj）中删除一条记录，如果原成绩大于等于 60，则在学生表（xs）中对应该学生记录的总学分（zxf）上减去该课程对应的学分。

SQL 语句如下：

```
USE pxscj;
DELIMITER $$
DROP TRIGGER IF EXISTS cj_delete_zxf;
CREATE TRIGGER cj_delete_zxf AFTER DELETE
    ON cj FOR EACH ROW
BEGIN
    DECLARE vxf int DEFAULT 0;
    SELECT xf FROM kc WHERE kcm=OLD.kcm INTO vxf;
    UPDATE xs SET zxf=zxf-vxf WHERE xm=OLD.xm AND OLD.cj>=60;
END$$
DELIMITER;
```

3．成绩表（cj）更新触发器

在成绩表（cj）中原成绩大于等于 60，修改后成绩小于 60，则学生表（xs）中对应该学生记录的总学分（zxf）减去该课程对应的学分；如果原成绩小于 60，修改后成绩大于等于 60，对应该学生总学分（zxf）增加该课程对应的学分。

```
USE pxscj;
DELIMITER $$
DROPTRIGGER IF EXISTS cj_update_zxf;
CREATE TRIGGER cj_update_zxfAFTER UPDATE
    ON cj FOR EACH ROW
BEGIN
    DECLARE vxf int DEFAULT 0;
    SELECT xf FROM kc WHERE kcm=OLD.kcm INTO vxf;
    IF (OLD.cj>=60 AND NEW.cj<60) THEN
```

```
            UPDATE xs SET zxf=zxf-vxf WHERE xm=OLD.xm;
        END IF;
        IF (OLD.cj<60 AND NEW.cj>=60) THEN
            UPDATE xs SET zxf=zxf+vxf WHERE xm=OLD.xm;
        END IF;
    END$$
    DELIMITER;
```

P0.1.5 创建存储过程

在成绩表（cj）中按照课程名（kcm）统计考试人数（即记录数）和平均成绩，并将其保存到课程表（kc）对应课程的相应列中。

1. 存储过程的创建

SQL 语句如下：

```
USE pxscj;
DELIMITER $$
DROP PROCEDURE IF EXISTS cj_kAverage;
CREATE PROCEDURE cj_kAverage()
BEGIN
    DECLARE kcm1 varchar(10);                        //①
    DECLARE krs1 int(2);                             //①
    DECLARE pjcj1 float(5.2);                        //①
    DECLARE myfound boolean DEFAULT true;            //③
    DECLARE mykcj CURSOR
        FOR
        SELECT  kcm '课程名',count(kcm) AS '考试人数',avg(cj) AS '平均成绩'
            FROM cj
            GROUP BY kcm
            ORDER BY kcm;                            //②
    DECLARE CONTINUE HANDLER FOR NOT FOUND
        SET myfound = false;                         //③
    OPEN mykcj;                                      //③
    mylabel:LOOP                                     //④
        FETCH  mykcj INTO kcm1, krs1, pjcj1;         //③
        IF NOT myfound THEN                          //③
            LEAVE mylabel;
        ELSE
            UPDATE kc SET krs=krs1, pjcj=pjcj1 WHERE kcm=kcm1;
        END IF;
    END LOOP mylabel;                                //④
    CLOSE mykcj;                                     //③
END$$
DELIMITER;
```

① 定义 3 个变量，分别用于临时保存课程名（kcm1）、考试人数（krs1）和平均成绩（pjcj1）。

② 定义游标语句：

```
DECLARE mykcj CURSOR
    FOR
    SELECT  kcm '课程名',count(kcm) AS '考试人数',avg(cj) AS '平均成绩'
        FROM cj
        GROUP BY kcm
        ORDER BY kcm;
```

先按照课程名排序（ORDER BY kcm）将相同课程排在一起；再按照课程名分组（GROUP BY kcm）；按照课程名统计（count(kcm)）修改显示列名（AS '考试人数'）；按照课程名计算成绩的平均值并修改显示列名（avg(cj) AS '平均成绩'）；查询输出课程名（kcm）、考试人数和平均成绩。

③ 与游标控制有关的语句。

- 定义逻辑变量（myfound），初值为真（true）。
- 根据定位游标结果，如果没有找到，则 myfound = false。
- 打开游标。
- 读取游标查询输出数据项（课程名、考试人数和平均成绩）对应到变量（kcm1、krs1、pjcj1）中。
- 如果没有找到数据记录（NOT myfound），则退出循环语句（LEAVE）。否则更新（UPDATE）课程表（kc）对应课程名的考试人数（krs）列和平均成绩（pjcj）列的数据。
- 关闭游标。

④ 循环开始和循环结束语句。

注意

由于存储过程是相对于数据库而不是某个表而言的，因此在创建存储过程后，pxscj 数据库的“函数”对象中会出现 cj_kAverage 函数。

2．存储过程的执行

定义存储过程后，通过下列语句执行：

```
CALL cj_kAverage( );
```

P0.2 测试数据库对象关系的正确性

P0.2.1 插入学生表记录

```
USE pxscj;
INSERT INTO xs VALUES('周何骏',1,'1998-09-25',0,null,null );      //①
INSERT INTO xs VALUES( '徐鹤',DEFAULT,'1997-11-08',0,null,null); //②
INSERT INTO xs VALUES( '林雪',0,'1997-10-19',0,null,null);
INSERT INTO xs VALUES( '王新平',1,'1998-03-06',0,null,null);
UPDATE xs SET bz='通信工程转入' WHERE xm='周何骏';                 //③
SELECT * FROM xs;
```

① 因为没有指定插入列名，所以 VALUES 后面值的顺序必须与 xs 表结构定义的列的前后顺序相同。如果不指定列值，则需要输入 null。注意，null 只能是定义为 null 的属性列。

② 如果采用默认值，需要输入 DEFAULT。

③ 因为记录已经存在，所以只能更新记录中的列值或者改变原来的值。

如果插入的列值不符合定义时的完整性要求，就会显示错误，插入记录失败。

例如：

姓名（xm）='周何骏', null：字符串长度为 5，超过最大长度，列不能为空。另外，因为该列为主键，两条记录中姓名不能相同。

性别（xb）=2：xb 只能为 0 或 1。

出生时间（cssj）='1998-09-00'：日期数据不正确。

学分（xf）=10：超出范围。

P0.2.2　插入课程表记录

```
INSERT INTO kc(kcm,xf) VALUES('计算机导论',2), ('计算机网络',4), ('Java',5);
INSERT INTO kc(kcm,xf) VALUES('C++',4);
INSERT INTO kc(kcm,xf) VALUES('大数据',3);
```

使用一条 INSERT 语句可以同时插入多条记录。

P0.2.3　插入成绩表记录

```
INSERT INTO cj(kcm,xm,cj) VALUES('Java','周何骏',70),('Java','徐鹤',80),('Java', '林雪',50);
                                                                                    //①
INSERT INTO cj(kcm,xm,cj) VALUES('计算机导论','周何骏',82);
INSERT INTO cj(kcm,xm,cj) VALUES('计算机网络','徐鹤',85);
INSERT INTO cj(kcm,xm,cj) VALUES('C++','周何骏',82);
INSERT INTO cj(kcm,xm,cj) VALUES('计算机导论','王新平',65);
SELECT * FROM cj ORDERBYxm;                                                         //②
```

① 如果 VALUES 后面值的顺序与表结构定义列的前后顺序不同，必须在表名后指定列的顺序(kcm,xm,cj)。

② 因为按照 xm 排序，同一个学生的成绩记录被排在一起。

P0.2.4　触发器功能测试

（1）插入触发器（cj_insert_zxf）。

```
SELECT xm '姓名',zxf '总学分' FROM xs;
```

显示如图 P0.2 所示。

姓名	总学分
周何骏	11
徐鹤	9
林雪	0
王新平	2

图 P0.2　插入触发器累加学分

在 cj 表中插入记录前，xs 表的 zxf（总学分）都为 0，在 cj 表中插入记录后，xs 表中 zxf（总学分）就会累加上所有成绩≥60 课程对应的学分。

（2）更新触发器（cj_update_zxf）。

```
INSERT INTO cj(kcm,xm,cj) VALUES('大数据','王新平',50);
SELECT xm '姓名',zxf '总学分' FROM xs WHERExm='王新平';
UPDATE cj SET cj=60 WHERE xm='王新平' AND kcm='大数据';
SELECT xm '姓名',zxf '总学分' FROM xs WHERExm='王新平';
```

将“王新平”的“大数据”课程成绩由 50 修改为 60，xs 表中“王新平”的 zxf 增加了 3（大数据课程学分），显示如图 P0.3 所示。

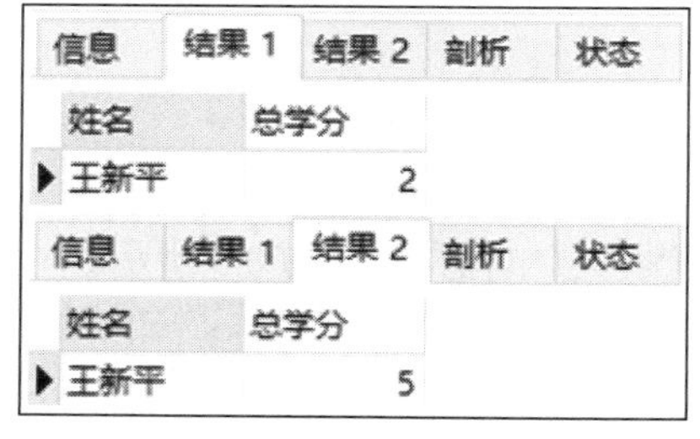

图 P0.3　更新触发器修改学分

（3）删除触发器（cj_delete_zxf）

```
DELETEFROMcj WHERE xm='王新平' AND kcm='大数据';
SELECT xm '姓名',zxf '总学分' FROM xs WHERExm='王新平';
```

王新平的 zxf（总学分）减少了 3。

P0.2.5 表间记录完整性约束测试

（1）因为 xs 表和 kc 表之间没有定义完整性约束，所以在 xs 表和 kc 表中插入新记录时不会受到其他表记录的牵制。

（2）cj 表与 xs 表、kc 表之间定义了记录更新（UPDATE）参照完整性（wzx_xm 和 wzx_kcm）约束，故下面两条 INSERT 语句无法成功执行：

```
INSERT INTO cj(kcm,xm,cj) VALUES('Java','郭一方',65);
INSERT INTO cj(kcm,xm,cj) VALUES('人工智能','周何骏',82);
```

因为 cj 表定义了与 xs 表和 kc 表之间的记录完整性约束，对于第一条语句，xs 表中没有“郭一方”记录，对于第二条语句，kc 表中没有“人工智能”记录。

P0.2.6 存储过程的功能测试

```
UPDATE kc SET krs=0, pjcj=0;
CALL cj_kAverage( );
SELECT*FROMkc;
```

执行存储过程后查询显示课程表（kc）中每一门课程的考试人数和平均成绩，如图 P0.4 所示。

kcm	xf	krs	pjcj
C++	4	1	82.00
Java	5	3	66.67
大数据	3	0	0.00
计算机导论	2	2	73.50
计算机网络	4	1	85.00

图 P0.4 执行存储过程统计每门课程的考试人数和平均成绩

P0.3 功能和界面

P0.3.1 系统主页

本实训“学生成绩管理系统”的主页如图 P0.5 所示。

它由上、中、底 3 个部分构成：上部是网页头，中间为页面主体，底部显示版权信息。其中，中间部分又可分为左右两个板块，左侧是“功能导航”页，用户可单击“学生管理”“课程管理”“成绩管理”按钮分别进入不同的系统功能界面，在右侧内容页加载显示相应界面。

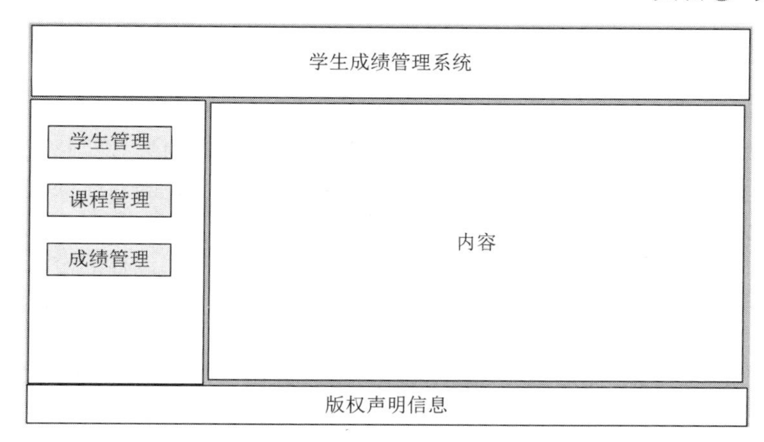

图 P0.5 “学生成绩管理系统”的主页

P0.3.2 “学生管理”功能界面

“学生管理”功能界面主要用于实现对学生数据的操作，如图 P0.6 所示。

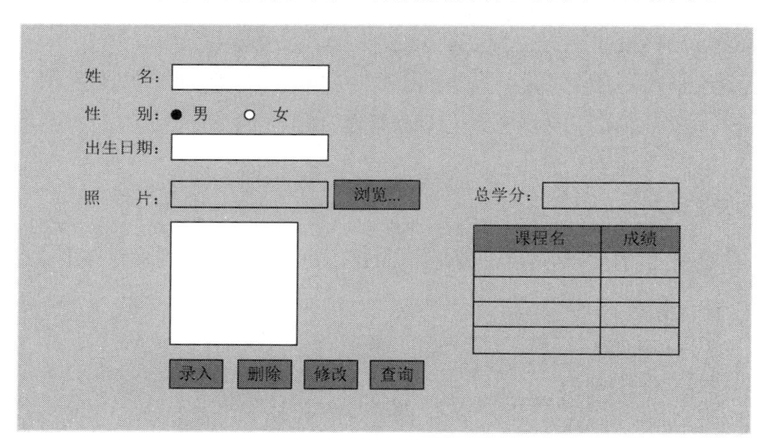

图 P0.6 “学生管理”功能界面

（1）在“姓名”文本框中输入信息，单击“查询”按钮，以“姓名”文本框内容从学生表（xs）中查找出该学生的各项信息并将其显示在对应栏中，若 zp 列有数据，则显示对应的照片；同时将该学生在成绩表（cj）中的所有成绩记录显示在表格中。

（2）单击“录入”按钮，如果学生表（xs）中尚无该姓名学生，则向 xs 表中插入一条记录。若此前单击“浏览”选择了照片，还要将照片文件以二进制形式存入 zp 列。

（3）单击“删除”按钮，如果成绩表（cj）中存在该学生的成绩记录，则不能在学生表（xs）中删除该学生的记录。如果学生表（xs）中存在该学生，则删除该学生对应的记录，否则提示“该学生不存在”。

（4）单击“修改”按钮，如果学生表（xs）中存在“姓名”文本框中的内容，将根据姓名修改其他列数据，但总学分为只读，不可修改。

P0.3.3 “课程管理”功能界面

“课程管理”功能界面用于实现课程的录入、删除和查询等操作，如图 P0.7 所示。

（1）输入课程名后，单击“查询”按钮，在课程表（kc）中查询，在表中显示该课程记录。如果课程名为空，单击“查询”按钮，则在表中显示所有课程记录。

（2）在“课程名”和“学分”文本框中输入信息，单击“录入”按钮，先判断课程表（kc）中是否存在对应课程名记录，如果存在，则显示“该记录已经存在！”，否则插入该记录。

（3）在“课程名”文本框中输入信息，单击“删除”按钮，先判断对应课程名记录是否存在，如果不存在，显示“该记录不存在！”，否则就删除该记录。

（4）单击“计算统计”，调用存储过程 cj_kAverage，计算每一门课程的考试人数和平均成绩，然后更新显示界面。

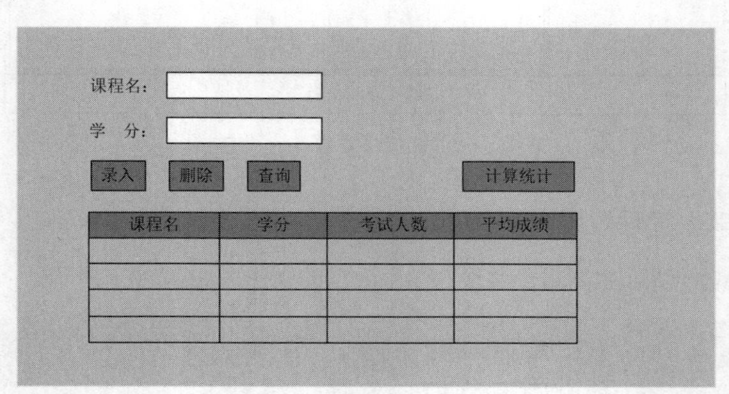

图 P0.7 “课程管理”功能界面

P0.3.4 “成绩管理”功能界面

“成绩管理”功能界面用于实现学生成绩记录的查询、录入和删除等操作，如图 P0.8 所示。

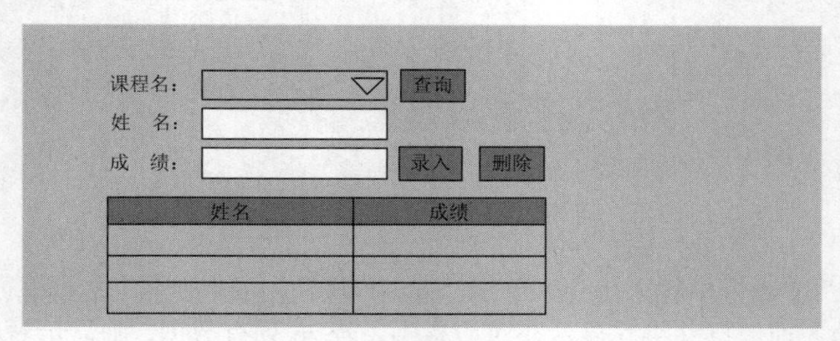

图 P0.8 “成绩管理”功能界面

（1）初始时，系统从课程表（kc）中检索出所有课程的名称，并将其加载到“课程名”列表中，供用户通过下拉列表进行选择。

（2）选择某课程名后，单击“查询”按钮，在表中显示成绩表（cj）中该课程所有学生的姓名和成绩记录。

（3）在“姓名”和“成绩”文本框中输入信息，单击“录入”按钮，先判断成绩表（cj）中是否存在对应课程名和姓名记录，如果存在，则显示“该记录已经存在！”；否则插入该记录，同时在成绩大于等于 60 时，cj 表触发器将在学生表（xs）中该学生的“总学分”上加该课程对应学分。

（4）在“姓名”文本框中输入信息，单击“删除”按钮，先判断对应课程名和姓名记录是否存在，如果不存在，显示“该记录不存在！”；否则就删除该记录，根据删除前成绩大于等于 60，cj 表触发器将在“总学分”上减去该课程对应学分。

第三部分　MySQL 数据库综合应用开发

实训 1　PHP/MySQL 学生成绩管理系统

【学习目标】

（1）掌握应用 PHP 操作 MySQL 数据库的方法。

（2）掌握应用 PHP 实训实例操作数据库的方法。

本实训应用 PHP 7 脚本语言实现学生成绩管理系统的完整功能，通过 PHP 的两种接口——PDO 和 Mysqli 操作 MySQL。

P1.1　PHP 开发平台搭建

使用 PHP 开发的项目基于 Apache 服务器运行，需要将 PHP 作为插件整合进 Apache，通常以 Eclipse 为开发工具。开发平台的搭建过程如下，这里仅列出主要步骤，详细内容请参考对应的网络文档。

P1.1.1　创建 PHP 环境

（1）操作系统准备。由于 PHP 环境需要使用操作系统 80 端口，为防止该端口被系统中的其他进程占用，必须预先对操作系统进行一些设置。

（2）安装 Apache 服务器。

（3）安装 PHP。

（4）Apache 整合 PHP。

注意：有关 PHP 开发平台搭建介绍，可参考“配套资源：/实训 P1.1.1　PHP 开发平台搭建。”

P1.1.2　Eclipse 安装与配置

（1）安装 JDK。

（2）安装 Eclipse。

（3）更改工作区。

P1.2 PHP 开发入门

P1.2.1 PHP 项目的建立

Eclipse 以项目（Project）的形式集中管理 PHP 源程序，创建一个 PHP 项目的操作步骤如下。

（1）在 Eclipse 开发环境下，选择“File”→“New”→“PHP Project”。

（2）在弹出的项目信息对话框的“Project name”文本框中输入项目名“pxscj”，“PHP Version”部分选择“Use project specific settings: PHP Version”，并在相应下拉列表中选择所用 PHP 版本。这里选“7.4(arrow functions，spread operator in arrays，…)”，如图 P1.1 所示。

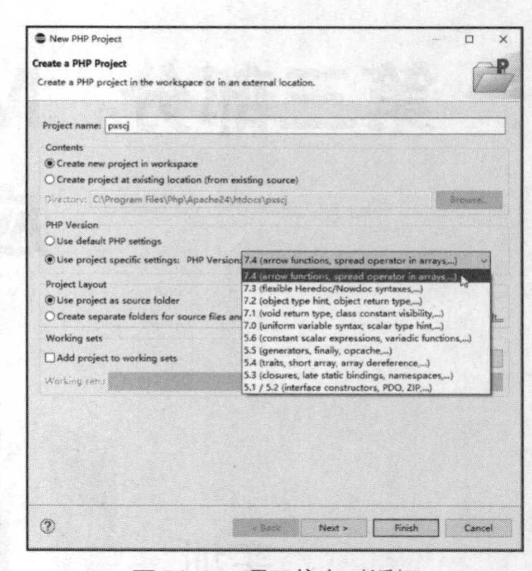

图 P1.1　项目信息对话框

（3）单击“Finish”按钮，Eclipse 会在 Apache 安装目录的 htdocs 子目录下自动创建一个名为“pxscj”的子目录，并创建项目设置文件和缓存文件。

（4）项目创建完成后，工作界面“Project Explorer”区域会出现一个“pxscj”项目树，右击选择“New”→“PHP File”，如图 P1.2 所示。在弹出的对话框中输入文件名即可创建 PHP（.php）源文件。

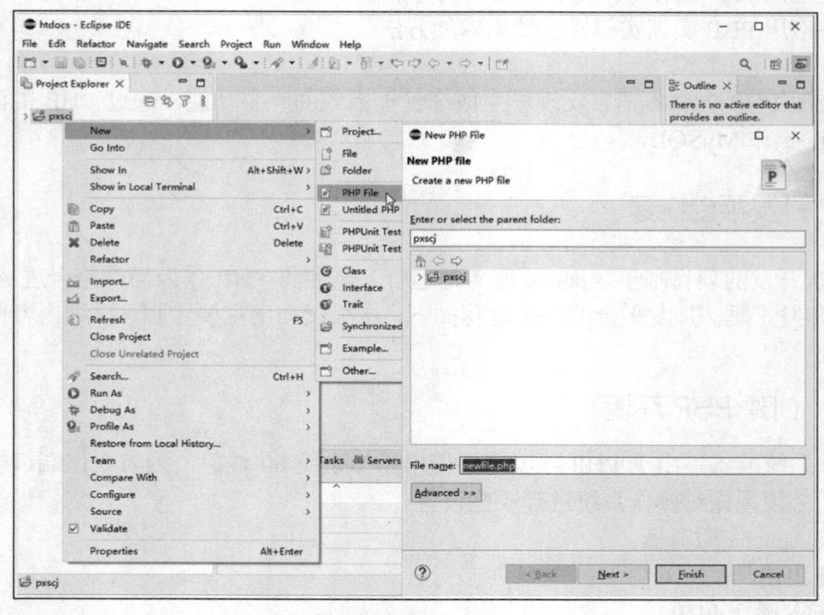

图 P1.2　新建 PHP 源文件

P1.2.2 PHP 项目的运行

Eclipse 默认创建的 PHP 文件名为 newfile.php，在其中输入代码：

```
<?php
    phpinfo();
?>
```

然后修改 PHP 的配置文件 php.ini，在其中找到如下语句：

```
short_open_tag = Off
```

将这里的 Off 改为 On，如图 P1.3 所示，使 PHP 支持<??>和<%%>标记方式。确认修改后，保存配置文件，重启 Apache 服务。

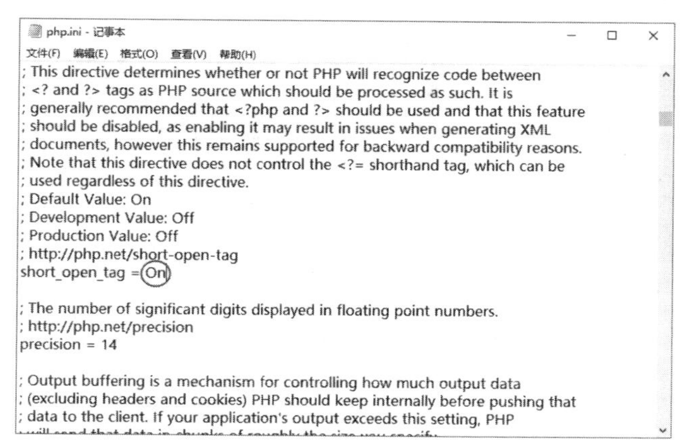

图 P1.3 修改配置文件

单击工具栏按钮右侧的下拉按钮，从下拉列表中选择“Run As”→“PHP Web Application”，弹出对话框，显示程序即将启动的 URL，如图 P1.4 所示。

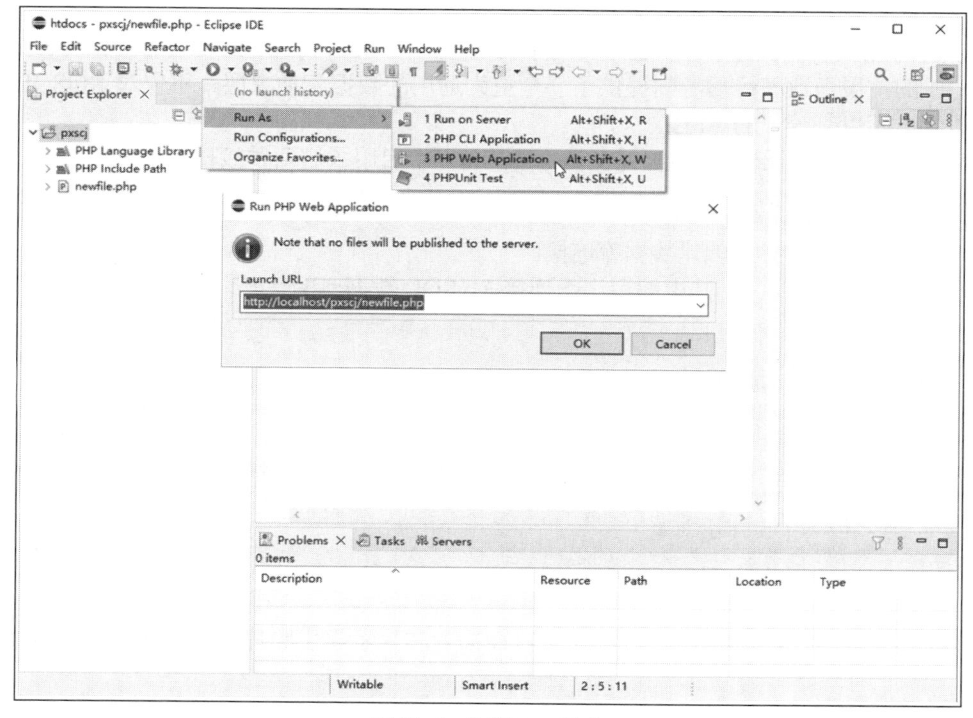

图 P1.4 运行 PHP 程序

单击“OK”按钮确认后，Eclipse 会自动启动本地计算机上的浏览器，显示 PHP 的版本信息页，如图 P1.5 所示。

用户也可以手动打开浏览器，输入 http://localhost/pxscj/newfile.php 后按“Enter”键。

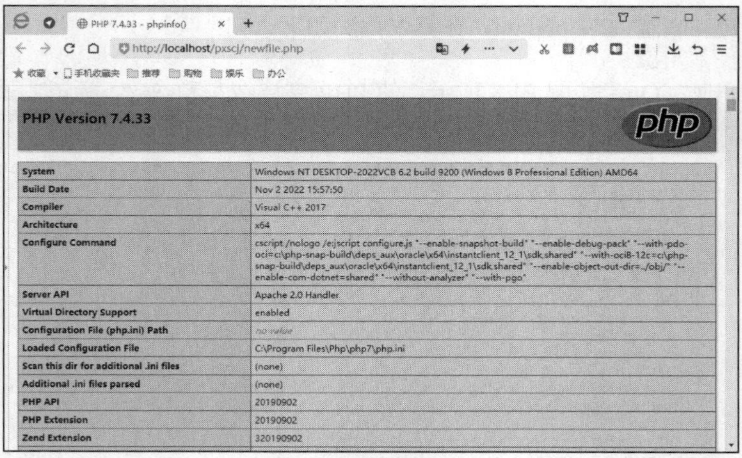

PHP Version 7.4.33

System	Windows NT DESKTOP-2022VCB 6.2 build 9200 (Windows 8 Professional Edition) AMD64
Build Date	Nov 2 2022 15:57:50
Compiler	Visual C++ 2017
Architecture	x64
Configure Command	cscript /nologo /e:jscript configure.js "--enable-snapshot-build" "--enable-debug-pack" "--with-pdo-oci=c:\php-snap-build\deps_aux\oracle\x64\instantclient_12_1\sdk,shared" "--with-oci8-12c=c:\php-snap-build\deps_aux\oracle\x64\instantclient_12_1\sdk,shared" "--enable-object-out-dir=../obj/" "--enable-com-dotnet=shared" "--without-analyzer" "--with-pgo"
Server API	Apache 2.0 Handler
Virtual Directory Support	enabled
Configuration File (php.ini) Path	no value
Loaded Configuration File	C:\Program Files\Php\php7\php.ini
Scan this dir for additional .ini files	(none)
Additional .ini files parsed	(none)
PHP API	20190902
PHP Extension	20190902
Zend Extension	320190902

图 P1.5　PHP 版本信息页

P1.2.3　PHP 连接 MySQL

1．MySQL 数据库准备

在进行本实训前，需要完成本书“实训 0 数据库综合应用”，创建本实训使用的学生成绩（pxscj）数据库及其有关对象。

2．MySQL 数据库连接

PHP 访问 MySQL 数据库可以通过两种不同的接口——Mysqli 和 PDO 来实现，前者是专门针对 MySQL 的扩展函数库；后者则提供了一个更为通用的数据库抽象层，不仅对 MySQL 且对其他类型的数据库也有统一的 API。

之前在安装 PHP 时已经在其配置文件（php.ini）中启用了这两种接口的扩展库功能：

```
extension=mysqli
extension=pdo_mysql
```

使用接口功能之前必须创建数据库连接。

新建 fun.php 源文件，在其中编写用于连接 MySQL 数据库的代码，如下：

```
<?php
try {
    //创建 MySQL 的 PDO 对象
    $db = new PDO("mysql:host=localhost;dbname=pxscj", "root", "123456");
    //创建 Mysqli 连接
    $conn = mysqli_connect("localhost", "root", "123456");
    mysqli_select_db($conn, "pxscj");
} catch(PDOException $e) {
    echo "数据库连接失败: ".$e->getMessage();              //若失败则输出异常信息
}
?>
```

本实训程序主要应用 PDO 操作 MySQL，而插入和显示学生照片则通过 Mysqli 实现。

P1.3　系统主页设计

P1.3.1　主界面

本系统主界面采用框架网页实现，下面先给出各前端页面的 HTML 源代码。

1. 启动页

启动页为 index.html，代码如下：

```
<html>
<head>
    <title>学生成绩管理系统</title>
</head>
<body topMargin="0" leftMargin="0" bottomMargin="0" rightMargin="0">
 <table  width="675"  border="0"  align="center"  cellpadding="0"  cellspacing="0"
style="width: 778px; ">
    <tr>
        <td><img src="images/学生成绩管理系统.gif" width="790" height="97"></td>
    </tr>
    <tr>
        <td><iframe src="main_frame.html" width="790" height="313"></iframe></td>
    </tr>
    <tr>
        <td><img src="images/底端图片.gif" width="790" height="32"></td>
    </tr>
 </table>
</body>
</html>
```

页面分上、中、下 3 部分，其中上、下两部分都只是一张图片，中间部分为框架页（*加粗代码为源文件名*），运行时在框架页中加载具体的导航页和相应功能界面。

2. 框架页

框架页为 main_frame.html，代码如下：

```
<html>
<head>
    <meta http-equiv="Content-type" content="text/html; charset=GB2312"/>
    <title>学生成绩管理系统</title>
</head>
<frameset cols="217,*">
    <frame  frameborder=0  src="http://localhost/pxscj/main.php"  name="frmleft"
scrolling="no" noresize>
    <frame frameborder=0 src="body.html" name="frmmain" scrolling="no" noresize>
</frameset>
</html>
```

其中，加粗内容“http://localhost/pxscj/main.php”为系统导航页的启动 URL，页面加载后位于框架左区。

框架右区则用于显示各个功能界面，初始默认为 body.html，源代码如下：

```
<html>
<head>
    <title>内容网页</title>
</head>
<body topMargin="0" leftMargin="0" bottomMargin="0" rightMargin="0">
    <img src="images/主页.gif" width="678" height="500">
</body>
</html>
```

这只是一个填充了背景图片的空白页，在运行时，系统会根据用户操作，在框架右区中动态加载不同功能的 PHP 页面来替换该页。

在项目根目录下创建 images 子目录，在该目录下存放用到的 3 幅图片资源：“学生成绩管理系统.gif”“底端图片.gif” 和 “主页.gif”。

P1.3.2 功能导航

本系统的功能导航页上有 3 个按钮，单击后可以分别进入“学生管理”“课程管理”和“成绩管理”3 个不同的功能界面。

源文件 main.php 用于实现功能导航页面，代码如下：

```
<html>
<head>
    <title>功能选择</title>
</head>
<body bgcolor="D9DFAA">
    <table bgcolor="D9DFAA" width="200" height="85">
        <tr>
            <td align="center"><input type="button" value="学生管理"
             onclick=parent.frmmain.location="studentManage.php"></td>
        </tr>
        <tr>
            <td align="center"><input type="button" value="课程管理"
             onclick=parent.frmmain.location="courseManage.php"></td>
        </tr>
        <tr>
            <td align="center"><input type="button" value="成绩管理"
             onclick=parent.frmmain.location="scoreManage.php"></td>
        </tr>
    </table>
</body>
</html>
```

其中，加粗处表示 3 个导航按钮分别要定位到的 PHP 源文件：studentManage.php 用于实现“学生管理”功能界面，courseManage.php 用于实现“课程管理”功能界面，scoreManage.php 用于实现“成绩管理”功能界面。稍后将介绍其具体实现。

打开浏览器，在地址栏中输入 http://localhost/pxscj/index.html，显示图 P1.6 所示的页面。

图 P1.6 “学生成绩管理系统”主页

P1.4 学生管理

P1.4.1 界面设计

“学生管理”功能界面如图 P1.7 所示。

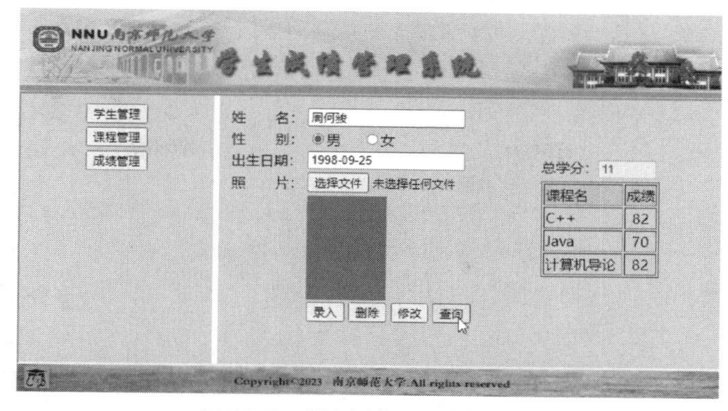

图 P1.7 “学生管理”功能界面

实现思路：

（1）将页面表单提交给 studentAction.php 执行对数据库中学生信息的操作。

（2）后台程序将数据库操作的结果通过 SESSION 会话返回前端，在页面表单中显示学生的各项信息。

（3）在查询返回原页面时，用 PHP 脚本执行 SELECT 语句，将查询到的当前学生各门课程的成绩信息以表格<table></table>的形式输出到页面显示。

（4）在 img 控件的 src 属性中访问 showpicture.php 显示学生照片。

“学生管理”功能界面对应源文件 studentManage.php，代码如下：

```
<?php
   session_start();                                           //启动 SESSION 会话
?>
<html>
<head>
    <title>学生管理</title>
</head>
<body bgcolor="D9DFAA">
<?php
    //接收会话传回的变量值以便在页面显示
    $XM = $_SESSION['XM'];                                   //姓名
    $XB = $_SESSION['XB'];                                   //性别
    $CSSJ = $_SESSION['CSSJ'];                               //出生日期
    $ZXF = $_SESSION['ZXF'];                                 //总学分
    $StuName = $_SESSION['StuName'];                         //姓名变量用于查找显示照片
?>
<form method="post" action="studentAction.php" enctype="multipart/form-data">
                                                             //(1)
    <table>
        <tr>
            <td>
                <table>
                    <tr>
                        <td>姓       名：</td>
                        <td><input type="text" name="xm"
                            value="<?php echo @$XM;?>"/></td>
                    </tr>
                    <tr>
                        <td>性       别：</td>
                        <?php
```

```
                        if(@$XB == 1) {             //变量值为 1 表示"男"
                    ?>
                    <td>
                        <input type="radio" name="xb" value="1"
                                        checked="checked">男
                           
                        <input type="radio" name="xb" value="0">女
                    </td>
                    <?php
                        }else {                     //变量值为 0 表示"女"
                    ?>
                    <td>
                        <input type="radio" name="xb" value="1">男
                           
                        <input type="radio" name="xb" value="0"
                                        checked="checked">女
                    </td>
                    <?php
                        }
                    ?>
                </tr>
                <tr>
                    <td>出生日期: </td>
                    <td><input type="text" name="cssj"
                        value="<?php echo @$CSSJ;?>"/></td>
                </tr>
                <tr>
                    <td>照       片: </td>
                    <td><input name="photo" type="file"></td>
                </tr>
                <tr>
                    <td></td>
                    <td>
                    <?php
                        echo "<img src='showpicture.php?studentname=$StuName
&time=".time()."' width=90 height=120 />";              //(2)
                    ?>
                    </td>
                </tr>
                <tr>
                    <td></td>
                    <td>
                        <input name="btn" type="submit" value="录入">
                        <input name="btn" type="submit" value="删除">
                        <input name="btn" type="submit" value="修改">
                        <input name="btn" type="submit" value="查询">
                    </td>
                </tr>
            </table>
        </td>
        <td>
            <table>
                <tr>
                    <td>总学分: <input type="text" name="zxf" size="4"
                        value="<?php echo @$ZXF;?>" disabled/></td>
                </tr>
```

```
                        <tr>
                            <td align="left">
                            <?php
                                include "fun.php";              //(3)
                                $xmcj_sql = "SELECT kcm, cj FROM cj WHERE xm='$StuName'";
                                $cj_rs = $db->query($xmcj_sql);
                                //输出表格
                                echo "<table border=1>";
                                echo "<tr bgcolor=#CCCCC0>";
                                echo "<td>课程名</td><td align=center>成绩</td></tr>";
                                //获取各门课成绩结果集
                                while(list($KCM, $CJ) = $cj_rs->fetch(PDO::FETCH_NUM)) {
                                    echo "<tr><td>$KCM </td><td align=center>
$CJ</td></tr>";
                                                                //(4)
                                }
                                echo "</table>";
                            ?>
                            </td>
                        </tr>
                    </table>
                </td>
            </tr>
        </table>
    </form>
    </body>
    </html>
```

其中：

（1）**<form method="post" action="studentAction.php" enctype="multipart/form-data">**：当用户在“姓名”文本框中输入学生姓名后单击“查询”按钮，即可将数据提交到 studentAction.php，studentAction.php 查询 MySQL 数据库获取该学生的信息，并通过 SESSION 将其回传给 studentManage.php 后显示在页面表单中。

（2）**echo "<img src='showpicture.php?studentname=$StuName&time=".time()."' width=90 height=120 />";**：使用 img 控件调用 showpicture.php 来显示照片，studentname 用于保存当前学生姓名值，time()函数用于产生一个时间戳，防止服务器重复读取缓存中的内容。

showpicture.php 文件通过接收学生姓名变量值查找该学生的照片并显示，代码如下：

```
<?php
    header('Content-type: image/jpg');                          //输出 HTTP 头信息
    require "fun.php";                                          //包含连接数据库的 PHP 文件
    //以 GET 方法从 studentManage.php 页面 img 控件的 src 属性中获取学生姓名值
    $StuXm = $_GET['studentname'];
    $sql = "SELECT zp FROM xs WHERE xm='$StuXm'";               //根据姓名查找照片
    $result = mysqli_query($conn, $sql);                        //通过 Mysqli 接口执行查询
    $row = mysqli_fetch_array($result);                         //获取照片数据
    $image = $row['zp'];
    echo $image;                                                //返回输出照片
?>
```

（3）**include "fun.php";**也可写成“require "fun.php";”，这里的 fun.php 即 P1.2.3 节所创建的用于连接 MySQL 的 PHP 源文件。在本项目程序中凡是需要连接 MySQL 的情况全都**共用**这一个文件，使用其中的 PDO 对象$db 或连接对象$conn，这样做既可以简化编程，又便于对数据库连接进行统一设定和管理。

（4）**echo "<tr><td>$KCM </td><td align=center>$CJ</td></tr>";**用于在表中显示输

出“课程名-成绩”信息。

P1.4.2 功能实现

实现思路：

本实训的学生管理功能由 studentAction.php 实现，该文件以 POST 方式接收从 studentManage.php 提交的表单数据，对学生信息进行增、删、改、查等各种操作，同时将操作后的更新数据保存在 SESSION 会话中传回前端加以显示。

源文件 studentAction.php 的代码如下：

```
<?php
    include "fun.php";                                          //包含连接数据库的 PHP 文件
    include "studentManage.php";                                //包含前端页面的 PHP 页
    $StudentName = @$_POST['xm'];                               //姓名
    $Sex = @$_POST['xb'];                                       //性别
    $Birthday = @$_POST['cssj'];                                //出生日期
    $tmp_file = @$_FILES["photo"]["tmp_name"]; //文件上传后在服务端存储的临时文件
    $handle = @fopen($tmp_file,'r');                            //打开文件
    $Picture = @addslashes(fread($handle, filesize($tmp_file)));
                                                                //读取上传的照片变量并处理
    //下面这两个查询的结果用于后面程序判断对学生的管理操作是否合法
    $xm_sql = "SELECT xm FROM xs WHERE xm='$StudentName'";      //查找姓名信息
    $xm_result = $db->query($xm_sql);                           //执行查询
    $kcm_sql = "SELECT kcm FROM cj WHERE xm='$StudentName'";    //查找课程名信息
    $kcm_result = $db->query($kcm_sql);                         //执行查询

    /**以下为各学生管理操作按钮的功能代码*/
    /**录入功能*/
    if(@$_POST["btn"] == '录入') {                              //单击“录入”按钮
        if($xm_result->rowCount() != 0)                         //要录入的学生姓名已经存在时提示
            echo "<script>alert('该学生已经存在！');location.href='studentManage.php';
</script>";
        else {                                                  //不存在才可录入
            if(!$tmp_file) {                                    //没有上传照片的情况
                $insert_sql = "INSERT INTO xs VALUES('$StudentName', $Sex, '$Birthday',
0, NULL, NULL)";
            }else {                                             //已经上传照片的情况
                $insert_sql = "INSERT INTO xs VALUES('$StudentName', $Sex, '$Birthday',
0, NULL, '$Picture')";
            }
            $insert_result = mysqli_query($conn, $insert_sql);
                                                                //执行插入操作（通过 Mysqli）
            if(mysqli_affected_rows($conn) != 0) {              //返回值不为 0 表示插入成功
                $_SESSION['StuName'] = $StudentName; //将姓名变量存入会话
                echo "<script>alert('添加成功！');location.href='studentManage.php';
</script>";
            } else                                              //返回值为 0 表示操作失败
                echo "<script>alert('添加失败，请检查输入信息！');location.href=
'studentManage.php';</script>";
        }
    }

    /**删除功能*/
    if(@$_POST["btn"] == '删除') {                              //单击“删除”按钮
        if($xm_result->rowCount() == 0)                         //要删除的学生姓名不存在时提示
```

```
            echo "<script>alert('该学生不存在! ');location.href='studentManage.php';
</script>";
        else {                                          //处理姓名存在的情况
            if($kcm_result->rowCount() != 0)            //学生有修课记录时提示
                echo "<script>alert('该生有修课记录，不能删! ');location.href=
'studentManage.php';</script>";
            else {                                      //可以删除
                $del_sql = "DELETE FROM xs WHERE xm='$StudentName'";
                $del_affected = $db->exec($del_sql);    //执行删除操作
                if($del_affected) {                     //返回值不为 0 表示操作成功
                    $_SESSION['StuName'] = 0;           //将会话中姓名变量置空
                    echo "<script>alert('删除成功! ');location.href='studentManage.
php';</script>";
                }
            }
        }
    }

    /**修改功能*/
    if(@$_POST["btn"] == '修改') {                      //单击“修改”按钮
        $_SESSION['StuName'] = $StudentName;            //用 SESSION 保存用户输入的姓名
        if(!$tmp_file)                                  //若没有上传文件则不更新照片列
            $update_sql = "UPDATE xs SET xb=$Sex, cssj='$Birthday' WHERE
xm='$StudentName'";
        else                                            //上传新照片后要更新照片列
            $update_sql = "UPDATE xs SET xb=$Sex, cssj='$Birthday', zp='$Picture'
WHERE xm='$StudentName'";
        $update_affected = $db->exec($update_sql);  //执行修改操作
        if($update_affected)                            //返回值不为 0 表示操作成功
            echo "<script>alert('修改成功! ');location.href='studentManage.php';
</script>";
        else                                            //返回值为 0 表示操作失败
            echo "<script>alert('修改失败，请检查输入信息! ');location.href='student
Manage.php';</script>";
    }

    /**查询功能*/
    if(@$_POST["btn"] == '查询') {                      //单击“查询”按钮
        $_SESSION['StuName'] = $StudentName;            //将姓名传给其他页面
        $sql = "SELECT xm, xb, cssj, zxf FROM xs WHERE xm='$StudentName'";
                                                        //查找姓名对应的学生信息
        $result = $db->query($sql);                     //执行查询
        if($result->rowCount() == 0)                    //返回值为 0 表示没有该学生的记录
            echo "<script>alert('该学生不存在! ');location.href='studentManage.php';
</script>";
        else {                                          //查询成功，将该学生信息通过会话返回
            list($XM, $XB, $CSSJ, $ZXF) = $result->fetch(PDO::FETCH_NUM);
                                                        //获取该学生信息
            $_SESSION['XM'] = $XM;                      //姓名
            $_SESSION['XB'] = $XB;                      //性别
            $_SESSION['CSSJ'] = $CSSJ;                  //出生日期
            $_SESSION['ZXF'] = $ZXF;                    //总学分
            echo "<script>location.href='studentManage.php';</script>";
                                                        //返回前端页面，显示学生信息
        }
    }
?>
```

P1.5 成绩管理

P1.5.1 界面设计

“成绩管理”功能界面如图 P1.8 所示。

在该界面上使用脚本，以便在初始状态从数据库课程表（kc）中查询出所有课程的名称并将其加载到下拉列表中，方便用户选择操作，效果如图 P1.9 所示。

图 P1.8 “成绩管理”功能界面

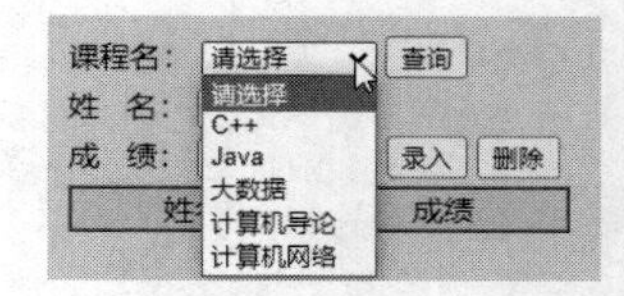

图 P1.9 查询出所有课程的名称并将其加载到下拉列表

“成绩管理”功能界面由源文件 scoreManage.php 实现，代码如下：

```
<html>
<head>
    <title>成绩管理</title>
</head>
<body bgcolor="D9DFAA">
<form method="post">
    <table>
        <tr>
            <td>
                课程名:
                <script type="text/javascript">
                function setCookie(name, value) {
                    var exp = new Date();
                    exp.setTime(exp.getTime() + 24 * 60 * 60 * 1000);
                    document.cookie = name + "=" + escape(value) + ";expires=" +
exp.toGMTString();
                }
                function getCookie(name) {
                    var regExp = new RegExp("(^| )" + name + "=([^;]*)(;|$)");
                    var arr = document.cookie.match(regExp);
                    if(arr == null) {
                        return null;
                    }
                    return unescape(arr[2]);
                }
                </script>
                <select name="kcm" id="select_1"
                     onclick="setCsookie('select_1',this.selectedIndex)">
```

```
                <?php
                    echo "<option>请选择</option>";
                    require "fun.php";                          //包含连接数据库的PHP文件
                    $kcm_sql = "SELECT DISTINCT kcm FROM kc";
                                                                //查找所有的课程名
                    $kcm_result = $db->query($kcm_sql);     //执行查询
                    //输出课程名到下拉列表中
                    while(list($KCM) = $kcm_result->fetch(PDO::FETCH_NUM)) {
                        echo "<option value=$KCM>$KCM</option>";
                                                                //添加为列表选项
                    }
                ?>
                </select>
                <script type="text/javascript">
                    var selectedIndex = getCookie("select_1");
                    if(selectedIndex != null) {
                        document.getElementById("select_1").selectedIndex=
selectedIndex;
                    }
                </script>
                <input name="btn" type="submit" value="查询">
            </td>
        </tr>
        <tr>
            <td>
                姓   名:
                <input type="text" name="xm" size="8">
            </td>
        </tr>
        <tr>
            <td>
                成   绩:
                <input type="text" name="cj" size="8">
                <input name="btn" type="submit" value="录入">
                <input name="btn" type="submit" value="删除">
            </td>
        </tr>
        <tr>
            <td align="left" width="400">
                <table border=1 cellpadding="0" cellspacing="0" width="260">
                    <tr bgcolor=#CCCCC0>
                        <td align="center">姓名</td>
                        <td align="center">成绩</td>
                    </tr>
                    <?php
                    include "fun.php";                      //包含连接数据库的PHP文件
                    if(@$_POST["btn"] == '查询') {          //单击“查询”按钮
                        $CourseName = $_POST['kcm'];        //获取用户选择的课程名
                        $cj_sql="SELECT xm,cj FROM cj WHERE kcm='$CourseName'";
                                                            //查找该课程对应的成绩
                        $cj_result = $db->query($cj_sql);   //执行查询
                        while(list($XM, $CJ) = $cj_result->fetch(PDO::FETCH_NUM)) {
                                                            //获取查询结果集
                            echo "<tr><td align=center>$XM </td><td align=
center>$CJ</td></tr>";                                      //在表中输出“姓名-成绩”
                        }
```

```
                }
                ?>
            </table>
        </td>
        <td></td>
    </tr>
</table>
</form>
</body>
</html>
```

P1.5.2 功能实现

本实训“成绩管理”功能界面主要用于实现对 MySQL 数据库成绩表（cj）中学生成绩记录的录入和删除操作，其功能实现的代码也写在源文件 scoreManage.php 中（P1.5.1 节页面 HTML 代码之后），如下：

```
<?php
    $CourseName = $_POST['kcm'];                             //获取提交的课程名
    $StudentName = $_POST['xm'];                             //获取提交的姓名
    $Score = $_POST['cj'];                                   //获取提交的成绩
    $cj_sql = "SELECT * FROM cj WHERE kcm='$CourseName' AND xm='$StudentName'";
                                                             //先查询出该学生该门课程的成绩
    $result = $db->query($cj_sql);                           //执行查询
    /**以下为各成绩管理操作按钮的功能代码*/
    /**录入功能*/
    if(@$_POST["btn"] == '录入') {                           //单击“录入”按钮
        if($result->rowCount() != 0)                         //(1)
            echo "<script>alert('该记录已经存在！');location.href='scoreManage.php';
</script>";
        else {                                               //不存在才可以添加
            $insert_sql = "INSERT INTO cj(xm, kcm, cj) VALUES('$StudentName',
'$CourseName', '$Score')";                                   //添加新记录
            $insert_result = $db->query($insert_sql);        //执行插入操作
            if($insert_result->rowCount() != 0)              //返回值不为 0 表示操作成功
                echo "<script>alert('添加成功！');location.href='scoreManage.php';
</script>";
            else
                echo "<script>alert('添加失败，请确保有此学生！');location.href=
'scoreManage.php';</script>";
        }
    }

    /**删除功能*/
    if(@$_POST["btn"] == '删除') {                           //单击“删除”按钮
       if($result->rowCount() != 0) {                        //(2)
            $delete_sql = "DELETE FROM cj WHERE xm='$StudentName' AND
kcm='$CourseName'";                                          //删除该记录
            $del_affected = $db->exec($delete_sql);          //执行删除操作
            if($del_affected)                                //返回值不为 0 表示操作成功
                echo "<script>alert('删除成功！');location.href='scoreManage.php';
</script>";
            else
                echo "<script>alert('删除失败，请检查操作权限！');location.href=
'scoreManage.php';</script>";
        } else                                               //不存在该记录，无法删除
```

```
                echo "<script>alert('该记录不存在！');location.href='scoreManage.php';
</script>";
        }
    ?>
```

（1）**if($result->rowCount() != 0)**：查询结果不为空表示该成绩记录已存在，不可重复录入。

（2）**if($result->rowCount() != 0) { ... }**：查询结果不为空表示该成绩记录存在，可删除。

P1.6 课程管理

“课程管理”功能界面如图 P1.10 所示。

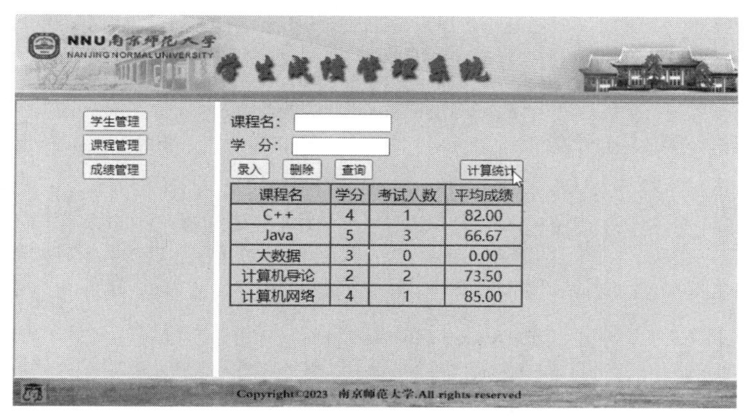

图 P1.10 “课程管理”功能界面

该界面用于实现对课程信息的录入、删除和查询等功能，单击其中的“计算统计”按钮可调用存储过程统计每门课程的考试人数和平均成绩。

“课程管理”功能界面由源文件 courseManage.php 实现，代码如下：

```
<html>
<head>
    <title>课程管理</title>
</head>
<body bgcolor="D9DFAA">
<form method="post">
    <table>
        <tr>
            <td>
                课程名：
                <input type="text" name="kcm" size="10">
            </td>
        </tr>
        <tr>
            <td>
                学   分：
                <input type="text" name="xf" size="10">
            </td>
        </tr>
        <tr>
            <td>
                <input name="btn" type="submit" value="录入">
                 
```

```
                    <input name="btn" type="submit" value="删除">
                     
                    <input name="btn" type="submit" value="查询">
                              
                           
                    <input name="btn" type="submit" value="计算统计">
                </td>
            </tr>
            <tr>
                <td width="400">
                    <table border=1 cellpadding="0" cellspacing="0" width="320">
                        <tr bgcolor=#CCCCC0>
                            <td align="center">课程名</td>
                            <td align="center">学分</td>
                            <td align="center">考试人数</td>
                            <td align="center">平均成绩</td>
                        </tr>
                        <?php
                        include "fun.php";                    //包含连接数据库的 PHP 文件
                        if(@$_POST["btn"] == '计算统计') {  //单击“计算统计”按钮
                           $update_sql = "UPDATE kc SET krs=0, pjcj=0;";
                           $db->exec($update_sql);            //初始化两个统计信息列
                           $call_sql = "CALL cj_kAverage()";   //调用存储过程
                           $db->query($call_sql);
                           $kc_sql = "SELECT kcm, xf, krs, pjcj FROM kc";
                                                              //查询所有课程的统计信息
                           $kc_result = $db->query($kc_sql);
                           while(list($KCM, $XF, $KRS, $PJCJ) = $kc_result->fetch
(PDO::FETCH_NUM)) {                         //获取查询结果集
                              //在表中显示输出“课程名-学分-考试人数-平均成绩”信息
                              echo "<tr><td align=center>$KCM </td><td align=
center>$XF</td><td align=center>$KRS</td><td align=center>$PJCJ</td></tr>";
                           }
                        }
                        ?>
                    </table>
                </td>
                <td></td>
            </tr>
        </table>
    </form>
    </body>
    </html>
```

在调用存储过程之前一定要先执行“UPDATE kc SET krs=0, pjcj=0; ”对课程表的统计信息列进行初始化，才能得到正确的结果。

课程信息的录入、删除和查询功能的实现与成绩表类似，读者可以自行尝试练习，还可以根据需要自行扩展和完善本系统的其他功能。

实训 2 Python/MySQL 学生成绩管理系统

【学习目标】

（1）掌握应用 Python 操作 MySQL 数据库的方法。

（2）掌握应用 Python 实训实例操作数据库的方法。

本实训应用 Python 3.9 及其 GUI 库 Tkinter 实现学生成绩管理系统的“课程管理”功能，通过 Python 的 PyMySQL 驱动库操作 MySQL。

P2.1 Python 环境安装

P2.1.1 安装 Python 环境

本实训选用稳定的 Python 3.9 编译器，结合流行的 PyCharm 开发工具来构建 Python 环境，安装和配置过程如下，这里仅列出主要步骤，详细内容请参考对应的网络文档。

（1）安装 Python 3.9。

（2）安装 PyCharm。

（3）为 PyCharm 工程配置 Python 解释器。

注意：有关 Python 安装环境介绍，可参考“配套资源：/实训 P2.1.1 安装 Python 环境”。

P2.1.2 安装 MySQL 驱动库

Python 环境中 MySQL 的驱动库名为 PyMySQL，本次安装的版本是 PyMySQL 1.0.2，使用 Python 的 pip 工具联网安装。以管理员身份打开 Windows 命令行，执行如下命令：

```
pip install PyMySQL
```

安装过程如图 P2.1 所示。安装完可使用“python -m pip list”命令查看 pymysql 是否已经安装成功。

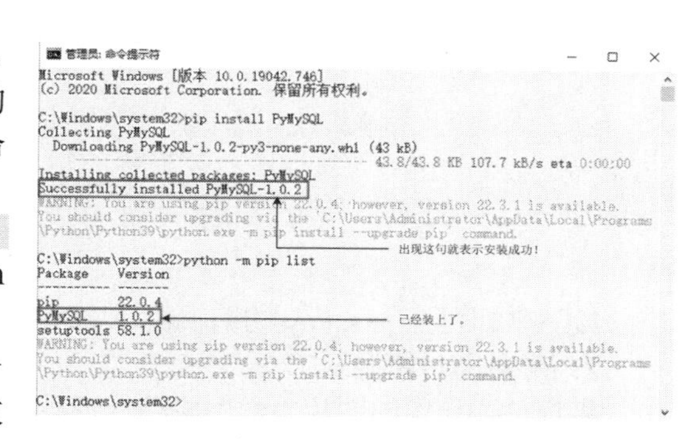

图 P2.1 使用 pip 工具联网安装 PyMySQL

安装成功后，在 PyCharm 中选择“File”→“Settings”，进入 Python 解释器配置界面，可以发现其安装库的列表中增加了一个“PyMySQL”条目，如图 P2.2 所示。

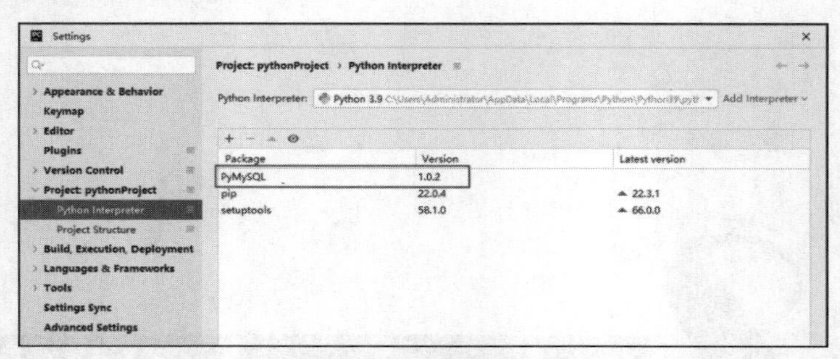

图 P2.2 查看 PyMySQL 是否已经安装上

P2.2 Python 程序开发

P2.2.1 开发前的准备工作

1. 创建 Python 源文件

在当前 PyCharm 工程目录中创建 Python 源文件，操作方法：右键单击工程名，选择“New”→“Python File”，系统显示“New Python file”对话框，输入 pxscj 作为文件名，如图 P2.3 所示。按“Enter”键确认后打开该程序的编辑窗口，其选项卡对应的名称为 pxscj.py，.py 就是 Python 的源文件扩展名。

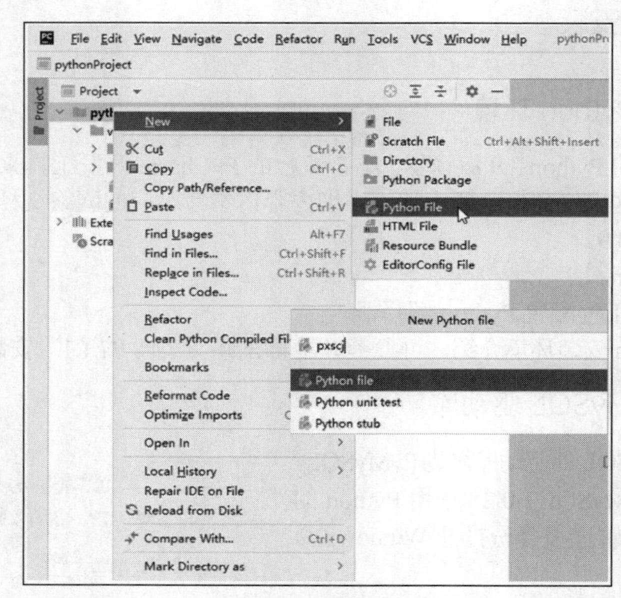

图 P2.3 创建 Python 源文件

接下来即可在 pxscj.py 的编辑窗口中编写 Python 程序。

2. 准备图片资源

将项目要使用的图片“学生成绩管理系统.gif”和“底端图片.gif”存放至当前 PyCharm 工程目录中，即与源文件 pxscj.py 在同一目录下。

3. 导入 Tkinter

本实训使用 Tkinter 来制作程序界面，Tkinter 是 Python 的图形用户界面（GUI）库，其所使用的 Tk 接口是 Python 的标准 GUI 工具包接口。Tkinter 可以在 Windows、Linux、macOS 以及绝大多数 UNIX 平台下使用，其新版本还可以实现本地窗口风格。由于 Tkinter 早已被内置到 Python 语言的安装包中，只要安装好 Python 之后即可直接导入其模块来使用，Python 3 所使用的库名为 tkinter，在程序中的导入语句如下：

```
from tkinter import *                                    # 导入tkinter模块的所有内容
```

导入后可以快速地创建带图形界面的桌面应用程序，十分方便。

4．MySQL 数据库准备

读者在进行本实训前可参考“实训 2 MySQL 数据库准备”网络文档，创建实训数据库及其有关对象。内容包括创建学生成绩（pxscj）数据库及“课程管理”功能相关的课程表（kc）、成绩表（cj）和存储过程 cj_kAverage。

注意：有关 MySQL 数据库准备介绍，可参考“配套资源：/实训 P2.2.1　MySQL 数据库准备”。

P2.2.2　实现思路

本实训旨在开发学生成绩管理系统的“课程管理”功能，实现思路如下。

（1）与 C#、VB.NET、Qt 等专业的 GUI 桌面开发语言不同，Tkinter 并无集成的界面设计器，故无法使用拖曳控件的方式来设计程序界面，实现界面设计布局的代码只能与实现程序功能的代码集成在一起，位于同一个源文件（pxscj.py）中。

（2）通过 PhotoImage()方法载入界面顶部“学生成绩管理系统”Logo 图片和底部的版权图片。

（3）使用 pymysql.connect()方法连接 MySQL 数据库，返回连接对象。

（4）将界面表单控件对应的变量 v_kcm（课程名）、v_xf（学分）、v_list（课程列表）集中放在前面定义。

（5）界面上各控件均采用 grid()方法进行布局。

（6）程序中一共定义以下 6 个功能函数（用 def 声明）。

- **init()**：用于初始化，从课程表（kc）中查询出所有课程，并将其加载到界面的课程列表中。
- **align_string(s, total)**：该函数用于使课程列表中的“课程名”以固定长度规范化（补齐空格），目的是使列表中显示的各项信息对齐，显得整齐美观。
- **ins_course()**：用于录入课程信息，完成后使用 tkinter.messagebox.showinfo()方法提示添加成功，调用 init()函数重新初始化。
- **del_course()**：用于删除课程信息，删除前必须先通过成绩表（cj）判断该课程有无选修记录，有则不能删；删除后用 tkinter.messagebox.showinfo()方法提示删除成功，调用 init()函数重新初始化。
- **que_course()**：用于查询课程信息，若“课程名”文本框（对应 v_kcm 变量）未填写（为空），默认查询并显示所有课程信息；若“课程名”文本框填写了课程名，则只显示该课程的信息。
- **avg_course()**：用于调用存储过程统计各门课程的考试人数和平均成绩，计算完成后使用 init()函数更新界面。

（7）用 Listbox 控件实现课程信息的列表显示，通过其 itemconfig()方法设定表头背景色，使用 insert()方法写入记录，以空格格式化记录的显示样式。

（8）界面中“录入”“删除”“查询”和“计算统计”按钮的 command 属性绑定各自对应的功能函数，程序启动时首先执行 init()函数初始化界面。

P2.2.3　功能代码

本实训项目中唯一的一个源文件是 pxscj.py，代码如下：

```
from tkinter import *
```

```
    import tkinter.messagebox                              // 用于消息框功能
    import tkinter.font as font                            // 用于设置界面控件字体
    import pymysql                                         // 导入 MySQL 驱动库
    master = Tk()                                          // （1）
    master.title('课程管理')
    master.geometry("615x450")
    master.resizable(width = 0, height = 0);               // 固定程序窗口的尺寸
    master.configure(bg = '//D9DFAA')                      // 设置程序窗口背景色
    headlogo = PhotoImage(file = "学生成绩管理系统.gif")      // 载入界面顶部 Logo 图片
    headlabel = Label(master, image = headlogo, bg = '//D9DFAA', compound = TOP)
                                                           // （2）
    headlabel.grid(row = 0, column = 0, columnspan = 7)    // （3）
    footlogo = PhotoImage(file = "底端图片.gif")              // 载入界面底部的版权图片
    footlabel = Label(master, image = footlogo, bg = '//D9DFAA', compound = BOTTOM)
                                                           // （2）
    footlabel.grid(row = 10, column = 0, rowspan = 3, columnspan = 7, pady = 55)
                                                           // （3）
    // 连接 MySQL 数据库
    conn = pymysql.connect(host = "localhost", user = "root", passwd = "123456", db =
"pxscj")
                                                           // （4）
    cur = conn.cursor()
    // 定义程序中用到的各个变量
    v_kcm = StringVar()                                    // 课程名
    v_xf = IntVar()                                        // 学分
    v_list = StringVar()                                   // 与界面的课程列表关联
    // 表单“课程名”栏
    Label(master,  text  =  '课 程 名 : ',  font  =  font.Font(family=' 黑 体 '),  bg  =
'//D9DFAA').grid(row = 1, column = 0, sticky = W, padx = 21)
    Entry(master,  width  =  15,  textvariable  =  v_kcm,  font  =  font.Font(family=' 黑 体
')).grid(row = 1, column = 1, columnspan = 2, sticky = W, pady = 15)
    // 表单“学分”栏
    Label(master, text = '学分: ', font = font.Font(family='黑体'), bg = '//D9DFAA').grid(row
= 2, column = 0, sticky = W, padx = 21)
    Entry(master, width = 15, textvariable = v_xf, font = font.Font(family='黑体')).grid(row
= 2, column = 1, columnspan = 2, sticky = W, pady = 15)
    // 课程列表控件
    lb  =  Listbox(master,  width  =  71,  height  =  8,  font  =  font.Font(family=' 黑 体 '),
listvariable = v_list)
    lb.grid(row = 4, column = 0, rowspan = 6, columnspan = 7, sticky = W, padx = 20)
                                                           // （5）
    v_list.set('.....课程名..........学分............考试人数..........平均成绩.....')
    // 模拟数据网格的表头标题
    lb.itemconfig(0, bg='YellowGreen')                     // 设定列表标题的背景色

    def init():          // 初始化函数（加载数据库中所有课程的信息，可用于更新界面的课程列表）
       cur.execute('SELECT kcm, xf, krs, pjcj FROM kc')
       row = cur.fetchall()
       lb.delete(1, END)
       if cur.rowcount != 0:
          for i in range(cur.rowcount):
             lb.insert(END, '    ' + align_string(row[i][0], 10) + '             ' +
str(row[i][1]) + '              ' + str(row[i][2]) + '               ' + str('%.2f' %
row[i][3]) + ' ')

    def align_string(s, total):                            // 课程名长度规范化函数
```

```
        gbkNum = 0
        engNum = 0
        for c in s:
            if '\u4E00' <= c <= '\u9FFF':
                gbkNum += 1
            else:
                engNum += 1
        blankNum = total - 2 * gbkNum - engNum
        return s + ' ' * blankNum

    def ins_course():                                      // “录入课程”功能函数
        cur.execute("SELECT * FROM kc WHERE kcm='" + v_kcm.get() + "'")
        cur.fetchall()
        if cur.rowcount != 0:
            tkinter.messagebox.showinfo('提示', '该记录已经存在！')
        else:
            cur.execute("INSERT INTO kc VALUES('" + v_kcm.get() + "', " + str(v_xf.get())
+ ", 0, 0.00)")
            conn.commit()
            tkinter.messagebox.showinfo('提示', '添加成功！')
            init()                                         // (6)

    def del_course():                                      // “删除课程”功能函数
        cur.execute("SELECT * FROM kc WHERE kcm='" + v_kcm.get() + "'")
        cur.fetchall()
        if cur.rowcount == 0:
            tkinter.messagebox.showinfo('提示', '该记录不存在！')
        else:
            cur.execute("SELECT * FROM cj WHERE kcm='" + v_kcm.get() + "'")
            cur.fetchall()
            if cur.rowcount != 0:
                tkinter.messagebox.showinfo('提示', '此课有人选修，不能删！')
            else:
                cur.execute("DELETE FROM kc WHERE kcm='" + v_kcm.get() + "'")
                conn.commit()
                tkinter.messagebox.showinfo('提示', '删除成功！')
                v_kcm.set('')
                init()                                     // (6)

    def que_course():                                      // “查询课程”功能函数
        if v_kcm.get() == '':                              // 若不填写，默认查询所有课程
            init()
        else:
            cur.execute("SELECT * FROM kc WHERE kcm='" + v_kcm.get() + "'")
            row = cur.fetchall()
            lb.delete(1, END)                              // 先要将列表中的原有记录清除
            if cur.rowcount == 1:
                lb.insert(END, ' ' + align_string(row[0][0], 10) + ' ' + str(row[0][1]) +
                ' ' + str(row[0][2]) + ' ' + str('%.2f' % row[0][3]) + ' ')

    def avg_course():                                      // 统计计算函数
        cur.execute('UPDATE kc SET krs=0, pjcj=0')
        conn.commit()
        cur.execute('CALL cj_kAverage()')                  // 调用存储过程
        conn.commit()
```

```
    init()

Button(master, text = '录入', width = 7, command = ins_course).grid(row = 3, column
= 0, sticky = W, padx = 21, pady = 5)
Button(master, text = '删除', width = 7, command = del_course).grid(row = 3, column
= 1, sticky = W)
Button(master, text = '查询', width = 7, command = que_course).grid(row = 3, column
= 2, sticky = W, padx = 32)
Button(master, text = '计算统计', width = 14, command = avg_course).grid(row = 3, column
= 3, columnspan = 4, sticky = E, padx = 24)
init()
mainloop()
```

其中：

（1）**master = Tk()**：Tkinter 使用 Tk 接口创建 GUI 程序的主窗口界面，调用方法为：

```
窗口对象名 = Tk()
```

使用以上语句即可创建一个默认的主窗口，如果还需要定制主窗口的其他属性，可以调用窗口对象的方法，例如：

```
窗口对象名.title(标题名)                              // 设置窗口标题
窗口对象名.geometry(宽 x 高+偏移量)                    // 设置窗口尺寸
窗口对象名.configure(bg = '#颜色代码')                 // 设置窗口背景色
```

在定义好程序主窗口后，即可向其中加入其他组件。

（2）**headlabel = Label(master, image = headlogo, bg = '#D9DFAA', compound = TOP)**、**footlabel = Label(master, image = footlogo, bg = '#D9DFAA', compound = BOTTOM)**：标签的“compound”属性用于设置图片的位置，TOP 表示将图片置于界面顶部，BOTTOM 则表示在底部。

（3）**headlabel.grid(row =0, column=0, columnspan = 7)**、**footlabel.grid(row=10, column=0, rowspan = 3, columnspan = 7, pady = 55)**：columnspan 是 grid()方法的一个重要参数，作用是设定控件横向跨越的列数，即控件占据的宽度，这里设置图片标签框架的 columnspan 值为 7（横跨 7 列）即使 Logo 图片占满界面的整个顶部空间、版权图片则占据整个底部空间。

（4）**conn = pymysql.connect(host = "localhost", user = "root", passwd = "123456", db = "pxscj")**：本例中 MySQL 与 Python 环境在同一台计算机上，故这里的“host”（主机）参数值是“localhost”或“127.0.0.1”，表示访问的是本地数据库，如果访问的是局域网内的其他计算机，则这里的参数是实际的主机名或 IP 地址。MySQL 服务器支持用户直连，故 Python 连接 MySQL 的 connect 方法有两种形式：不带 db 参数的与带 db 参数的。本例实训预先已经创建了数据库 pxscj，所以这里要指定 db 参数；如果尚未创建数据库，可以先用不带 db 参数的 connect 方法连接 MySQL，然后执行“CREATE DATABASE”语句创建数据库，再以带 db 参数的 connect 方法连接到所创建的数据库，代码如下：

```
// 初次连接时先创建数据库
conn = pymysql.connect(host = "localhost", user = "root", passwd = "123456")
mysql = "CREATE DATABASE pxscj"
conn.query(mysql)
// 必须再次连接以指定所要操作的数据库
conn = pymysql.connect(host = "localhost", user = "root", passwd = "123456", db =
"pxscj")
```

（5）**lb.grid(row = 4, column = 0, rowspan = 6, columnspan = 7, sticky = W, padx = 20)**：rowspan 也是 grid()方法的参数，作用与 columnspan 相似，但设定的是控件纵向跨越的行数，即控件占据的高度。本例设置课程列表占据界面上的 6 行 7 列（rowspan = 6, columnspan = 7），为其留出界面下方比较大的区域，使界面看起来更美观。实际应用中，通过灵活使用 rowspan 与 columnspan，即可制作出比较丰富的图形界面。

（6）**init()**：在每次对数据库记录进行了录入、删除等更新操作后，都要执行 init()函数以重新加载显示数据库中的所有课程信息，这是为了保证界面显示与后台数据库实际状态同步。

P2.2.4 运行效果

右击 pxscj.py，单击“Run 'pxscj'”运行 Python 程序，界面效果如图 P2.4 所示，用户可以通过界面录入、删除课程信息，也可以查询指定课程的信息，计算每门课程的考试人数和平均成绩。

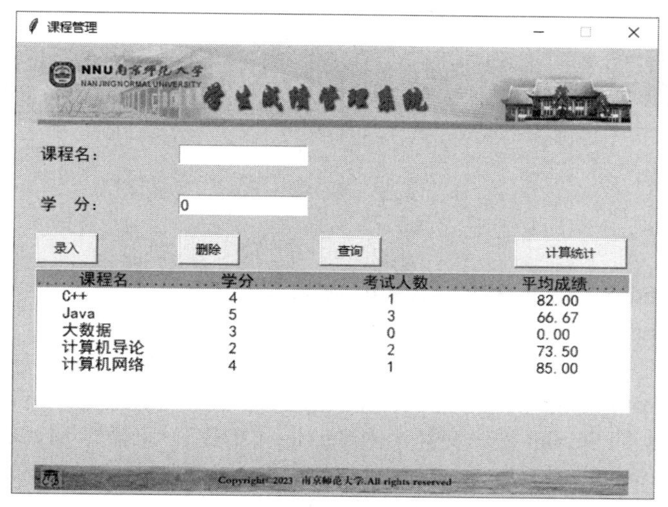

图 P2.4　界面效果

至此，基于 Python 的学生成绩管理系统的“课程管理”功能已经开发完成，另两个（“学生管理”“成绩管理”）功能界面的实现与之相似，读者可以自行尝试练习。

实训 3 Android Studio/MySQL 学生成绩管理系统

【学习目标】

（1）掌握应用 Android Studio 操作 MySQL 数据库的方法。

（2）掌握应用 Android Studio 实训实例操作数据库的方法。

本实训应用 Android Studio 4.1 开发学生成绩管理系统的“成绩管理”App，通过 HTTP 与 Web 服务器（Tomcat 9）上的 Servlet 程序交互，由 Servlet（JDBC）来操作 MySQL，再将结果数据返回移动端。

P3.1 环境搭建

P3.1.1 基本原理

当前大多数互联网应用系统都采用“移动端-Web 服务器-数据库”的 3 层架构方式，如图 P3.1 所示，在保证安全性的同时又能提高系统的性能和可用性。

图 P3.1 互联网应用的通用架构

在这种架构下，移动端是通过 HTTP，由 Web 服务器间接操作数据库的。Android 为 HTTP 编程提供了 HttpURLConnection 类，其功能非常强大，且具有广泛的通用性，可用它连接 Java/Java EE、.NET、PHP 等几乎所有主流平台的 Web 服务器。为简单起见，本实训所用 Web 服务器是基于 Tomcat 9 的 Servlet 程序，由它来操作后台 DB 服务器上的 MySQL，向移动前端返回信息，整个系统共涉及如下 3 方面。

- **移动端**：vivo 智能手机（型号为 V1813T，Android 9.0）。
- **Web 服务器**：华硕台式计算机（局域网 IP 地址为 192.168.0.104，Windows 10 专业版 64 位），其上有 Tomcat 9.0 和 JDK，用以部署开发好的 Servlet 程序。

- **DB 服务器**：与 Web 服务器使用的是同一台计算机，运行 MySQL 5.7 数据库。

读者在学习试验时使用的系统，只须保证其软件版本与上述基本一致，对于硬件品牌及型号并不强求完全相同。系统工作流程如图 P3.2 所示。

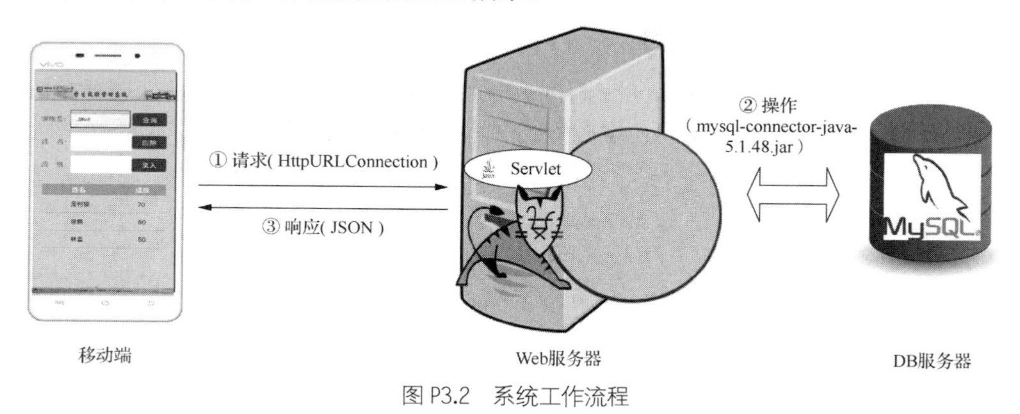

图 P3.2 系统工作流程

可见，系统使用 JSON 格式在 Web 服务器与移动端之间传输数据，这也是目前绝大多数互联网应用的真实情形。

P3.1.2 开发工具安装

本实训应用 Android Studio 开发移动端程序，应用 Eclipse 开发服务器端程序，这两种工具的运行都离不开 JDK。读者可在同一台或不同的计算机上安装开发工具，或者将其直接安装在部署系统的计算机上，安装过程的详细内容请参考对应的网络文档，以下仅列出主要步骤。

1. 安装 JDK

无论是移动端程序还是服务器端程序的计算机上都要安装 JDK，最好版本一致。

（1）下载 JDK。

（2）安装 JDK。

（3）配置环境变量。

2. 安装 Android Studio

在移动端开发设备上安装 Android Studio。

（1）下载 Android Studio。

（2）安装 Android Studio。

（3）第一次启动。

3. 安装 Eclipse

在服务器端开发设备上安装 Eclipse。

4. 安装 Tomcat

在服务器端开发设备上安装 Tomcat。

5. 配置 Eclipse 环境中的 Tomcat

以上所有安装，可参考“配套资源：/实训 P3.1.2 Android 开发工具安装”。

P3.1.3 MySQL 数据库准备

读者在进行本实训前可参考“配套资源：/实训 3.1.3 MySQL 数据库准备”，创建实训数据库及其有关对象。内容包括：创建学生成绩（pxscj）数据库和“成绩管理”功能相关的学生表（xs）、课程表（kc）、成绩表（cj）及完整性约束和触发器。

P3.2 服务器端 Servlet 程序开发

P3.2.1 创建动态 Web 项目

服务器端的 Web 程序应用 Java 的 Servlet 实现，在 Eclipse 环境下开发，选择“File”→“New”→“Dynamic Web Project”，出现图 P3.3 所示对话框，将项目命名为“MyServlet”。

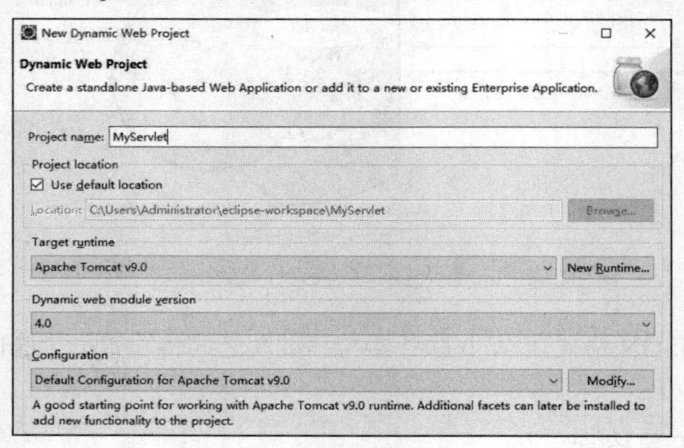

图 P3.3 创建动态 Web 项目

在“Web Module”界面勾选“Generate web.xml deployment descriptor”复选框以自动生成 web.xml 文件，如图 P3.4 所示。

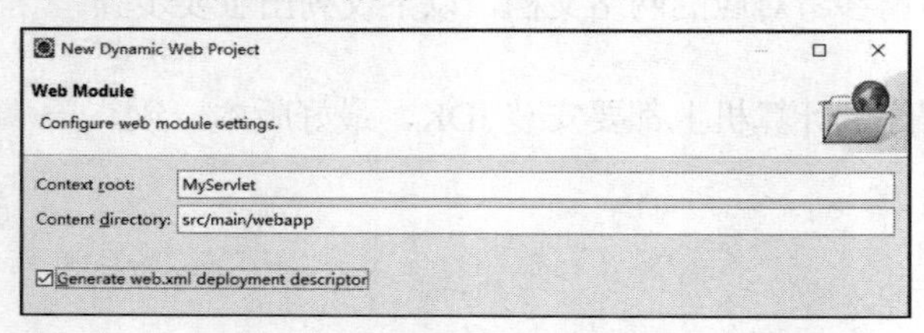

图 P3.4 自动生成 web.xml 文件

单击“Finish”按钮，项目创建完成后，在 Eclipse 开发环境左侧的树状视图中，用户可看到该项目的目录结构，由于程序运行在服务器端，负责接收移动端程序发来的请求，再根据其请求参数去操作后台 MySQL，因此需要用到 JDBC 驱动包，这里使用的是 mysql-connector-java-5.1.48.jar；又由于它是以 JSON 格式向移动端返回数据的，因此还需要用到 JSON 相关的包。这些包皆从网络下载获得，一共 7 个，列举如下：

```
commons-beanutils-1.8.0.jar
commons-collections-3.2.1.jar
commons-lang-2.5.jar
commons-logging-1.1.1.jar
ezmorph-1.0.6.jar
json-lib-2.3.jar
mysql-connector-java-5.1.48.jar
```

将它们一起复制到项目的 lib 目录下直接更新即可，最终形成的项目目录细节如图 P3.5 所示。

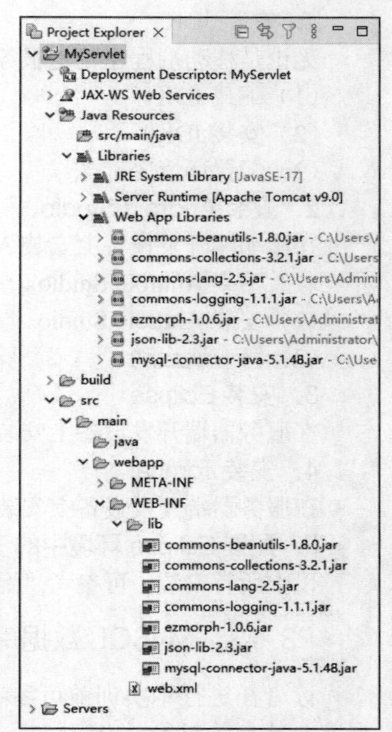

图 P3.5 项目目录细节

P3.2.2 编写 Servlet 程序

1. 创建 Servlet 源文件模板

Eclipse 支持在 src 下直接创建 Servlet 源文件模板，自动生成可运行的 Servlet，无须配置 web.xml。

在项目 src 下创建包 org.easybooks.myservlet，右键单击此包，在弹出的快捷菜单中选择“New”→“Servlet”，在弹出的对话框中输入 Servlet 类名，在多个页面上根据需要配置 Servlet 的具体属性（这里都使用默认设置），如图 P3.6 所示。

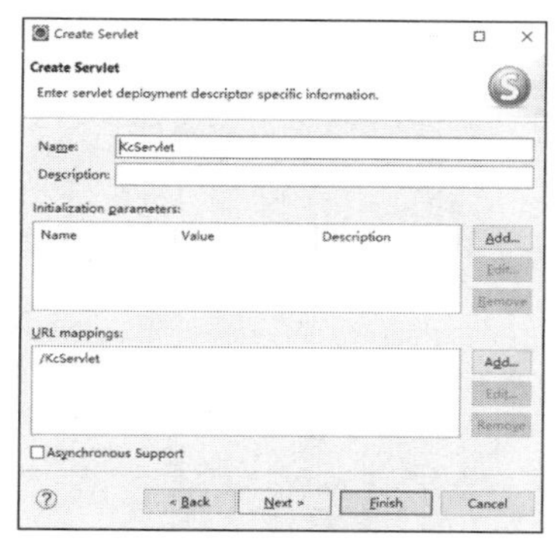

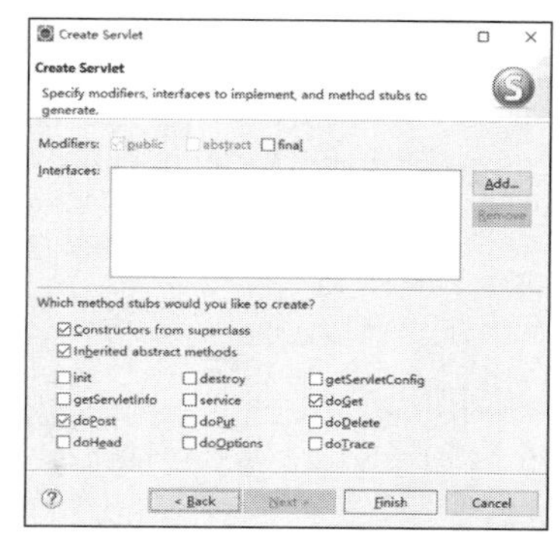

图 P3.6 创建 Servlet

单击“Finish”按钮，Eclipse 就会自动生成 Servlet 源文件模板和代码框架，用户只须添加代码即可开发出需要的 Web 服务器功能。

2. 实现思路

（1）Servlet 功能。本实训旨在实现“成绩管理”功能，需要开发两个 Servlet：KcServlet 用于向移动端返回所有要加载的课程名；CjServlet 用于执行成绩记录的查询、录入和删除等操作，并向移动端返回操作结果。

（2）基础库和对象。在每个 Servlet 程序开头都要导入支持 IO、SQL 和 JSON 操作的库，且在 Servlet 类中声明数据库连接对象（Connection）、SQL 语句对象（Statement）和结果集对象（ResultSet）。

（3）请求处理。Servlet 程序主要的功能代码全部集中在 doGet()方法中，根据移动端发送的请求 HttpServletRequest 执行操作。KcServlet 接收的请求不包含数据项，程序在接收到请求后立即从数据库课程表（kc）中检索出所有课程信息返回给移动端；CjServlet 接收的请求中含有 4 个数据项（在其 URL 地址后携带，以&分隔），程序接收到数据项后先进行解析，再根据数据项内容决定要执行的具体操作。

（4）数据封装。程序中使用了两种 JSON 数据结构，一种是 JSON 对象（JSONObject），另一种是 JSON 数组（JSONArray）。从后台 MySQL 中遍历读取的数据会包装为一个个临时的 JSON 对象，存入 JSON 数组，然后将数组封装入一个总的 JSON 对象（list 键）中，此对象携带了有关本次操作执行情况的信息（err 键），最后将它返回给移动端。

3. 加载课程名 KcServlet

移动端程序启动时首先要加载系统中所有的课程名供用户选择，课程名由 KcServlet 提供，源代码如下：

```
package org.easybooks.myservlet;

import javax.servlet.ServletException;
```

```
    import javax.servlet.annotation.WebServlet;
    import javax.servlet.http.HttpServlet;
    import javax.servlet.http.HttpServletRequest;
    import javax.servlet.http.HttpServletResponse;
    import java.io.*;                                                   //IO 操作的库
    import java.sql.*;                                                  //SQL 操作的库
    import net.sf.json.*;                                               //JSON 操作的库

    /**
     * Servlet implementation class KcServlet
     */
    @WebServlet("/KcServlet")
    public class KcServlet extends HttpServlet {
        private static final long serialVersionUID = 1L;
        private Connection conn = null;                                 //数据库连接对象
        private Statement stmt = null;                                  //SQL 语句对象
        private ResultSet rs = null;                                    //结果集对象

       /**
        * @see HttpServlet#HttpServlet()
        */
        public KcServlet() {
           super();
           // TODO Auto-generated constructor stub
        }

        /**
         *  @see  HttpServlet#doGet(HttpServletRequest  request,  HttpServletResponse
response)
         */
        protected void doGet(HttpServletRequest request, HttpServletResponse response)
throws ServletException, IOException {
            // TODO Auto-generated method stub
            //response.getWriter().append("Served at: ").append(request.getContextPath());
            response.setCharacterEncoding("utf-8");           //设置支持中文编码
            response.setContentType("application/json");      //以 JSON 格式向移动端返回数据
            //创建 JSON 数据结构
            JSONObject jobj = new JSONObject();                       //创建 JSON 对象
            JSONArray jarray = new JSONArray();                       //创建 JSON 数组
            //访问 MySQL 数据库读取内容
            try {
                Class.forName("com.mysql.jdbc.Driver");               //加载 MySQL 驱动
                conn = DriverManager.getConnection("jdbc:mysql://localhost:3306/
pxscj?useSSL=false", "root", "123456");                               //获取到 MySQL 的连接
                stmt = conn.createStatement();
                rs = stmt.executeQuery("SELECT * FROM kc");           //检索出所有课程
                int i = 0;
                while (rs.next()) {                                   //遍历查询结果
                    JSONObject jcou = new JSONObject();               //临时 JSON，存储结果集一
条记录
                    jcou.put("course",rs.getString("kcm").toString()); //课程名
                    jarray.add(i, jcou);                              //将单个 JSON 对象添加进数组
                    i++;
                }
                jobj.put("list", jarray);                             //将数组再封装入总的 JSON 对象
                jobj.put("err", "加载成功");                          //携带本次操作执行情况的信息
```

```
            } catch (ClassNotFoundException e) {
                jobj.put("err", e.getMessage());
    } catch (SQLException e) {
                jobj.put("err", e.getMessage());
    } finally {
                try {
                    if (rs != null) {
                        rs.close();                              //关闭结果集对象
                        rs = null;
                    }
                    if (stmt != null) {
                        stmt.close();                            //关闭 SQL 语句对象
                        stmt = null;
                    }
                    if (conn != null) {
                        conn.close();                            //关闭数据库连接对象
                        conn = null;
                    }
                } catch (SQLException e) {
                    jobj.put("err", e.getMessage());
                }
        }
        PrintWriter return_to_client = response.getWriter();
        return_to_client.println(jobj);                          //将总的 JSON 对象返回移动端
        return_to_client.flush();
        return_to_client.close();
    }

    /**
     * @see HttpServlet#doPost(HttpServletRequest request, HttpServletResponse
response)
     */
    protected void doPost(HttpServletRequest request, HttpServletResponse response)
throws ServletException, IOException {
        // TODO Auto-generated method stub
        doGet(request, response);
    }
}
```

读者可通过查看代码中的注释并对照前面的“实现思路”来理解以上程序。

4. 操作成绩 CjServlet

对成绩表（cj）记录的操作（包括查询、录入和删除等）由 CjServlet 来执行，源代码如下：

```
package org.easybooks.myservlet;

import javax.servlet.ServletException;
import javax.servlet.annotation.WebServlet;
import javax.servlet.http.HttpServlet;
import javax.servlet.http.HttpServletRequest;
import javax.servlet.http.HttpServletResponse;
import java.io.*;                                                //IO 操作的库
import java.sql.*;                                               //SQL 操作的库
import net.sf.json.*;                                            //JSON 操作的库

/**
 * Servlet implementation class CjServlet
 */
```

```
    @WebServlet("/CjServlet")
    public class CjServlet extends HttpServlet {
        private static final long serialVersionUID = 1L;
        private Connection conn = null;                          //数据库连接对象
        private Statement stmt = null;                           //SQL 语句对象
        private ResultSet rs = null;                             //结果集对象

       /**
        * @see HttpServlet#HttpServlet()
        */
       public CjServlet() {
           super();
           // TODO Auto-generated constructor stub
       }

        /**
         *  @see  HttpServlet#doGet(HttpServletRequest  request,  HttpServletResponse
response)
         */
        protected void doGet(HttpServletRequest request, HttpServletResponse response)
throws ServletException, IOException {
            // TODO Auto-generated method stub
            //response.getWriter().append("Served at: ").append(request.getContextPath());
            response.setCharacterEncoding("utf-8");         //设置支持中文编码

            response.setContentType("application/json");    //以 JSON 格式向移动端返回数据
            //创建 JSON 数据结构
            JSONObject jobj = new JSONObject();              //创建 JSON 对象
            JSONArray jarray = new JSONArray();              //创建 JSON 数组
            //访问 MySQL 数据库读取内容
            try {
                Class.forName("com.mysql.jdbc.Driver");    //加载 MySQL 驱动
                conn = DriverManager.getConnection("jdbc:mysql://localhost:3306/
pxscj?useSSL=false", "root", "123456");                    //获取到 MySQL 的连接
                stmt = conn.createStatement();
                //解析移动端请求中的数据项
                String course = request.getParameter("course");    //课程名
                String name = request.getParameter("name");        //姓名
                String score = request.getParameter("score");      //成绩
                String opt = request.getParameter("opt");
                                   //操作类型（que 表示查询，ins 表示录入，del 表
示删除）
                jobj.put("err", "操作成功");
                if(!(name == null||name.length() <= 0) && !(score == null||score.length()
<= 0)
    && opt.equals("ins")) {                      //录入成绩
                    rs = stmt.executeQuery("SELECT * FROM cj WHERE kcm = '" + course
    + "' AND xm = '" + name + "'");
                    if(rs.next()) {
                        jobj.put("err", "该记录已经存在！");
                    } else {
                        String sql = "INSERT INTO cj(kcm,xm,cj) VALUES('" + course + "','"
    + name + "'," + Integer.parseInt(score) + ")";
                        stmt.executeUpdate(sql);
                    }
                }
```

```
            if(!(name == null||name.length() <= 0) && opt.equals("del")) {//删除成绩
                rs = stmt.executeQuery("SELECT * FROM cj WHERE kcm = '" + course
    + "' AND xm = '" + name + "'");
                if(!rs.next()) {
                    jobj.put("err", "该记录不存在!");
                } else {
                    String sql = "DELETE FROM cj WHERE xm = '" + name
    + "' AND kcm = '" + course + "'";
                    stmt.executeUpdate(sql);
                }
            }
            //查询当前课程的成绩记录
            rs = stmt.executeQuery("SELECT * FROM cj WHERE kcm = '" + course + "'");
            int i = 0;
            while (rs.next()) {                          //遍历查询结果
                JSONObject jsco = new JSONObject();      //临时 JSON，存储结果集一条记录
                jsco.put("name", rs.getString("xm").toString().trim()); //姓名
                jsco.put("course", rs.getString("kcm").toString());     //课程名
                jsco.put("score", rs.getInt("cj"));      //成绩
                jarray.add(i, jsco);                     //将单个 JSON 对象添加进数组
                i++;
            }
            jobj.put("list", jarray);                    //将数组再封装入总的 JSON 对象
            } catch (ClassNotFoundException e) {
                jobj.put("err", e.getMessage());
            } catch (SQLException e) {
                jobj.put("err", e.getMessage());
            } finally {
                try {
                    if (rs != null) {
                        rs.close();                      //关闭结果集对象
                        rs = null;
                    }
                    if (stmt != null) {
                        stmt.close();                    //关闭 SQL 语句对象
                        stmt = null;
                    }
                    if (conn != null) {
                        conn.close();                    //关闭数据库连接对象
                        conn = null;
                    }
            } catch (SQLException e) {
                jobj.put("err", e.getMessage());
            }
        }
        PrintWriter return_to_client = response.getWriter();
        return_to_client.println(jobj);                  //将总的 JSON 对象返回移动端
        return_to_client.flush();
        return_to_client.close();
    }

    /**
     * @see HttpServlet#doPost(HttpServletRequest request, HttpServletResponse
response)
     */
    protected void doPost(HttpServletRequest request, HttpServletResponse response)
```

```
throws ServletException, IOException {
            // TODO Auto-generated method stub
            doGet(request, response);
        }
    }
```

可见，CjServlet 的代码结构与 KcServlet 基本相同，仅仅是增加了对请求中附带数据项的解析，以解析出的数据内容决定要执行的操作类型等，读者可对照前面的“实现思路”加深理解。

P3.2.3 打包部署

1. 打包项目

将编写完成的 Servlet 程序打包成.war 文件。应用 Eclipse 打包项目的基本操作：右键单击项目 MyServlet，选择“Export”→“WAR file”，在弹出的对话框中选择.war 文件的存放路径，如图 P3.7 所示，单击“Finish”按钮即可。

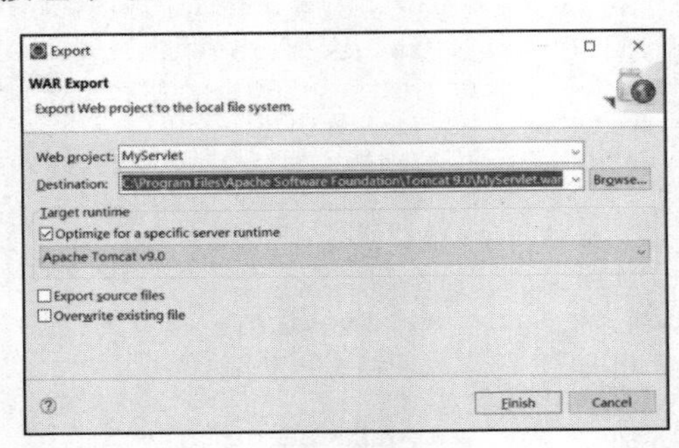

图 P3.7 打包项目

将打包形成的.war 文件复制到 Web 服务器 Tomcat 的 webapps 目录下。

2. 测试 Servlet

打包部署完成后，启动 Web 服务器上的 Tomcat，然后打开本地浏览器分别访问下面两个 URL 地址：

```
    http://192.168.0.104:8080/MyServlet/KcServlet                //测试 KcServlet
    http://192.168.0.104:8080/MyServlet/CjServlet?course=计算机网络&name=&score=&opt=
que                                                              //测试 CjServlet
```

如果看到图 P3.8 所示的两个页面，分别以 JSON 格式字符串的形式显示 MySQL 数据库中存储的所有课程名和查询课程的成绩记录，则可以表示 Web 服务器环境搭建是成功的，且两个 Servlet 都工作正常。

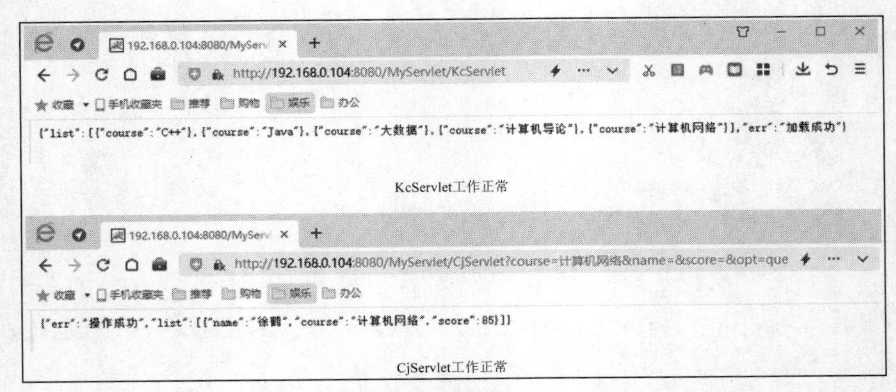

图 P3.8 测试 Web 服务器上的 Servlet

P3.3 移动端 Android 程序开发

开发部署好 Web 服务器端程序后，接下来继续开发移动端的 Android 程序。

P3.3.1 创建 Android 工程

在 Android Studio 环境中创建 Android 工程，步骤如下。

（1）启动 Android Studio 后出现图 P3.9 所示界面，单击“Create New Project”。

图 P3.9 创建一个新的 Android 工程

（2）在“Select a Project Template”界面选择“Empty Activity”（空 Activity 类型），如图 P3.10 所示，单击“Next”按钮进入下一步。

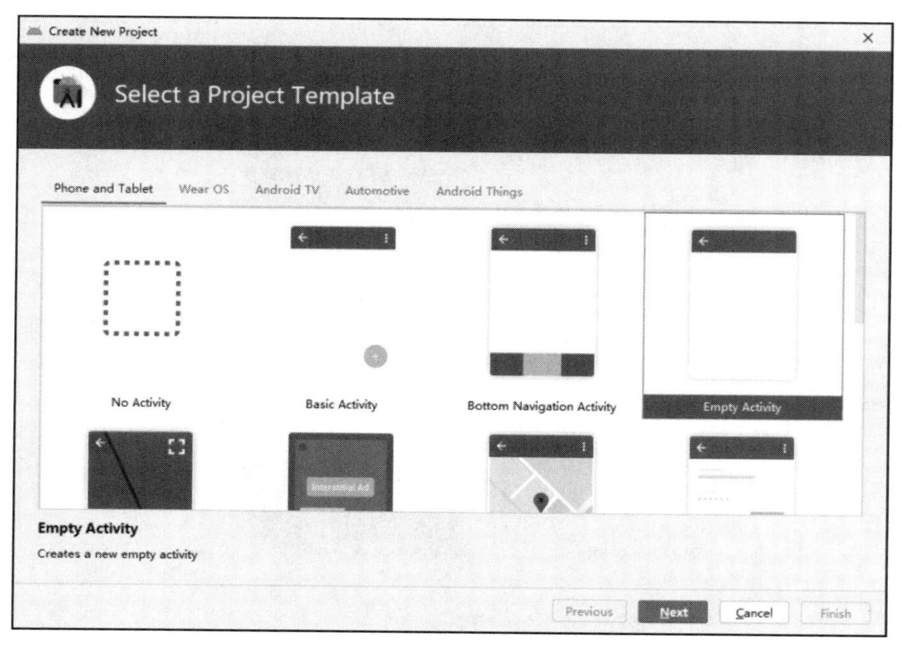

图 P3.10 选择空 Activity 类型

（3）在“Configure Your Project”界面填写应用程序名等相关的信息，这里输入程序名为“pxscj”，如图 P3.11 所示。填写完毕后单击“Finish”按钮。

稍等片刻，系统显示开发界面，Android 工程创建成功。

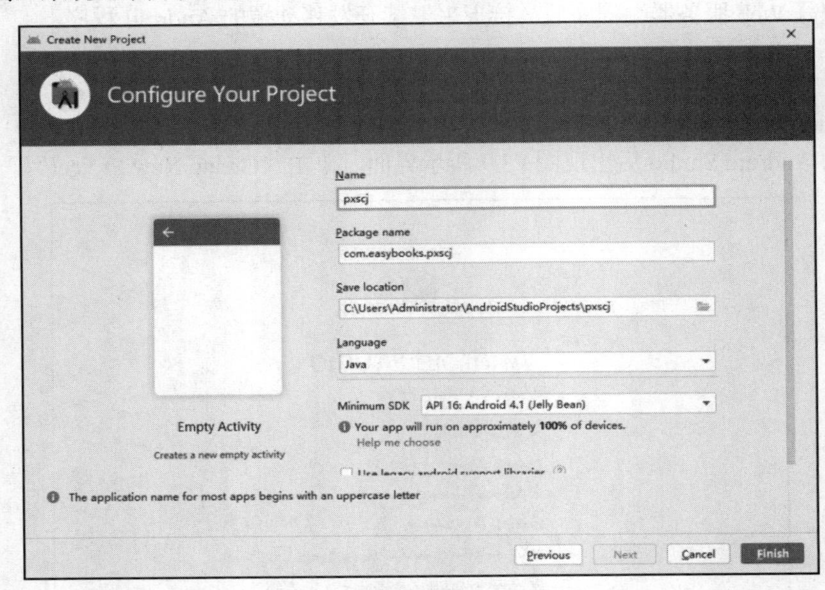

图 P3.11 填写应用程序名等信息

P3.3.2 设计界面

在 Android 工程 activity_main.xml 文件的 Design（设计）模式下拖曳设计 Android 程序界面，如图 P3.12 所示。

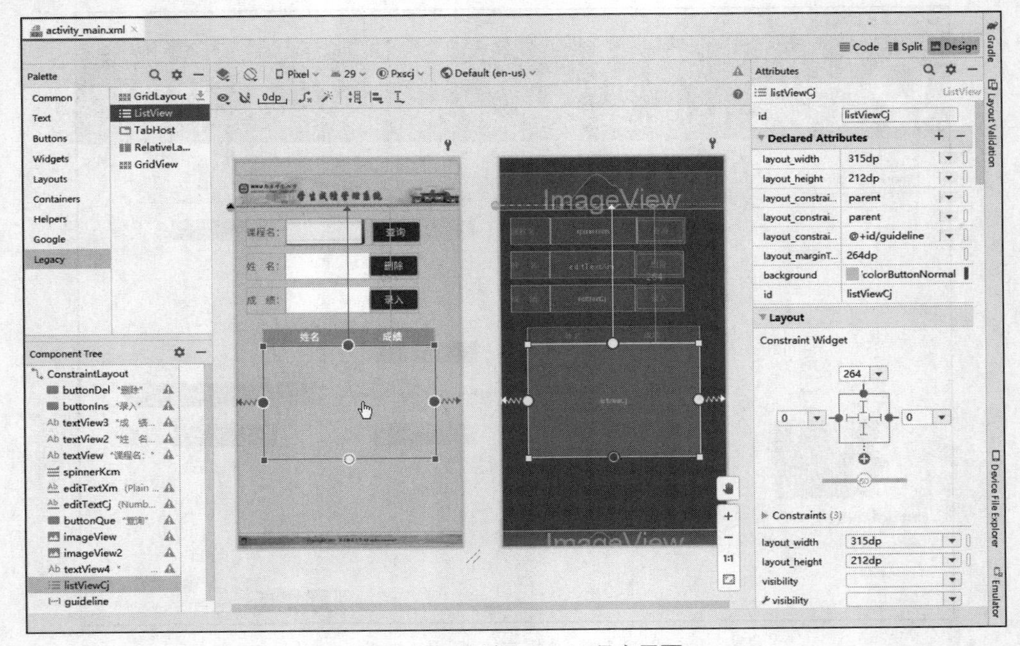

图 P3.12 设计 Android 程序界面

在界面顶部以一个图像视图（ImageView）来显示“学生成绩管理系统”的主题图片（head.gif），底部以图像视图显示版权信息图片（bottom.gif），将整个界面背景设为浅黄色（body.gif），用到的 3 个图片文件都放在项目工程的资源目录\pxscj\app\src\main\res\drawable 下；用文本视图（TextView）显示“课程名”“姓名”“成绩”文本框的标签文字以及“姓名-成绩”列表标题；“课程名”文本框是一个下拉列表框（Spinner）控件，用于加载 MySQL 数据库课程表（kc）中的所有课程名；“姓名”和“成绩”两文本框的编辑框（EditText）供用户输入要录入（删除）成绩的学生姓名及成绩；下部的列表视图（ListView）用于显示当前选中课程所有学生的姓名和成绩记录；单击 3 个按钮（Button）分别执行查询、删除和录入操作。界面生成的详细代码略。

P3.3.3 编写移动端代码

实现思路：

（1）初始启动 Android 程序时会默认连接到 Web 服务器，当程序开始运行后，用户在任何时刻单击界面按钮都会向服务器发出请求。

（2）为简化代码，本例将用户单击按钮时所要执行的功能封装于同一个 onSubmitClick()方法中，通过向其中传递一个字符串参数来“告知”程序要具体执行的操作。

移动端的程序代码全部位于 MainActivity.java 源文件中，源文件如下：

```
package com.easybooks.pxscj;
......
//导入 Android 内置的 JSON 库
import org.json.JSONArray;
import org.json.JSONException;
import org.json.JSONObject;
......
public class MainActivity extends AppCompatActivity {
    private Spinner spinnerKcm;                     //下拉列表框(加载 MySQL 数据库中的课程名)
    private List<String> kcmList;                   //存储课程名的 List 结构，与下拉列表框绑定
    private ArrayAdapter<String> kcmAdapter;        //Array 适配器，用来给下拉列表框绑定数据源

    private Button buttonQue;                       //“查询”按钮
    private Button buttonDel;                       //“删除”按钮
    private Button buttonIns;                       //“录入”按钮

    private EditText editTextXm;                    //“姓名”文本框的编辑框
    private EditText editTextCj;                    //“成绩”文本框的编辑框

    private ListView listViewCj;                    //列表视图(显示当前课程的姓名和成绩记录)
    private List<String> cjList;                    //存储成绩记录的 List 结构，与列表视图绑定
    private ArrayAdapter<String> cjAdapter;         //Array 适配器，用来给列表视图绑定数据源

    private HttpURLConnection conn = null;
    private InputStream stream = null;

    @Override
    protected void onCreate(Bundle savedInstanceState) {
        super.onCreate(savedInstanceState);
        setContentView(R.layout.activity_main);

        spinnerKcm = findViewById(R.id.spinnerKcm);
```

```
        spinnerKcm.setPrompt("请选择");
        kcmList = new ArrayList<>();                              //创建存储课程名的 List 结构
        kcmAdapter              =             new            ArrayAdapter<String>(this,
R.layout.support_simple_spinner_dropdown_item, kcmList);     //创建下拉列表框数据适配器

        buttonQue = findViewById(R.id.buttonQue);
        buttonQue.setOnClickListener(new View.OnClickListener() {
            @Override
            public void onClick(View view) {
                onSubmitClick("que");                             //单击“查询”按钮时执行
            }
        });
        buttonDel = findViewById(R.id.buttonDel);
        buttonDel.setOnClickListener(new View.OnClickListener() {
            @Override
            public void onClick(View view) {
                onSubmitClick("del");                             //单击“删除”按钮时执行
            }
        });
        buttonIns = findViewById(R.id.buttonIns);
        buttonIns.setOnClickListener(new View.OnClickListener() {
            @Override
            public void onClick(View view) {
                onSubmitClick("ins");                             //单击“录入”按钮时执行
            }
        });

        editTextXm = findViewById(R.id.editTextXm);
        editTextCj = findViewById(R.id.editTextCj);

        listViewCj = findViewById(R.id.listViewCj);
        cjList = new ArrayList<>();                          //创建存储成绩记录的 List 结构
        cjAdapter              =             new            ArrayAdapter<String>(this,
R.layout.support_simple_spinner_dropdown_item, cjList); //创建“姓名-成绩”列表数据适配器

        loadKcm();                                           //（1）加载所有课程名（自定义方法）
    }

    /////////////////////////////////////////////////////////
    public void loadKcm() {
        new Thread(new Runnable() {                    //连接服务器是耗时操作，必须放入子线程
            @Override
            public void run() {
                try {
                    URL url = new URL("http://192.168.0.104:8080/MyServlet/KcServlet");
                                                       //Web 端 Servlet 地址
                    conn = (HttpURLConnection) url.openConnection();
                                                       //获取 HTTP 连接对象
                    conn.setRequestMethod("GET");  //请求方式为 GET（从指定的资源请求数据）
                    conn.setConnectTimeout(3000);  //连接超时时间
                    conn.setReadTimeout(9000);     //读取数据超时时间
                    conn.connect();                //开始连接 Web 服务器
                    stream = conn.getInputStream(); //获取服务器的响应（输入）流
```

```
                refresh_UI(stream);
            } catch (Exception e) {
            } finally {
                try {
                    if (stream != null) {
                        stream.close();          //关闭输入流
                        stream = null;
                    }
                    conn.disconnect();           //断开连接
                    conn = null;
                } catch (Exception e) {
                }
            }
        }
    }).start();
}

public void refresh_UI(InputStream in) {      //(2)
    BufferedReader bufReader = null;
    try {
        bufReader = new BufferedReader(new InputStreamReader(in));
                                                //将输入流数据放入读取缓存
        StringBuilder builder = new StringBuilder();
        String str = "";
        while ((str = bufReader.readLine()) != null) {
            builder.append(str);                //从缓存对象中读取数据并将其拼接为字符串
        }
        Message msg = Message.obtain();
        msg.what = 1000;
        msg.obj = builder.toString();           //通过Message 传递给主线程
        myHandler.sendMessage(msg);             //通过Handler 发送
    } catch (IOException e) {
    } finally {
        try {
            if (bufReader != null) {
                bufReader.close();              //关闭读取缓存
                bufReader = null;
            }
        } catch (IOException e) {
        }
    }
}

private Handler myHandler = new Handler() {
    public void handleMessage(Message message) {
        try {
            JSONObject jObj = new JSONObject(message.obj.toString());
                                                //获取到返回消息中的 JSON 对象
            String err = jObj.getString("err");  //先通过err键值携带的信息判断执行情况
            if (err.equals("加载成功")) {
                JSONArray jArray = jObj.getJSONArray("list");
                                                //取出 JSON 对象中封装的 JSON 数组
                kcmList.clear();
```

```
                for (int i = 0; i < jArray.length(); i++) { //遍历课程信息
                    JSONObject jCou = jArray.getJSONObject(i);
                                                //当前课程信息存储在临时 JSON 中
                    String kcm = jCou.getString("course");  //解析出课程名
                    kcmList.add(kcm);                       //添加到 List 结构
                }
                spinnerKcm.setAdapter(kcmAdapter);              //绑定下拉列表框
                spinnerKcm.setSelection(1);             //设置初始课程名选项
            } else {
                if (!err.equals("操作成功")) {
                    Toast.makeText(MainActivity.this, err, Toast.LENGTH_SHORT).show();
                    return;
                }
                JSONArray jArray = jObj.getJSONArray("list");
                cjList.clear();
                for (int i = 0; i < jArray.length(); i++) { //遍历成绩记录
                    JSONObject jSco = jArray.getJSONObject(i);
                    String xm = jSco.getString("name");      //姓名
                    String cj = jSco.getString("score");     //成绩
                    if (xm.length() == 3)             //分两种情形是为了使列表对齐显示
                        cjList.add("          " + xm + "                    " + cj);
                    else
                        cjList.add("          " + xm + "                    " + cj);
                }
                listViewCj.setAdapter(cjAdapter);  //绑定列表视图，显示“姓名-成绩”记录
            }
        } catch (JSONException e) {
        }
    }
};

public void onSubmitClick(final String opt) {        //（3）用户单击按钮时执行的方法
    new Thread(new Runnable() {
        @Override
        public void run() {
            try {
                URL url = new URL("http://192.168.0.104:8080/MyServlet/CjServlet?
course=" + spinnerKcm.getSelectedItem().toString() + "&name=" + editTextXm.getText().
toString() + "&score=" + editTextCj.getText().toString() + "&opt=" + opt);
        //请求 URL 地址中包含数据项
                conn = (HttpURLConnection) url.openConnection();
                conn.setRequestMethod("GET");
                conn.setConnectTimeout(3000);
                conn.setReadTimeout(9000);
                conn.connect();
                stream = conn.getInputStream();
                refresh_UI(stream);
            } catch (Exception e) {
            } finally {
                try {
                    if (stream != null) {
                        stream.close();
                        stream = null;
```

```
                    }
                    conn.disconnect();
                    conn = null;
                } catch (Exception e) {
                }
            }
        }
    }).start();
  }
}
```

（1）**loadKcm();**：初始启动 Android 程序时会默认执行该方法连接到 Web 服务器加载课程名，这个方法的请求 URL 地址中不包含任何数据项，服务器默认会将后台 MySQL 数据库中所有的课程信息查询出来包装进 JSON 并返回给移动端处理。

（2）**public void refresh_UI(InputStream in) { ... }**：将移动端对获取到的输入流的解析及更新前端 UI 的 Message-Handler 操作全都封装在该方法中，以避免代码冗余。

（3）**public void onSubmitClick(final String opt) { ... }**：当用户在移动端界面上输入内容并单击相应的提交按钮后，程序将执行该方法，其实现机制与 loadKcm()方法几乎完全相同，唯一的不同在于其请求的 URL 地址后包含多个数据项，服务器将根据这些数据项的内容来获知移动端用户所要求的具体操作类型、操作对象及操作的数据内容。

编写完 Android 主程序代码后，需要在工程的 AndroidMainifest.xml 中添加“android:usesCleartextTraffic="true"”（允许 HTTP 明文传输）及“<uses-permission android:name="android.permission.INTERNET"/>”（打开互联网访问权限），源文件如下：

```
<?xml version="1.0" encoding="utf-8"?>
<manifest xmlns:android="http://schemas.*****.com/apk/res/android"
   package="com.easybooks.pxscj">

<application
      android:allowBackup="true"
      android:icon="@mipmap/ic_launcher"
      android:label="@string/app_name"
      android:roundIcon="@mipmap/ic_launcher_round"
      android:supportsRtl="true"
android:usesCleartextTraffic="true"
 android:theme="@style/Theme.Pxscj">
<activity android:name=".MainActivity">
<intent-filter>
<action android:name="android.intent.action.MAIN" />

<category android:name="android.intent.category.LAUNCHER" />
</intent-filter>
</activity>
</application>
<uses-permission android:name="android.permission.INTERNET"/>
</manifest>
```

P3.3.4 运行测试

下面在智能手机上运行测试本实训开发的 App，本例中使用的手机是 vivo Z3i（型号 V1813T/Android 9.0），具体操作步骤如下。

1．安装 Google USB 驱动程序

在 Android Studio 中选择“File”→“Settings”，打开“Settings”对话框，选择“Appearance & Behavior”→“System Settings”→“Android SDK”，如图 P3.13 所示，切换至“SDK Tools”选项页，勾选列表中的“Google USB Driver”复选框，然后单击底部的“Apply”按钮。

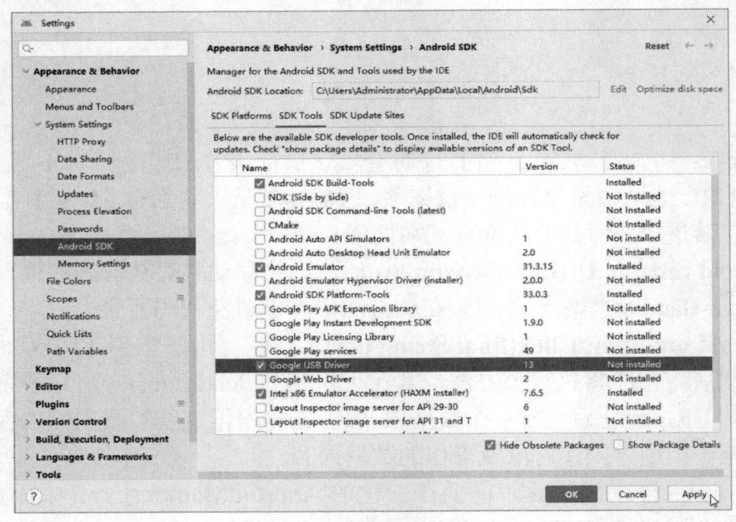

图 P3.13　选择驱动程序

在弹出的“Confirm Change”对话框中单击“OK”按钮，确认安装并接受许可协议，会打开“SDK Component Installer”界面显示安装进程，完成后单击“Finish”按钮，如图 P3.14 所示。

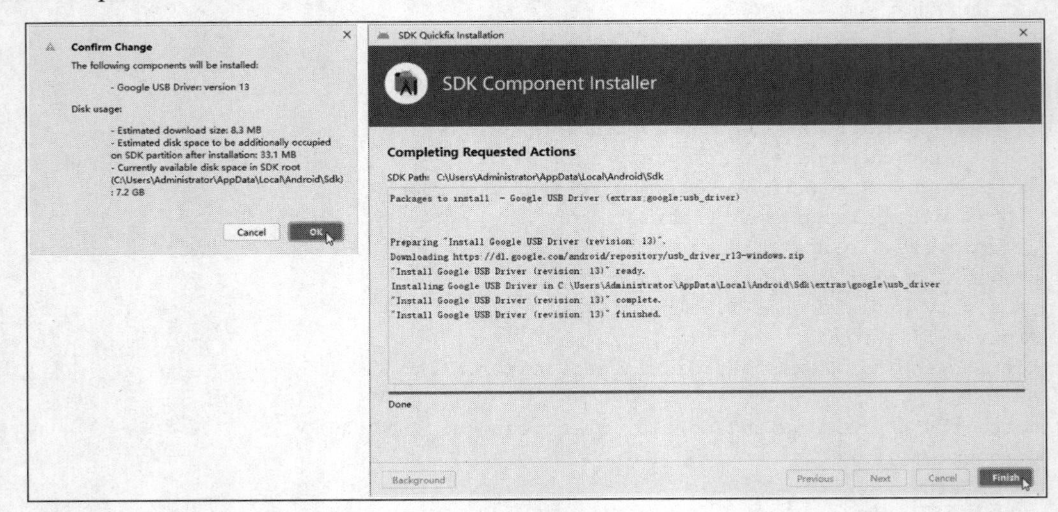

图 P3.14　安装驱动程序

2．更新手机设备驱动程序

将手机用 USB 线连接到开发设备。打开 Windows 设备管理器，展开设备列表，找到手机对应的设备项，右键单击，在弹出的快捷菜单中选择“更新驱动程序”，在弹出的对话框中单击“自动搜索驱动程序”，如图 P3.15 所示。稍等片刻，系统会自动查找刚刚下载并安装的 Google USB 驱动程序并将它作为手机的驱动程序。

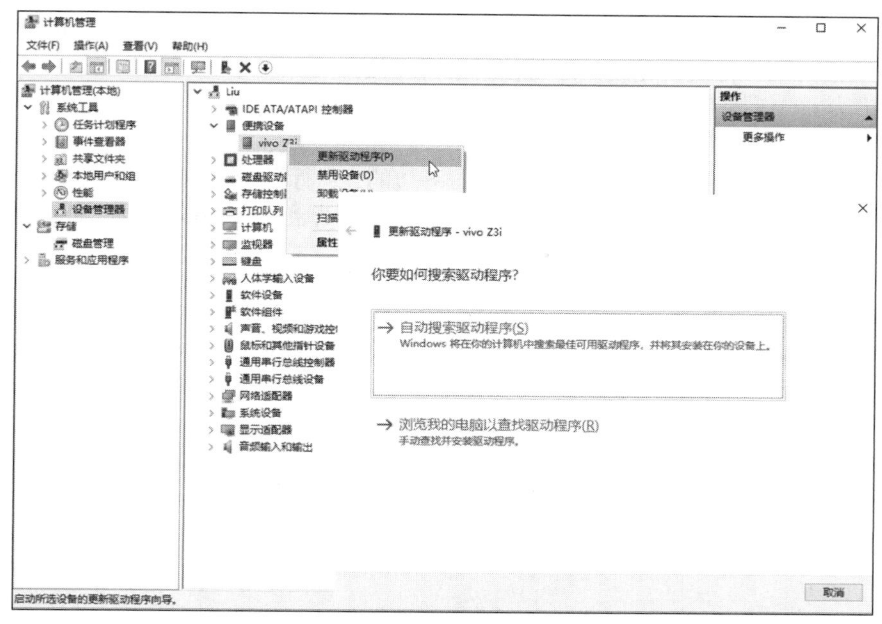

图 P3.15　更新手机设备驱动程序

3．打开 USB 调试权限

这一步的操作对于不同品牌和型号的手机不尽相同，但大体上都是先进入手机设置界面，找到“开发者选项”并打开，并开启“USB 调试”，本例中开启权限的手机界面截屏如图 P3.16 所示，读者可参考进行相应操作。完成这一步骤后，Android Studio 工具栏 App 运行设备的下拉列表中会多出一个对应该手机的设备选项（本例的是“vivo V1813T”），如图 P3.17 所示。

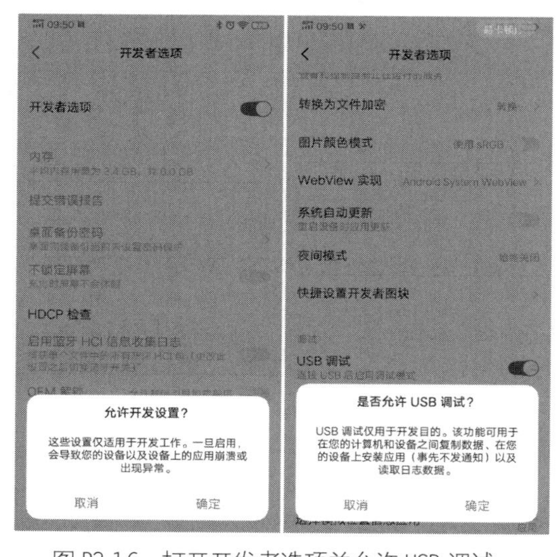

图 P3.16　打开开发者选项并允许 USB 调试

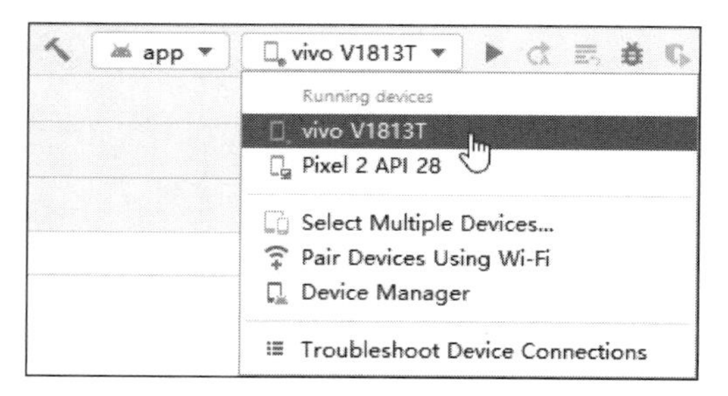

图 P3.17　对应手机的设备选项

4．关闭 testOnly 属性

安全起见，新版 Android Studio 默认会将工程的 testOnly 属性设置为 true，阻止 App 在手机上安装运行。解决办法是打开工程 gradle.properties 文件，在末尾添加一句：

```
android.injected.testOnly=false
```

此时，文件编辑区顶部会出现一行英文，提示用户对 Android 工程进行同步，单击“Sync Now”同步工程，稍候片刻，待同步完成，即可使新设置生效。

操作过程如图 P3.18 所示。

5．运行 App

在工具栏上选择手机对应的设备选项，单击旁边的“运行”（▶）按钮即可在手机上安装并运行本实训开发的 App，界面效果如图 P3.19 所示，用户可以通过该 App 界面查询、删除和录入后台 MySQL 中的成绩记录。

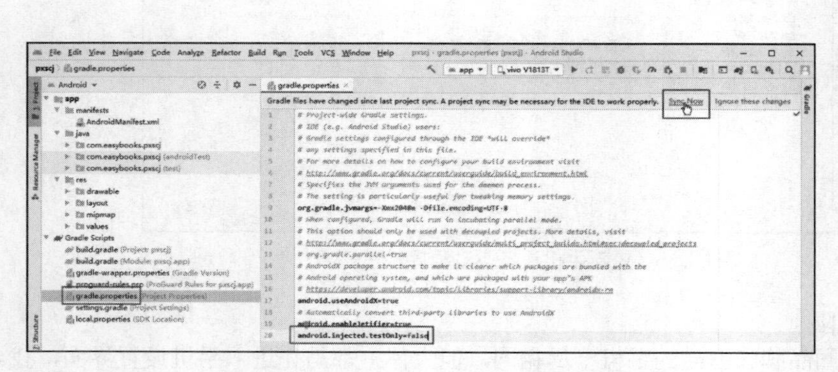

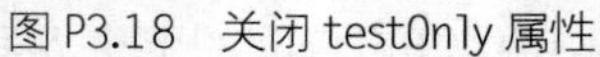

图 P3.18 关闭 testOnly 属性

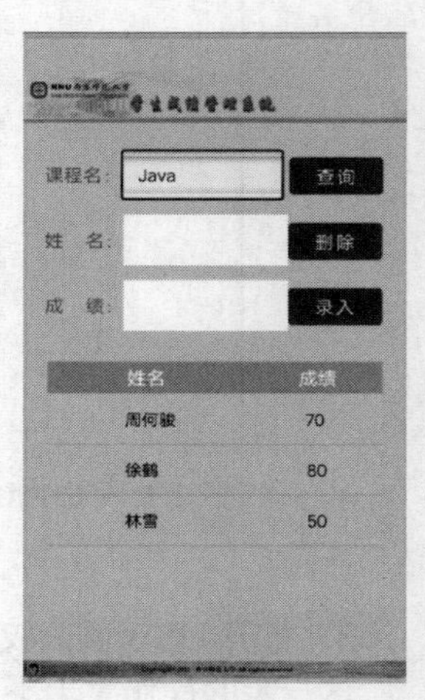

图 P3.19 移动端 App 运行界面效果

至此，学生成绩管理系统“成绩管理”App 开发完成，“学生管理”“课程管理”App 的实现与之相似，读者可自行尝试练习。

第四部分　MySQL 数据库综合应用开发扩展

实训 4　C#/MySQL 学生成绩管理系统

具体内容可见“配套资源:/网络文档 P4”。

实训 5　JavaEE/MySQL 学生成绩管理系统

具体内容可见“配套资源:/网络文档 P5”。

附录　学生成绩（xscj）数据库中的表结构及样本数据记录

1．学生（xs）表的结构（见表A.1）和样本记录（见表A.2）

表A.1　学生（xs）表结构

列名	数据类型	长度	是否允许为空值	默认值	说明
学号	定长字符型（char）	6	×	无	主键
姓名	定长字符型（char）	4	×	无	
专业名	变长字符型（char）	10	√	无	
性别	短整型（tinyint）	1	×	1	男为1，女为0
出生日期	日期型（date）	系统默认值	×	无	
总学分	短整型（tinyint）	1	√	无	
照片	大二进制型（blob）	16（系统默认值）	√	无	
备注	文本型（text）	16（系统默认值）	√	无	

表A.2　学生（xs）表数据样本

学号	姓名	专业名	性别	出生日期	总学分	备注
221101	王林	计算机	1	2004-02-10	15	
221102	程明	计算机	1	2005-02-01	15	
221103	王燕	计算机	0	2003-10-06	15	参加校女子足球队
221104	韦严平	计算机	1	2004-08-26	12	
221106	李方方	计算机	1	2004-11-20	15	
211101	李明	计算机	1	2003-05-01	46	学生会负责人
211102	林一帆	计算机	1	2003-08-05	46	
211103	张强民	计算机	1	2003-08-11	42	
211110	张蔚	计算机	0	2004-07-22	46	
201101	赵日升	计算机	1	2002-03-18	60	与澳洲联合培养
201103	严红	计算机	0	2002-08-11	60	
221201	刘华	通信工程	1	2004-06-10	13	辅修计算机专业
221202	王林	通信工程	1	2004-01-29	13	

续表

学号	姓名	专业名	性别	出生日期	总学分	备注
221204	马琳琳	通信工程	0	2003-02-10	15	
221206	李计	通信工程	1	2003-09-20	16	
211201	李红庆	通信工程	1	2002-05-01	43	
211202	孙祥欣	通信工程	1	2003-03-09	43	创新小组组长
211203	孙研	通信工程	1	2004-10-09	43	
201202	吴薇华	通信工程	0	2002-03-18	56	
201203	刘燕敏	通信工程	0	2002-11-12	56	
201205	罗林琳	通信工程	0	2003-01-30	56	

说明：照片列没有包含在其中。

2．课程（kc）表的结构（见表 A.3）和样本记录（见表 A.4）

表 A.3　课程（kc）表结构

列名	数据类型	长度	是否允许为空值	默认值	说明
课程号	定长字符型（char）	3	×	无	主键
课程名	变长字符型（varchar）	8	×	无	
开课学期	短整型（tinyint）	1	×	1	只能为 1～8
学时	短整型（tinyint）	1	×	无	
学分	短整型（tinyint）	1	√	无	

表 A.4　课程（kc）表数据样本

课程号	课程名	开课学期	学时	学分
101	计算机导论	1	80	5
102	程序设计与语言	2	68	4
206	离散数学	4	68	4
208	数据结构	5	68	4
209	操作系统	6	68	4
210	计算机原理	5	85	5
212	数据库原理	7	68	4
301	计算机网络	7	51	3
302	软件工程	7	51	3

3．成绩（cj）表的结构（见表 A.5）和样本记录（见表 A.6）

表 A.5　成绩（cj）表结构

列名	数据类型	长度	是否允许为空值	默认值	说明
学号	定长字符型（char）	6	×	无	主键
课程号	定长字符型（char）	3	×	无	主键
成绩	短整型（tinyint）	1	√	无	
学分	短整型（tinyint）	1	√	无	

表 A.6 成绩（cj）表数据样本

学号	课程号	成绩	学号	课程号	成绩	学号	课程号	成绩
221101	101	80	211101	101	78	201101	206	76
221101	102	78	211101	102	80	201103	101	63
221101	206	76	211101	206	48	201103	102	79
221102	102	78	211102	101	85	201103	206	60
221102	206	78	211102	102	64	221201	101	80
221103	101	62	211102	206	87	221202	101	55
221103	102	50	211103	101	66	221204	101	87
221103	206	81	211103	102	83	221206	101	91
221104	101	90	211103	206	70	211201	102	76
221104	102	84	211110	101	95	211202	102	81
221104	206	65	211110	102	90	211203	102	48
221106	101	65	211110	206	89	201202	102	82
221106	102	71	201101	101	91	201203	301	76
221106	206	80	201101	102	50	201205	301	90